理想国译丛序

"如果没有翻译，"批评家乔治·斯坦纳（George Steiner）曾写道，"我们无异于住在彼此沉默、言语不通的省份。"而作家安东尼·伯吉斯（Anthony Burgess）回应说："翻译不仅仅是言词之事，它让整个文化变得可以理解。"

这两句话或许比任何复杂的阐述都更清晰地定义了理想国译丛的初衷。

自从严复与林琴南缔造中国近代翻译传统以来，译介就被两种趋势支配。

它是开放的，中国必须向外部学习，它又有某种封闭性，被一种强烈的功利主义所影响。严复期望赫伯特·斯宾塞、孟德斯鸠的思想能帮助中国获得富强之道，林琴南则希望茶花女的故事能改变国人的情感世界。他人的思想与故事，必须以我们期待的视角来呈现。

在很大程度上，这套译丛仍延续着这个传统。此刻的中国与一个世纪前不同，但她仍面临诸多崭新的挑战，我们迫切需要他人的经验来帮助我们应对难题，保持思想的开放性是面对复杂与高速变化的时代的唯一方案。但更重要的是，我们希望保持一种非功利的兴趣：对世界的丰富性、复杂性本身充满兴趣，真诚地渴望理解他人的经验。

理想国译丛主编

梁文道　刘瑜　熊培云　许知远

本译丛获理想国文化发展基金会赞助支持

[美]弗朗西斯·福山 著　　黄立志 译

我们的后人类未来

生物技术革命的后果

FRANCIS FUKUYAMA

OUR POSTHUMAN FUTURE:
CONSEQUENCES OF THE
BIOTECHNOLOGY REVOLUTION

广西师范大学出版社
· 桂林 ·

OUR POSTHUMAN FUTURE:

Consequences of the Biotechnology Revolution

by Francis Fukuyama

Copyright © 2002 by Francis Fukuyama

Published by arrangement with International Creative Management, Inc.

through Bardon-Chinese Media Agency

ALL RIGHTS RESERVED

图书在版编目(CIP)数据

我们的后人类未来 / (美) 弗朗西斯·福山著；黄立志译.
—桂林：广西师范大学出版社，2016. 12（2020. 12 重印）
书名原文: Our Posthuman Future: Consequences
of the Biotechnology Revolution

ISBN 978-7-5495-9087-2

Ⅰ.①我… Ⅱ.①弗… ②黄… Ⅲ.①生物工程－研究
Ⅳ.①Q81

中国版本图书馆CIP数据核字(2016)第287792号

广西师范大学出版社出版发行

广西桂林市五里店路9号　邮政编码：541004
网址：www.bbtpress.com

出 版 人：黄轩庄

全国新华书店经销

发行热线：010-64284815

山东临沂新华印刷物流集团有限责任公司

临沂高新技术产业开发区新华路　邮政编码：276017

开本：965mm×635mm　1/16

印张：17. 5　字数：153千字

2017年1月第1版　2020年12月第6次印刷

定价：68.00元

如发现印装质量问题，影响阅读，请与出版社发行部门联系调换。

用政治"锁死"科技？

周 濂

为什么要读《我们的后人类未来》？这是一个问题。

初看起来，这本书在福山著作史中的地位非常尴尬。一个政治学者跨界现代科技领域，用未来学家的口吻发言，好比是相声演员误入"我是歌手"现场，怎么看都觉得别扭；更何况这本书写于2002年，距今已有十四年之久，十几年的时间也许能让一部政治学著作成为经典——譬如福山那本"誉满天下、谤亦随之"的《历史的终结与最后的人》（以下简称《历史的终结》），但对于一本由外行人写就的探讨现代科技的著作，却足以让我们把它淘汰进垃圾箱；更何况福山在这本书中仅仅讨论了生物技术革命对人类未来的影响，对信息技术的政治前景多有误判，对人工智能的发展只是一语带过，在 AlphaGo 战胜李世石引发人工智能热的今天，多少显得有点不合时宜。

那么我们为什么要读《我们的后人类未来》？

还是让我们听听福山本人的回答吧，在本书序言中福山提出："除非科学终结，否则历史不会终结。"作为"历史终结论"的最重要推手，福山这个断言不啻为一种自我颠覆。虽然福山宣称在政治的意义上人类历史已然终结于自由民主制，但是他承认这个结论并不牢靠，面临着诸多挑战：比如伊斯兰教会否成为民主的障碍，全球民主是否可能，如何在贫穷国家建立强有力的民主政治等等，其中最严重的挑战来自于现代科学，特别是生物技术革命。

福山这样警告世人："生物技术会让人类失去人性……但我们却丝毫没有意识到我们失去了多么有价值的东西。也许，我们将站在人类与后人类历史这一巨大分水岭的另一边，但我们却没意识到分水岭业已形成，因为我们再也看不见人性中最为根本的部分。"（见本书第101页）换言之，只要生物技术革命不加约束地继续发展下去，那么被终结的就不是历史，而是自由民主制乃至人性本身。

福山是在杞人忧天或者痴人说梦吗？我不这样认为。最近谷歌首席未来学家雷伊·库兹韦尔（Ray Kurzweil）调整了他在《奇点临近》中的说法，认为人类永生的时间点也许不是2045年，而是2029年左右："届时医疗技术将使人均寿命每过一年就能延长一岁。那时寿命将不再根据你的出生年月计算，我们延长的寿命甚至将会超过已经度过的时间。"

库兹韦尔预言的"奇点"基于如下判断："技术的不断加速是加速回归定律的内涵和必然结果，这个定律描述了进化节奏的加快，以及进化过程中产物的指数增长。"我不晓得奇点会在哪一天到来，但我相信的确存在奇点，到那时人工智能将会超过人类智能，"一旦机器的智慧超过人的智慧，它们就会自己设计下一代机器"。到那时我们不仅要烦恼人类获得永生后的意义问题，更要担心"人类将来可能会从这个循环中被淘汰"的危险。

是时候探讨现代科技对于人类基本生存状况的重大影响了。

一

《我们的后人类未来》的副标题是"生物技术革命的后果"，但在探讨生物技术革命之前，我愿意先把目光投向方兴未艾的人工智能讨论。

AlphaGo 4∶1 战胜人类围棋顶尖高手李世石的结果震惊了全世界。围绕着这场世纪大战，初步可以分为两派立场，反对派对于人工智能已经或者即将超越人类智能的观点不以为然，相比之下，支持派对于人工智能超越人类智能的前景持肯定甚至欢迎的态度。

反对派的理由之一是 AlphaGo 没有人类意义上的心灵或者意识："此前两役，AlphaGo 赢了，其实它并没有真正地理解围棋的基本原则，它唯一的概念就是布局和布局之间的关系，所以说它的程序学到的东西还很有限，并不像我们想象的那么好，所谓的类推能力是由它积累的海量样本造成，这方面没有创新，机器只知其然，不知其所以然。"

借用库兹韦尔的说法，上述批评属于"来自本体论的批评"，也即"计算机可以有意识吗？"哲学家约翰·瑟尔（John Searle）是反对派中的杰出代表，他竭力反对对意识进行物理还原主义的解释，理由是"机器对自己正在做什么没有一点主观意识，对它的任务也没有感知"。

相比之下，在支持派看来，人类意识并不神秘，大脑只是一台高度复杂的有机计算机，它能通过外在特征进行辨认。丹尼尔·丹尼特（Daniel Dennett）在《意识的解释》中就说："人类意识只是随一种特殊的计算机运作而来的副产品。"库兹韦尔相信，机器拥有意识只是时间问题，一旦达到必要的复杂程度，机器就会拥有意识这样的人类特性。

　　福山在《我们的后人类未来》中曾经一带而过地处理过上述争论，在他看来机器拥有意识的可能性非常之小，这"并不是因为机器永远无法复制人类智力——我认为它们在这方面也许会非常接近——而是因为它们几乎不可能获得人类情感。安卓系统、机器人或计算机突然能够经历人类情感，比如，恐惧、希望，甚至性的欲望，这些都是科幻小说里的事情，从没有任何人设想过这一切如何发生，哪怕仅是有细微的靠近。就像人类的许多其他意识，这个问题并不单单是没有人知道情感本身是什么；而是没有人了解为何它会在人类的生物系统中存在"（见本书第 168—169 页）。

　　我认为福山的观点错失了人机大战的关键问题。

　　首先，如果归根结底"智能是一个物理过程"，那么所谓的自由意志就可以还原为拓展未来可能性的能力，想象力就可以还原为连接不同事物的能力，创造力则是无中生有的能力，也就是突破既有范式、"自创武功"的能力，这些看似属于人类独有的属性都可以还原成为算法和计算力。AlphaGo 大战李世石的表现已经向我们很好地展示了这一可能性，正如一个评论家所指出的："说到底，所谓棋感、棋风、大局观云云不过是人类在计算能力欠缺时求助的直觉和本能。"

　　其次，福山乐观地认为人工智能几无可能获得恐惧、希望之类的人类情感，可是问题在于，在人机竞赛过程中，人类的情绪和欲望不是一个加分的能力。我们恰恰要问的是：机器为什么要百分百地模仿人类？如果在未来的人机对抗中，情感不能加分而是减分，那么机器的"冷酷无情"就不是缺点而是优点。AlphaGo 在和李世石对决的时候，从来不会面红耳赤，也无需到室外抽一根烟来平复心情，它不恐惧也不希望，只是计算计算再计算。

　　作为人类顶尖棋手的李世石，在过去十五年里获得了十几个世界冠军的头衔，总共下了 1 万盘围棋对弈，经过 3 万小时的训练，他的大脑可以在每秒搜索 10 个走子可能，相比之下，只有"两岁"的 AlphaGo 经历了 3 万小时的训练，每秒可以搜索 10 万个走子可能。人类虽然可以用自然语言进行知识交流，但归根结底还是一个人在战斗，因为人际交流信息的壁垒太高、速度太慢，与之相比，机器不是一个人在战斗，它可以通过网络高速地共享一切资料，机器的硬盘存储能力可以无限大，运算速度无限快，机器永不疲倦、永不停歇，它可以始终如一地"斗志高昂"地进行深度学习，这是人类"学霸"永远难以企及的。

　　人类所珍视和引以为傲的很多属性和价值，比如生活方式的多样性、自然语言的歧义性、情感的丰富细腻及脆弱，在与人工智能的生死竞争场上，都不是优势而恰恰是负担。没错，它们可能是人类独一无二性的体现，但就像蜈蚣有一百条腿，红毛猩猩浑身披着长毛，这些独一无二的属性要么无足轻重，要么是进化不够完全的表征，要么对人工智能而言毫无意义。

　　迄今为止，人们在谈论人工智能无法替代人类的时候都是从"拟人"的视角出发，可是机器为什么一定要以"人类"作为样板呢？"魔鬼终结者"必须笨拙地扭转脖子才可以看到身后的追杀者，为什么它不可以在全身上下布满视觉神经传感器，360 度无死角地监控可能的威胁？人工智能无需在所有方面都模仿人类才能胜过人类，而只要在具有核心竞争力的关键领域占先就足以克"人"制胜了。

　　有人说，人类智能最后的堡垒就是诗歌、小说和艺术。可是，小说家、艺术家什么时候成为现代社会的主导性力量了？在一个写诗的人比读诗的人要多的时代，通过嘲讽机器不会写出好诗来贬低机器的价值、礼赞人类的特殊性，不是太有讽刺意味了吗？更何况，机器离写出好诗已经不远了。

关于人工智能的最大迷思就在于，它们应该像它们的造物——人类一样拥有人类所拥有的全部属性：智力，解决问题的能力，想象力，创造力，道德义愤，以及爱和怕的情感，这是典型的人类中心主义所导致的认知盲区。

主张人工智能永远不可能超越人类智能的另一个理由是被造物不可能超越造物主，这个观念之所以错误，一是高估了人类，把人当成了上帝，一是低估了机器，把机器当成了人。十八世纪的法国哲学家拉美特利主张"人是机器"，现在看来，这或许不纯然是对人的贬低，有一天机器会觉得这是对它们的羞辱。

一个比较天真的幻想是：因为祖先崇拜，来自奇点的智能可能会尊敬甚至崇拜创造了它们的祖先，也就是我们人类，因此人类将"成为心满意足的宠物而不再是自由的人类"。可问题在于，人类或许不会成为人工智能眼中的宠物，而是成为人类眼中的蟑螂，生殖力旺盛但却毫无用处。

展望现代科技的发展前景时，必须摆脱人类中心主义的思路，唯其如此才能预见危机。

但是——这个"但是"非常重要，我认为《我们的后人类未来》最大的价值正在于此：反思现代科技所带来的伦理问题和政治问题时，人类中心主义却是必须坚持的原则和底线，唯其如此才能解除危机。

二

在《人类简史》最后一章"智人末日"中，以色列耶路撒冷大学历史系教授赫拉利（Yuval Noah Harari）指出："不论智人付出了多少努力，有了多少成就，还是没办法打破生物因素的限制。然而，就在21世纪曙光乍现之时，情况已经有所改变：智人开始超越这些界限。自然选择的法则开始被打破，而由智慧设计法则取而代之。"有三种方式能够让智慧设计取代自然选择：生物工程、仿生工程以及无机生命工程。人工智能只是其中一种，也就是无机生命工程。

某种意义上，《我们的后人类未来》把重点放在生物技术革命而不是人工智能是一个正确的选择，因为相比无机生命工程，生物工程、仿生工程对于人类的未来影响也许更加直接和紧迫。

人类是一种设计不够完善、功能不够齐备、容易黑屏、死机、时常需要维修的造物，生物工程和仿生工程可以治疗我们的种种病患，改进我们的种种缺陷。但是，就像福山所指出的，我们需要在"治疗"与"改进"之间划出一条明显的红线，指引研究往前者方向发展，而对后者做出严格限制，因为后者很有可能成为改头换面的"优生学"，意味着"只专门生育有着优选的遗传特征的人类"。

有人认为我们无法在治疗和改进之间划出红线，因为在理论上我们找不到区分两者的方式。是啊，凭什么说在三环上开车时速81公里就比79公里更危险？但是我们必须要人为地划出一条红线：81公里就是比79公里更危险！人类必须人为甚至武断地划出界线，否则就毫无界线可言。

相比红线划在哪里才合适，另一个问题也许更重要："谁有决定权？"

对此福山的回答是："到底由谁来决定科学被正当还是不正当应用，这个问题的答案事实上非常简单，并且已通过好几个世纪的政治理论与实践得以确立：那就是组成民主政治共同体的成员，主要通过他们所选举的代表执行，这就是所有这些事情的最高主宰，它拥有掌控技术发展的进度与范围的权力。"

以探索和创造的名义，以求知和求真的名义，科学有着难以抗拒的魅惑力，它引领人类向着无限广阔的领域拓展，无所畏惧地探索一切的可能性。但问题在于，"科学本身只是作为实现人类生存目的的一种工具；政治共同体决定什么是适宜的目的，这最终并不是科学问题"。

因此，《我们的后人类未来》绝非一本关于生物技术革命的普及读物，而是一本关于政治如何"锁死"科技的政治学著作，以及追问人性是什么的哲学著作。福山正是站在人类中心主义的立场上去追问和反思现代生物技术对于人类未来的影响。因为，归根结底，我们要问的是：我们是什么样的人，以及能够成为什么样的人？

我们是什么样的人？这个问题把我们带回到关于"人类本性"的根本思考上。在这个问题上，福山是一个"保守主义者"，他拒绝对人性做多元主义和相对主义的理解，而是从古老的自然权利出发为全体人类的尊严做辩护。

我们能够成为什么样的人？这不是一个无限开放的问题，福山承认"人的本性具有很大的弹性，顺从这一本性我们能有十分充沛的选择空间"。但问题在于人性"并不是可以无限延展的"。

没错，趋利避害，趋乐避苦是人之天性，为此我们进 KTV 和夜店逃避工作的压力，发明利他林和百忧解缓解情感的沮丧和精神的苦痛，可是我们真的愿意让技术彻底改变我们的生活乃至本性吗？比如，借助诺奇克（Robert Nozick）的体验机让自己保持一辈子的兴致盎然（见诺奇克《无政府、国家和乌托邦》），或者干脆通过基因改造技术让自己像爱因斯坦一样聪明，和林志玲一样美貌动人还有善解人意？

所有的生活都是一场实验，但是生活不应该发生在化学实验室里，而是要与每个人的自然天赋相适应，通过加入各种与自然相契的元素，比如热情、努力、奋斗、梦想，以及混杂着爱与痛苦的生命体验，才能认识你自己，发现你自己，成为你自己。这既是人之为人的本义，也是文化之为文化的本义。列奥·施特劳斯（Leo Strauss）说，文化在今天的主要含义就是"心灵的耕种，是与心灵的自然本性相符合地照顾和改良心灵天生的诸般能力"。此处的关键词是"自然"。生物技术也许可以帮助我们治愈疾病，延长寿命，让孩子变得更加易于管教，但是它的代价却是"一些无法言说的人类品质的丧失，如天分、野心或绝对的多元性"（见本书第173页）。当人类的身体可以像乐高积木一样随建随拆，当人类的智力和情感可以像U盘一样即插即用，我们的人格同一性、生活的统一性乃至文化本身就都分崩离析了。

因此，福山说，当我们反问自身，为什么不愿意衷心拥抱赫胥黎所描述的"美丽新世界"？答案就在于：《美丽新世界》中的人也许健康富足，但他们已经不是人类。他们已不再需要奋斗，不敢去梦想，不再拥有爱情，不能感知痛苦，不需做出艰难的道德选择，不再组成家庭，也不用去做任何传统上与人相关的事。他们身上再也没有了赋予我们人类尊严的特征。事实上，他们已经没有任何之处同人类相似，他们被控制人员养大，分成 α、β、ε、γ 等等级，彼此间保持仿佛人类与其他动物的距离。在能想象的最深刻的意义

上，他们的世界如此不自然，因为人性已经被更改。"（见本书第9页）

因此，福山说，当我们进一步追问，为什么赫胥黎以传统方式界定的人类如此重要？答案就在于："我们需要继续感知痛楚，承受压抑或孤独，或是忍受令人虚弱的疾病折磨，因为这是人类作为物种存在的大部分时段所经历的。""因为人性的保留是一个有深远意义的概念，为我们作为物种的经验提供了稳定的延续性。它与宗教一起，界定了我们最基本的价值观。""我们试图保存全部的复杂性、进化而来的禀赋，避免自我修改。我们不希望阻断人性的统一性或连续性，以及影响基于其上的人的权利。"（分别见本书第10、11、172—173页）

也许有人认为上述思考过于悲观和保守，请允许我重复前文的那两句话：

展望现代科技的发展前景时，必须要摆脱人类中心主义的思路，唯其如此才能预见危机。与此同时，反思现代科技所带来的伦理问题和政治问题时，人类中心主义却是必须坚持的原则和底线，唯其如此才能解除危机。

三

尼采在《权力意志》中说："够了：政治将被赋予不同意义的时代正在到来。"福山用这句话作为《后人类的未来》的题词，用意一目了然。

不久前赫拉利在清华大学做了题为"21世纪会是史上最不平等的时期吗？"的演讲，他的核心论点是："在21世纪，新技术将赋予人们前所未有的能力，使得富人和穷人之间有可能产生生物学意义上的鸿沟：富有的精英将能够设计他们自身或者他们的后代，使其成为生理和心理能力都更为高等的'超人'，人类将因此分裂为不同的生物阶层，先前的社会经济阶层系统可能会转化为生物阶层系统。"

坦白说，这个观点一点都不新鲜，福山比赫拉利至少早说了二十四年。没错，是二十四年而非十四年。二十四年前也就是1992年，福山出版《历史的终结》，在第五部分“最后的人”中，福山预言了自由民主制可能遇到的挑战："长期来看，自由民主制之所以被从内部颠覆，要么由于过度的优越意识、要么由于过度的平等意识。我的直觉是，最终来说，对民主构成最大威胁的是前者。"（见《历史的终结与最后的人》，第323页）

现代科技的发展——无论是生物工程、仿生工程还是无机生命工程——为少数人产生这种优越意识、成为尼采口中的“超人”创造了技术上的可能性，这将在根本上动摇福山的《历史的终结》的论点。这也正是福山在十四年前创作《我们的后人类未来》的动机所在，因为——“除非科学终结，否则历史不会终结。”

在福山的笔下，后人类的未来一点都不令人向往："后人类的世界也许更为等级森严，比现在的世界更富有竞争性，结果社会矛盾丛生。它也许是一个任何'共享的人性'已经消失的世界，因为我们将人类基因与如此之多其他的物种相结合，以至于我们已经不再清楚什么是人类。它也许是一个处于中位数的人也能活到他／她的200岁的世界，静坐在护士之家渴望死去而不得。或者它也可能是一个《美丽新世界》所设想的软性的专制世界，每个人都健康愉悦地生活，但完全忘记了希望、恐惧与挣扎的意义。"（见本书第217页）

　　面对这样一个后人类的甚至是非人类的未来，也许有人仍旧无动于衷，甚至衷心欢迎，比如有科学家曾经这样表态："希望大家不要忘记两点：一，按照现代科学的观点，整个宇宙的生命是有限的；二，真理的尽头是信仰。长期发展的结果如何？唯一可用以回答的就是凯恩斯的名言：'长期而言，我们都会死的。'人工智能或其他技术在此之后，任何都是可能的，但人类已经没有资格参与讨论了。"

　　没错，凯恩斯（John Keynes）的确说过"长期而言，我们都会死的"。在探讨现代科技可能存在的威胁时，科学家常引此言宽慰自己也宽慰人类，仿佛一瞬间就拥有了宇宙的尺度和胸怀。可是他们不晓得的是，凯恩斯这句话表达的不是对死亡的豁达，而是一个反讽。凯恩斯想说的是，面对迫在眉睫的市场失灵以及大面积失业的威胁，不能听之任之，不要以为从长远看，市场终会自动修复，可问题在于从长远看，我们都会死的。因此，"长期而言，我们都会死的"就是在正话反说，就是在强调时不我待，因为一般而言我们都不想死，而且只要可能，我们就不打算死。所以我们才会"饥不择食"，才会"死马当成活马医"，才会嘲笑飞蛾扑火，因为蝼蚁尚且偷生，何况人乎？为什么从个体抽象到人类之后，科学家就会如此的视死如归，难道是因为这些威胁并不近在咫尺，难道是因为我们这一代人无需为此付出代价？还是因为科学家已经超越了个体的视角乃至人类的普遍视角，升华到了宇宙的视角？

　　我认同福山的这个判断："当面临两难的技术挑战，利好与灾难如此紧密地纠葛，在我看来，只能采取唯一的一种应对措施：国家必须从政治层面规范这项技术的发展与使用，建立相关机构区分技术的进展，哪些能帮助推进人类福祉，哪些对人类尊严与快乐带来威胁。"

　　从观念的普及，到意向性共识的达成，最终诉诸制度性的安排和实践，这中间有太长的路要走，就此而言，福山的警示不是太早而是太晚，因为政治的运作也许已经赶不上科技指数型发展的脚步了。

　　我承认，在一个意义上，用政治"锁死"科技的背后，依然是一种平等主义的冲动，而且是向下拉平的冲动，是弱者联合起来防止出现无法约束的强者的冲动，是末人反击超人的冲动。但在另一个意义上，用政治"锁死"科技的背后，是对人类业已存在的文化和人性的守护，是在捍卫人之为人的尊严，是在反对由现代科技来定义"谁配称为人类"的战斗。

谨以此书献给约翰·塞巴斯蒂安

够了：政治将被赋予不同意义的时代正在到来。

——弗里德里希·尼采《权力意志》960 节 [1]

目 录

第三部分　怎么办？

序　言

　　写一本关于生物技术的书，对于一个近年来把主要研究旨趣放在文化及经济议题上的人来说，似乎是跨度太大了，然而，这一看似疯狂之举有其实际路径。

　　1999 年初，我受《国家利益》杂志编辑欧文·哈里斯（Owen Harries）之邀，为《历史的终结？》一文撰写回顾，最初的那篇文章发表于 1989 年夏，已过去十年之久。在那篇文章中，我坚信黑格尔说的"历史在 1806 年终结了"的观点是正确的，那一年耶拿战役拿破仑的胜利更证实了他的看法：自法国大革命以降，政治并无任何超越大革命原则的实际进展。1989 年苏东剧变只不过预示着全球朝向自由民主大融合的结局罢了。

　　在思考最初的那篇文章所遭受的批评的过程中，只有一个论点让我无从反驳：除非科学终结，否则历史不会终结。在随后的《历史的终结与最后的人》一书中，我描述了作为不断进步的普世历史的运转机制：现代自然科学技术的展开是它的主要推动力之一。二十世纪晚期的许多科技，例如所谓的信息革命，对自由民主的传播具有引导性。但是目前我们已经接近科技的终结点，似乎我们正处于生命科学进步的里程碑时期。

不管如何，一段时间我都在思考现代生物技术对政治理解的影响。这一思考促使我组织了一个研究小组，数年来有针对性地研究新科技对国际政治的影响。我最初的一些思考反映在《大断裂》(*The Great Disruption*)一书，书中探讨了有关人类本性与规范的问题，以及我们对它们的理解是如何被动物行为学、进化生物学以及认知神经学等新的实证信息所定型。受邀为"历史终结论"撰写回顾文章，让我有机会开始对未来做一个更系统化的思考，那就是 1999 年发表在《国家利益》杂志上的文章，题为《再思考：瓶子里的最后的人》。本书是最初这一想法的扩展与延伸。

2001 年 9 月 11 日美国遭遇恐怖袭击，重新唤起人们对"历史终结论"的质疑，根据显而易见，就是我们正目睹的西方与伊斯兰世界之间"文明的冲突"（借用塞缪尔·亨廷顿的术语）。我以为这些事件并不能证明上述观点，伊斯兰极端分子发动攻击只是出于绝望的自卫，广阔的现代化浪潮很快就会将之湮没。倒是这些事件揭露了一个事实，即现代世界赖以成形的科学技术本身代表了我们文明的主要脆弱之点。航班、摩天大楼以及生物实验室——现代性的所有象征——在邪恶势力挖空心思的打击中变成了攻击的武器。本书并不打算讨论生化武器问题，只是会点出，新的生化恐怖主义威胁的出现，提醒人们需要对科技的使用进行更大的政治限制。

不用说，我要感谢许多人对这个项目的帮助。他们包括大卫·阿莫尔（David Armor），拉里·阿恩哈特（Larry Arnhart），斯科特·巴雷特（Scott Barrett），彼得·伯科维茨（Peter Berkowitz），玛丽·坎农（Mary Cannon），斯蒂夫·克莱蒙斯（Steve Clemons），埃里克·科恩（Eric Cohen），马克·科多瓦（Mark Cordover），理查德·德夫林格（Richard Doerflinger），比

尔·德雷克（Bill Drake），特里·伊斯特兰（Terry Eastland），罗宾·福克斯（Robin Fox），希莱尔·弗拉德金（Hillel Fradkin），安德鲁·富兰克林（Andrew Franklin），佛朗哥·菲尔热（Franco Furger），乔纳森·加拉西（Jonathan Galassi），托尼·吉利兰（Tony Gilland），理查德·哈辛（Richard Hassing），理查德·海耶斯（Richard Hayes），乔治·霍姆格林（George Holmgren），利昂·卡斯（Leon Kass），比尔·克里斯托尔（Bill Kristol），杰伊·莱夫科维茨（Jay Lefkowitz），马克·里拉（Mark Lilla），迈克尔·麦圭尔（Michael McGuire），大卫·普伦蒂斯（David Prentice），加里·施密特（Gary Schmitt），艾布拉姆·舒尔斯基（Abram Shulsky），格雷戈里·斯托克（Gregory Stock），理查德·韦尔克莱（Richard Velkley），卡罗琳·瓦格纳（Caroline Wagner），马克·惠特（Marc Wheat），爱德华·威尔逊（Edward O. Wilson），亚当·沃尔夫森（Adam Wolfson）以及罗伯特·怀特（Robert Wright）。我非常感谢我的文稿代理，以斯贴·纽伯格（Esther Newberg）以及这些年来国际创意管理公司帮助过我的所有同仁。我的研究助理：迈克·柯蒂斯（Mike Curtis）、本·艾伦（Ben Allen）、克里斯汀·波梅雷宁（Christine Pommerening）、桑杰·马尔瓦（Sanjay Marwah）以及布莱恩·格罗（Brian Grow），提供了宝贵的帮助。我也要感谢布拉德利基金会为作为子项目的学生奖学金提供资助。辛西娅·帕多克（Cynthia Paddock），我的全方位助理，为书稿的最后生成做出贡献。一如既往，我的妻子劳拉（Laura Holmgren），对书稿提出了富于思想性的评议，在部分议题上她的观点更为鲜明。

第一部分

通往未来的路径

第1章

两部反乌托邦小说

> 对人类的威胁不只来自可能有致命作用的技术机械和装置。真正的威胁已经在人类的本质处触动了人类。座架（Gestell）的统治威胁着人类，它可能使人无法进入一种更为原始的解蔽状态，并因而无法去体验一种更原初的真理的呼唤。
>
> ——马丁·海德格尔，《对技术的追问》[1]

我出生于 1952 年，正处美国"婴儿潮"的中期。对于任何一个像我一样在二十世纪中叶成长的孩子来说，未来及其恐怖的可能被两本书所界定，乔治·奥威尔（George Orwell）的《1984》（1949 年初版）以及奥尔德斯·赫胥黎（Aldous Huxley）的《美丽新世界》（*Brave New World*，1932 年初版）。

这两本书比同时代的任何人都更有先见之明，因为它们聚焦了两种不同的技术，随后二十年它们事实上出现并改变了世界。小说《1984》关涉到的是我们现在所称的信息技术：横跨大洋建立一个广袤极权帝国的核心取决于一块叫"电屏"的设备，这块如墙般大小的平板显示屏能够实时地从各家各户收集和发送影像给盘旋于空中的"老大哥"。在"真理部"与"友爱部"的管理下，电屏被用于社会生活的集权化，它允许政府通过重重覆盖的网络监视人们的一言一行以剔除隐私。

相比之下，《美丽新世界》描绘的是另一项将要发生的重大的科技革命：生物技术。波坎诺夫斯基程序（Bokanovskification），一种不在子宫而在今天所说的"试管"中孵化婴儿的方式；药物"索玛"（Soma）能给人即刻的欢欣；感官器（Feelies）里植入电极模拟情感；通过不断的潜意识重复修正行为，一旦失灵，就应用各种人工荷尔蒙，所有这些使该书弥漫着令人格外不寒而栗的氛围。

在这些书出版差不多半个世纪后，我们看到，第一本小说《1984》的政治预言是错误的，然而对科技的预见却令人惊奇的精准。1984年到来又过去，美国仍牵制于冷战，与苏联苦苦争斗。那一年IBM新型个人电脑下线并开始了个人电脑革命。正如彼得·休伯（Peter Huber）所说，连接入网的个人电脑就是奥威尔电屏的实现。[2] 但与成为集权与暴政的工具相反，它走向的是：信息获取的民主化以及政治的分权。不是"老大哥"密切监视着大家，而是大家使用电脑与网络监督"老大哥"，因为各地政府不得不公布政务的更多信息。

1984年刚刚过去五年，在一系列早期看似政治科幻小说的戏剧性事件中，苏联及其帝国解体了，奥威尔大胆预测的极权威胁消失了。人们很快又一次指出所有这些事件——极权帝国的解体，个人电脑以及其他廉价信息技术形式的出现，如电视、电台、传真及电子邮件——并非毫无关联。极权统治取决于政府垄断信息的能力，一旦现代信息技术使接触大量信息成为可能，政府的权力就式微了。

另一本反乌托邦小说《美丽新世界》的政治预测仍然有待验证。赫胥黎所预想的许多技术，比如试管授精、代孕母亲、精神药物以及有关小孩孕育的基因工程，有些已经成为现实，有些已初现端倪。但这场革命才刚刚启幕，生物医学技术每日大量的新突破，以及像2000年人类基因组工程完成等成就，将延伸出更多深刻的变革。

两本书所唤起的梦魇中，《美丽新世界》更让人感觉微妙，也更富于挑战。《1984》一书所描述的世界的谬误是显而易见的：众所周知，主角温斯顿·史密斯最憎恶老鼠，因此老大哥发明了一个牢笼让鼠类啮咬史密斯的面部，逼迫他背叛他的爱人。这是一个典型的暴政世界，虽然技术先进，但与我们所知道或不幸经历的人类历史中的专制并无多大不同。

《美丽新世界》与此相反，无人受伤害，邪恶并不凸显；事实上，这是一个人人都得到满足的社会。正如其中一个角色所说，"统治者意识到强权无益"，在秩序鲜明的社会，人们需要诱引而非逼迫。这个世界没有疾病，没有社会矛盾，没有沮丧、疯狂、孤独以及情绪压抑，性欲能得到稳定的满足。甚至有专门的政府部门来确保欲望的浮现与满足之间的时间差最短。没有人再认真地对待宗教，没有人需要内省或单相思，生物学意义上的家庭已经遭到遗弃，没有人再读莎士比亚。但是没有任何人（该书的主角"野蛮人"约翰除外）挂念这些，因为他们生活得幸福而健康。

自小说出版以来，也许已经有几百万高中作文回答过这个问题："书中描述的景象哪里错了？"（至少能拿 A 的）答案通常如下：《美丽新世界》中的人也许健康富足，但他们已经不是人类。他们已不再需要奋斗，不敢去梦想，不再拥有爱情，不能感知痛苦，不需做出艰难的道德选择，不再组成家庭，也不用去做任何传统上与人相关的事。他们身上再也没有了赋予我们人类尊严的特征。事实上，他们已经没有任何之处同人类相似，他们被控制人员养大，分成 α、β、ε、γ 等等级，彼此间保持仿佛人类与其他动物的距离。在能想象的最深刻的意义上，他们的世界如此不自然，因为人性已经被更改。用生物伦理学家利昂·卡斯（Leon Kass）的话说："与忍受疾病或奴役之苦的人类不同，按照《美丽新世界》中的方式所丧失人性的人们并不痛苦，他们甚至不知道自己已泯灭人性，更糟糕的是，即使知道也并不以为然，他们实际上已成为拥有奴隶幸福的幸福奴隶。"[3]

　　然而这种回答并不能完全令典型的高中语文老师满意，嫌它还挖掘得不够深入（如卡斯接下来所提到的）。我们可以继续问：为什么赫胥黎以传统方式界定的人类如此重要？毕竟，当今的人类是几百万年进化的产物，如无意外，将继续很好地繁衍下去。人类没有任何固定的本质特征，除了拥有选择梦想并根据梦想改变行为的基本能力。因此，谁能告诉我，作为人类、拥有尊严就意味着要坚守人类进化史上偶然的副产品——老套的情感回应方式？没有所谓生物学意义上的家庭，也没有所谓人类本性或"正常"人之类的东西，或者即使这些都有，为什么它们要成为界定正确与正义的指南呢？赫胥黎告诉我们，事实上，我们需要继续感知痛楚，承受压抑或孤独，或是忍受令人虚弱的疾病折磨，因为这是人类作为物种存在的大部分时段所经历的。除了谈及这些特征或论述它们是"人的尊严"的基础，我们为什么不能简单地接受人类作为一个物种能不断改变自己的命运安排？

　　赫胥黎提出，可以用来界定什么是人的其中一种方式是宗教。在《美丽新世界》中，宗教已经被废除，基督教成了遥远的回忆。基督教教义认为人是上帝照自己的形象创造出来的，人的尊严就来源于此。另一位基督信徒作家刘易斯（C. S. Lewis）认为，生物技术的介入是对"人性的泯灭"，因而冒犯了上帝的意志。我相信，任何一位赫胥黎或刘易斯的细心读者都不会得出结论，认为宗教是能够理解"人的意义"的唯一方式。两位作者都认为自然本身，特别是人性，起特别的作用：它帮助界定对错，判断是非，厘清主次。因此，关于赫胥黎《美丽新世界》的对错，判断取决于我们对人性的看法：作为价值观来源的人性有多重要。

　　本书的目标是论证赫胥黎是正确的，当前生物技术带来的最显著的威胁在于，它有可能改变人性并因此将我们领进历史的"后人类"阶段。我会证明，这是重要的，因为人性的保留是一个有深远意义的概念，为我们作为物种的经验提供了稳定的延续性。它与宗教一起，界定了我们最基本的价值观。人性形成并限制了各种可能的政治体制，因此，一种强大到可以重塑当前体制的科技将会为自由民主及政治特性带来可能的恶性后果。

也许会如《1984》，最终发现生物技术的后果令人惊奇地完全是良性的，我们为此日夜担心完全是多余的。也许最后证明技术远比今天看起来弱小，或者，人们会温和谨慎地应用技术。但我不那么乐观的原因之一是，与许多其他科学进步不同，生物技术会天衣无缝地将隐蔽的危害混迹于明显的好处中。

一开始核武器与核能就被认为是危险的，因此从 1945 年曼哈顿计划研制出第一颗原子弹后就受到严格的管制。像比尔·乔伊（Bill Joy）等观察者已经为纳米技术担忧——一种分子大小能自我复制的机器，它能不受控制地复制并毁灭发明者。[4] 但这些威胁因为其明显性是最易处理的。如果你将受到自己发明的机器的威胁，你会采取措施保护自己。到目前为止，我们将机器置于控制之下的记录是理性的。

也有一些生物技术的产物对人类具有类似的明显的威胁——比如，超级病菌，新式病毒，会产生毒副反应的转基因食品。像核武器或纳米科技，它们是最易处理的，因为一旦认定它们是危险源，人类将以直接威胁的方式进行处理。另一方面，生物技术导致的最典型的威胁是被赫胥黎所捕捉到的那些，小说家汤姆·沃尔夫（Tom Wolfe）在一篇题为《对不起，你的灵魂刚刚死去》的文章中做过总结。[5] 医学技术很多情况下为我们提供了魔鬼的交易：寿命是延长了，但只剩下衰弱的思维能力；免受压抑之苦的自由，伴随着枯竭的创造力与空空如也的心灵；在治疗方法上，靠自己能力治愈，跟依赖大脑中各种化学物质的剂量而好转，这两者的分界已经模糊。

　　看看下面三个场景，它们每一个都展示了一种独特的可能性，未来一两代将会成为现实。

　　第一个场景与新药物有关。由于神经药理学的进展，心理学家发现人类的个性远比从前所想的更为可塑。"百忧解"（Prozac）与"利他林"（Ritalin）之类的精神药物已经能对"自尊"及"注意力集中能力"等特性产生影响，但它们可能产生诸多的副作用，因此除了特别清晰的治疗需求外不能使用。未来，基因组学知识将允许制药公司根据每个病人的基因资料量身订制药物，极大地减少不必要的副作用。冷漠麻木之人能够生龙活虎；内向沉闷之人变得外向活泼，你可以在星期三选择一种性格周末再选择另一种性格。已经没有任何理由能让人感觉压抑或不快乐；甚至"正常"快乐的人也可以用药物变得更加开心，无需担心上瘾、沉溺或长期的脑损伤。

　　在第二个场景中，干细胞研究的进展已经允许科学家重生人体的任何一个组织，照此，人的寿命被延长至100岁以上。如果你需要新的心脏或肝脏，你只需要在猪或牛的胸腔中培植一个；受到老年痴呆及中风损伤的脑部可以逆转。生物技术产业唯一还不知道如何解决的是人类的衰老问题，这个问题有着诸多微妙或者也许并不那么微妙的方面：人们的思想越来越僵化，思维随着年纪增长渐渐定型，他们已经尽力，但仍然无法使自己富有性魅力，却仍然继续追求处于生育年龄的伴侣。更糟糕的是，他们拒绝为他们的孩子甚至是孙子和曾孙让路。另一方面，几乎没有人生育小孩，或与已经不重要的传统生育方式发生关联。

　　在第三个场景中，富人在植入胚胎前会例行甄别胚胎质量使小孩最优化。你可以渐渐地通过他们的长相和智力鉴别年轻人的社会背景。如果有人无法满足社会期望，他不会责备自己反而会责备父母选择了坏基因。为进行科学研究及制造新的药物，人类基因被转移至动物甚至是植物上。某些胚胎会添加上动物的基因，以增强身体的忍耐力及对疾病的免疫力。虽然可以做到，科学家尚不敢制造一个半人半猿的彻头彻尾的怪物；但年轻人会逐渐怀疑表现弱于他们的同学所携带的基因并非全部是人类的。因为，他们确实不是。

对不起，但是你的灵魂刚刚死去……

在生命弥留之际，托马斯·杰斐逊（Thomas Jefferson）写道："科学之光的普及让每个人都触及真理：普罗大众并非身背马鞍出世，少数特权者也非出世就穿马靴着马刺，在上帝的恩典下理所当然地驱使大众。"[6] 镌刻在《独立宣言》中的政治平等完全取决于自然中人人平等的经验事实。个体差别巨大，文化多种多样，但我们享有共同的人性，每一个人都能与地球上的任何其他人沟通，并建立精神上的联系。生物技术带给我们的终极拷问是，政治权力会发生怎样的改变，当我们事实上使一部分人身背马鞍，而另一部分人穿着马靴带着马刺出世？

一个直接的解决途径

未来生物技术将巨大的潜在利益与有形且显明、无形且微妙的威胁混合在一起，面对此，我们应该做些什么呢？答案是明确的：我们应当使用国家权力去监管它。如果事实证明它超出了一国权力的管辖，那么就需要国际基础上的监管。我们现在需要开始具象地思考，如何建立一个制度（机构）能够区分生物技术的利用与滥用，并在国内及国际上有效地执行这些规定。

对许多参与目前生物技术辩论的人来说，这个明确的答案并非如此明确。这些讨论陷入了相对抽象的僵局，在克隆与干细胞研究等程序的伦理争辩上止步不前，一方倾向于允许做任何事，另一方想禁止大范围的研究与应用。这种宽泛的辩论当然是重要的，但事情发展如此迅速，我们很快需要更多实用的指导，如何指引未来发展的方向，使技术仍旧为人类服务而不是成为人类的主人。既然不可能允许一切，也不能禁止有前景的研究，那么，我们就需要找到一条中间道路。

鉴于困扰所有监管的执行不力问题，新的监管制度的制定应当是强而有力的。过去三十年来，全球范围内掀起一股解除经济领域国家管制的风潮，从航空业到通讯业，甚至进一步要缩小政府的规模与管辖的范围。由此兴起的全球经济，是财富与技术创新的更为有力的催生器。由于过去过度的管制，许多人对任何形式的政府干预本能地反感，这种对管制的条件反射式的厌恶，是将人类生物技术置于政治管辖之下的主要障碍之一。

但是要分清楚：在经济领域适用的未必适合其他领域。比如，信息技术，带来许多社会进步以及相关的微量危害，因此仅受到少量的政府管制。另一方面，核原料和有毒废弃物，因其不受约束的交易会带来明显的危害，受到严格的国内和国际控制。

有一种共识认为，即使人类想要阻止技术进步，事实上却不可能。这是推动生物技术监管遇到的最大难题之一。如果美国或哪个国家试图禁止人类克隆、生殖细胞基因工程或其他任何项目的研究，想要从事研究的人员会轻易地转移到允许该项研究的司法管辖相对宽松的国家。在全球化和生物医药研究国际竞争的背景下，那些为科研共同体或生物技术产业设置伦理限制的国家，无异于自缚手脚，会让自己受到惩罚。

认为无法停止或控制技术进步的想法显然是错误的，我将在本书第 10 章详述原因。事实上，所有的技术和众多类型的科学研究，都尽在我们的掌握中：人们对生物武器的研发试验，与在人体上进行试验一样不自由，只是不需要像后者那样的知情同意（informed consent）。事实上，有些个人或组织触犯了这些法规，有些国家没有相应法规或执行力相当弱，但这并不构成否定首先要制定法规的理由。毕竟，抢劫犯、谋杀犯的侥幸逃脱不是让偷窃与杀人合法化的理由。

　　我们要竭力避免技术投降主义者的态度，他们认为，既然我们不能停止或改变我们所不喜欢的技术发展，那么就不要为此去尝试了。要建立一个监管体系以允许社会控制人类生物技术，这并不容易：它需要各个国家的立法者一齐加入，并就复杂的科技议题做出艰难的抉择。对执行新法规的机构的规模与形式的设计，也是一个完全开放的难题。既要让法规尽量不成为积极发展的阻碍，又要赋予它们强有效的执行力，这是一个重大的挑战。更大的挑战是，国际层面共同法的创立，要跨越众多文化不同的国家形成共识，而它们对根本的伦理问题有着不同的理解。但过去，相对复杂的政治任务有成功的先例。

生物技术与历史的重启

　　当前关于生物技术的辩论，涉及克隆、干细胞研究和生殖细胞系工程，科学共同体和宗教拥趸的意见呈现两极分化。我以为这种分化是不幸的，因为它会使许多人认为，反对特定生物技术进步的唯一原因是宗教信仰。特别是在美国，生物技术被拖入了有关流产的辩论。屈从于一小撮反对流产的狂热者的看法，许多研究人员认为有价值的进展被制止了。

　　我认为，某些生物技术的创新与宗教毫无关系，对此保持谨慎很重要。此处我要引用的例子也许有些亚里士多德意味，这不是我要仰仗亚里士多德作为哲学家的权威，仅仅是因为他关于政治与人性的理性哲学论证方式正好可以作为我想要的样板。

　　亚里士多德认为，实际上，人类关于是非对错的观念——我们今日所说的人权——从终极意义上说是基于人类本性得出的。这意味着，如果没有从总体上理解本性的欲念、目标、特征和行为，我们就无法理解人类行为的结果，在对错、好坏、正义与邪恶上做出判断。跟许多晚近的功利主义哲学家一样，亚里士多德相信善是由人类的欲念所界定的；功利主义者试图将人类行为结果归结为简单的共有分母：减轻痛苦或最大化幸福感，而亚里士多德保留一种复杂而又有细微差别的观点，认为人类行为目的是多样与广泛的。他的哲学的目标是将本性从惯习中区分出来，从而达到合乎理性秩序的人类之善。

　　亚里士多德，与他师承的先哲苏格拉底和柏拉图一起，首先发起了关于人性本质的辩论，这场辩论在西方哲学思想传统中一直延续到近现代时期，直到自由民主的诞生。尽管关于人性究竟是什么，人们存在重大争议，但没有人会怀疑它是权利与正义的基石。美国的建国之父们就是自然权利的信奉者，反对英国王室的革命就建立在这之上。然而，在最近一两个世纪，这一观点受到哲学理论家与知识分子的冷落。

　　正如在本书的第二部分我们将会看到的，我认为这是一个错误，因为任何关于权利的有价值的定义必然基于对人类本性的实质判断之上。最终，现代生物学对人性的概念增添了一些有意义的实证内容，正如生物技术革命威胁要驱走人性这一五味酒杯。

　　不论哲学理论家与社会科学家如何认定人性这一概念，事实是，稳定的人性贯穿整个人类历史，有着非常深远的政治影响。正如亚里士多德及每一位人性理论家所理解的，人类生来是文化的动物，人类能从经验中习得知识，通过非基因的方式一代代传承下去。因此，人性并不仅狭隘地由人类行为决定，它还会导致人们在孩子养育、自我管理、机智应变等方面的多样性。人类对文化自我调适的不断努力使人类历史进步，让人类制度日趋复杂与精密。

　　人类进步与文化演进的事实让许多现代思想家相信人是无限可

塑的——这意味着，人的行为是开放式的，由社会环境塑造。这正是反对"人性"概念的现代偏见的起源。许多人相信人类行为由社会建构，他们有强烈的别有用心的目的：他们期冀利用社会工程创建一个符合抽象意识形态原则的正义公平的社会。肇始于法国大革命，一系列乌托邦政治运动剧烈震撼着这个世界，企图激进地通过社会最基本制度的重新安排创建一个人间天堂，下至家庭、私有财产，上至国家。伴随着社会主义革命在俄国、中国、古巴、柬埔寨等国的发生，这些运动在二十世纪达到顶点。

到二十世纪末，几乎这些试验的每一个都失败了，在这些国家开始了创建或修复自由民主这种现代、平等但政治上不那么激进的制度。全世界都在向自由民主汇流，一个重大的原因就在于人性的韧性。人类行为是可塑的、多样化的，但却不是无限制地如此。在特定阶段，根植于人性的本能和行为模式会重现，打破社会工程师设计的最佳蓝图。许多社会主义政权废除私有财产，弱化家庭，认为人应对全人类无私奉献而不仅限于狭窄的朋友圈或家庭。但是进化并不是用这种方式塑造人类。每个拐点上，社会主义社会的个人都抵制这种新的体制，1989年柏林墙倒塌后，社会主义瓦解，一种旧有的、更为熟悉的行为模式在每个角落重新宣示它们的存在。

政治制度既不能彻底而成功地废止本性，也不能抹杀文化教养。二十世纪的历史以两大对立的恐怖为主要特征，纳粹政权认为生物本性是一切，共产主义则认为它几乎一文不值。自由民主之所以成为现代社会唯一可行、合法的政治体制，是因为它既避免了极端，而根据历史悠久的正义标准塑造政制，又没有过分干预人类本能的行为模式。

还有许多其他因素影响历史发展的轨道，我在《历史的终结与最后的人》一书已经探讨过。[7]人类历史进程的其中一个基本的推动力是科学技术的发展，它决定了经济生产力可能性的范围，以及一系列社会结构性特征。二十世纪后期的科技进步特别有助于自由民主的发展。这不是因为它促进了政治自由和平等本身——实际上它没有——而是因为二十世纪后期的技术（尤其是与信息相关的那些）是所谓"自由的技术"，这一标签来自政治学家伊锡尔·德·索拉·普尔（Ithiel de Sola Pool）。[8]

然而，没有任何东西可以保证，技术将一直产生如此正面的政治效应。过去的许多科技进步曾经减少了人类的自由。[9]例如，农业的发展导致了大型等级社会的出现，使奴隶制比在集体狩猎时代变得更为可行。时光拉近，伊莱·惠特尼（Eli Whitney）发明轧棉机，使棉花在十九世纪初成为美国南部重要的经济作物，并在那里导致了奴隶制的复兴。

正如"历史终结论"的敏锐批评者所指出的，如果没有现代科学技术的终结，历史将不会终结。[10]我们不仅没有处于科技的终结点，似乎正处在史上科技进步少有的最重要的顶点时期。生物技术以及对人类大脑更深入的科学理解将会产生极为重要的政治影响。与此同时，利用二十世纪的科技，已经被众多国家放弃的社会工程又有了重新开启的可能。

如果我们回顾上一个世纪社会工程师和乌托邦设计师使用的工具，它们的粗糙和不科学似乎有些不可思议。宣传鼓动、劳改营、改造教育、弗洛伊德主义、儿童早期调教、行为主义——所有这些工具都用以打压人性，使其适应格格不入的社会蓝图。没有一种基于神经学知识和脑部的生化基础；没有一种能够理解行为的基因根源，或者即便可以理解，也没有人能够影响它们。

但所有这一切在接下来的一两代将发生改变。我们不需要假想国家支持的优生学的回归，也不需要假想基因工程的广泛传播，就能了解这一切是如何发生的。神经药理学已经不仅能够生产抗抑郁的"百忧解"，也能生产"利他林"控制难以驾驭的小孩的行为。

我们不仅发现了基因与个别性征的相关性，更精确地发现了两者的分子通路，这些性征包括智力、进攻性、性别认同、犯罪行为、酗酒行为等等，人们最终会为特定的社会目的去运用这些知识。这将会产生一系列问题，如每个父母面临的伦理问题，再如有一天会主导政治的政治议题。如果富有的父母突然有机会能提升他们孩子以及后代的智力，那么我们面临的不仅是道德的困境，同时也是一场全方位的阶级斗争。

　　这本书将分为三大部分。第一部分描述了通往未来的一些看似可行的路径，勾画一些最重要的后果，从近期的一直到更深远、更不确定的。四个阶段简要勾勒如下：

- 对大脑和人类行为的生理根源的了解不断加深；
- 神经药理学以及对人类情感和行为的操控；
- 寿命的延长；
- 最后，基因工程。

　　第二部分探讨操控人性的能力所引起的哲学问题。主要论述人性问题的核心，即我们对是非对错的理解，也就是人权问题，以及我们如何发展出人的尊严的概念，人的尊严并不取决于宗教对于人类起源的假说。不喜欢对政治做更为理论性探讨的读者，可以略去这里的一些章节不读。

　　最后一部分更具实践性，基本论点是，如果我们为生物技术的长期后果担忧，我们可以做的是，通过建立一个监管体系来区分对生物技术的合法与非法的应用。这一部分与第二部分恰恰相反，深入地探讨了有关美国及其他国家特定部门和法规的细节。技术的发展如此迅猛，我们必须快速进入更具体的分析，能使用什么样的制度去规范它。

　　由于生物技术的发展，近期有许多实用及与政策相关的议题已经出现，如人类基因组工程的完成，它包含基因的分辨与基因信息的秘密。本书不会聚焦于这些问题，一来其他人已经大量讨论过，二来生物技术提出的最大挑战并不在这些已初现端倪的近期，而在十年后、一代人后或者更远。我们要很清晰地意识到，这个挑战不仅仅是伦理的，也是政治的。因为它将成为我们未来几年所做的政治决定，这些决定关乎我们与技术的关系，进而关乎我们是否会进入后人类未来，以及这样一个未来展现在我们面前时潜在的道德缺失。

第2章

大脑科学

生物技术革命除了影响大人与孩子的日常生活外，还会产生怎样的政治后果呢？是否会产生从宏观层面调整或控制人类行为的可能呢？我们是否有一天也能有意识地更改人性呢？

有些"人类基因组工程"的推动者，比如"人类染色体科学"的执行总裁威廉·哈兹尔廷（William Haseltine），就曾对当前分子生物学可以达到的水平做过长远的推断，他认为，"假使我们能够从基因的层面了解生物体自我修复的过程……那么，我们也许能够将'使人体永不消亡'的目标再向前推进一步"。[1] 但大多数的生物科学家对他们正在做和将来可能达到的预期保持着更为低调的观望。许多科学家认为，他们不过是在寻找对乳癌或囊胞性纤维症等与基因相关的疾病的治疗方法，想要进行人类克隆和基因改进还有巨大障碍，改变人类本性基本是科学幻想，不存在技术上的可能性。

技术预测是异常艰难和冒险的，特别是要谈论可能在一两代以后才会发生的事情。尽管如此，对将来可能产生一系列后果的场景进行一些预想仍然很重要，它们中有一些今天已经成为可能或已初现端倪，其他一些可能最终并不会实现。我们可以预见的是，现代生物技术已经对接下来一代的世界政治产生了影响，即便生物工程还未能创造出一个活生生的婴儿。

说到生物技术革命，我们要意识到谈论的并非仅仅是生物工程。我们现在所经历的一切并不仅仅是基于解码或操控 DNA 的技术革命，而是一场潜在影响生物科学的革命。这场科技革命汲取了一系列相关领域的最新发现和进展，不仅仅是分子生物学，还包括认知神经学、群体遗传学、行为遗传学、心理学、人类学、进化生物学以及神经药理学。所有这些科学领域的进展都有潜在的政治意涵，因为它们增添了我们对于人类行为根源和大脑的知识，也让我们有能力去操控它们。

甚至不用诉诸遗传工程的宏大猜想，我们也将会预见，接下来的几十年，世界将会大不一样。今天和不久的将来，我们已经面临关于基因隐私、合理使用药物、与胚胎有关的研究及人类克隆的伦理选择。很快，我们将会面对新的议题，比如，胚胎择优选择，或者药物技术该使用到哪种程度，用来增进人体的功能而不是仅仅出于治疗的目的？

认知神经学的变革

通往未来的第一条路与技术并不相关，而仅仅是人类不断增加的关于基因学和人类行为的知识积累。许多现在从"人类基因组工程"得到的收获来自对基因组的了解——对基因运行规律的把握——而不是潜在的基因工程。比如，基因组学使针对个别患者量身定药成为可能，大大减少不必要的副作用；它也会让植物育种专家在开发新物种时拥有更为精确的信息。[2]

然而，将基因与人类行为相连接的尝试远远早于"人类基因组工程"，也早已导致了非常激烈的政治讨论。

至少倒推到古希腊时期，人类就开始辩论"人类行为是出于先天本性还是后天养成"，二者孰轻孰重。二十世纪的大部分时期，自然科学界，特别是社会科学界倾向于强调文化对人类行为的驱动，而忽视自然本性的一面。不过，现在钟摆已经摆到另一边了，许多人会觉得向相反方向摆得太过了，近年来人们倾向于支持基因决定论了。[3] 这个对科学展望的转变已经体现在大众传媒的方方面面：一切都是"基因影响"的，从智商到肥胖，甚至是人的攻击性。

关于人类行为是遗传还是文化起主导作用的论辩，从一开始就富有高度的政治意味，保守派倾向于支持先天本性解释，左派则强调后天栽培的作用。二十世纪前期，遗传学的观点被各色种族分子和偏见人士滥用，用来解释为什么有些种族、文化或社会就是劣等的。希特勒不过是这种基因决定论思维的最著名的右翼分子罢了。1924 年美国更严格的《移民法案》通过前，许多移民的反对者，比如麦迪逊·格兰特（Madison Grant）在他 1921 年出版的著作《伟大民族的延续》（*The Passing of Great Race*）[4] 中说道，从北欧到南欧的移民主体的转换，意味着美国种族成分的退化。[5]

对遗传论的质疑是二十世纪下半叶有关基因学讨论的背景。进步派学者着力于回击自然本性论的观点。这不仅是因为人群之间的自然差别暗含着社会等级，也因为对人类自然特征（即便是人所共有的）的强调，限制了人类的可塑性，也禁锢了人类的希望和梦想。这其中，女性主义者最为坚决地反对男女差异是基因决定而非社会建构的任何主张。[6]

极端社会建构论与极端遗传论两种观点的共同困境是，在当下可以获得的实证依据下它们都站不住脚。在动员民众参与第一次世界大战的过程中，美国军队开始大范围地对新兵员进行智力测试，世界上第一次有了不同种族和族群的认知能力的数据。[7] 这些数据被反对移民者获得，并用来作为犹太人和黑人是所有人种中智商最低下者的证据。在早期反对"科学种族主义"的一些重大例子中，人类学家弗兰茨·博厄斯（Franz Boas）在他构思缜密的研究中发现，移民孩子的头部大小和智商与在美国长大的本土孩子相当。其他人也证明，士兵的智力测试深含文化偏见（因为测试中要求孩子辨认网球场，而大多数移民者的孩子见都没见过）。

另一方面，所有有两个以上孩子的家长都有经验，孩子个体间的差异无法简单地由抚养和成长的环境来解释。直到现在，从科学的角度解释人类行为的自然或文化源泉仍只有两条路，一条是通过行为遗传学，一条是跨文化人类学。未来也许可以更为精确地通过分子和神经的渠道去辨知基因对人类行为的影响。

行为遗传学主要是基于同卵双胞胎的研究——理想状态下，双胞胎被分别抚养长大（这里主要是指单卵双生子，因为他们来自同一个受精卵）。众所周知，同卵双胞胎拥有相同的基因型——也就是相同的DNA——我们假设同卵双胞胎后来在行为上表现的差异刚好反映了成长环境的不同，从而否定遗传的作用。通过对比双胞胎的行为——比如，在不同年龄段进行智力测试或者观察犯罪记录、职业记录——这有可能得出统计学者所谓的方差值，用以衡量基因所导致的结果。剩下的自然是由于环境的影响。行为遗传学也研究在同一个屋檐下长大的非亲生兄弟姐妹的例子（比如收养的孩子）。如果共有的家庭环境和培养方式在塑造孩子的行为方面，真如反自然论者所强调的那样强大，那么这样一些非亲生的兄弟姐妹应该表现出比随意抽取的不相关的孩子有更高的行为相似性。比较这两组相关性，我们就可以获知共有环境的影响。

遗传基因学的结论总是令人震惊，尽管由不同的父母在不同的环境和（或）社会经济背景下抚养长大，双胞胎的行为却表现出了惊人的相关性。当然，这个方法也不是无可挑剔，主要的一个缺陷在于如何定义不同的环境。在许多案例中，双胞胎尽管被分开抚养，却多数时候被暴露在类似的环境之下，这就使得无法区分自然或人为的影响。比如，行为遗传学者可能忽略了母体的子宫这一"共有的环境"，它在基因型（genotype）成长为表现型（phenotype）乃至个体的人的过程中影响巨大。当然，同卵双胞胎必然在同一个子宫中长大，但假设相同的胎儿成长在不同的子宫中，情况也许会完全不同，比如假设这个母亲营养不良、酗酒或者吸毒。

　　第二种也许没有那么精确地发现人类行为根源的方法，是对一个特定的特征或活动进行跨文化的研究。现在，我们有大量的对各式社会人类行为的人种志记录，它们包括现存的人类社会，也包括透过历史或考古得知的人类社会。这是动物行为学的典型研究方法，对动物行为做比较研究。

　　这一研究方法的问题在于，很难发现存在于人类思维和行动中的普世模式。人类在行为上比动物具有多得多的差异性，因为人类在更大程度上是文化的产物，通过法律、习俗、传统和其他出自社会建构而非自然本性的影响来学习行为。[8] 博厄斯之后的文化人类学者更乐意于强调人类文化的差异性。二十世纪许多经典的人类学著作，比如，玛格丽特·米德的《萨摩亚人的成年》（*Coming Age of Somoa*），都表明许多西方熟悉的文化行为，如因爱生恨或青少年性行为的规矩在非西方文化中并不存在。[9] 这一传统在美国许许多多大学的"文化研究"系中延续了下来，它们多强调人类行为中偏离、越轨或其他反常的模式。

　　然而，还是有一些文化的普世性：尽管一些特别的亲属关系模式，比如中国的五代同堂或美国的小家庭并不普遍，但是一夫一妻制是人类这一物种的典型行为，黑猩猩就不如此。人类语言的内容是多变并且由文化塑造的，但诺姆·乔姆斯基（Noam Chomsky）

最先发现，所有语言基于其上的语法的"深层结构"却并非如此。许多为用来反对存在认知的普世模式而进行的异质或反常行为研究，比如米德的"萨摩亚人的成年"研究，是有缺陷的。印第安的霍皮人（Hopi）曾经被认为没有时间观念，但事实上他们有；只是研究他们的人类学家没有发现而已。[10] 色彩曾被认为富含社会建构的意味，因为我们通常所说的"蓝色"或"红色"事实上不过是一段连续的光谱中的点而已。然而并非如此。有一项人类学研究要求来自完全异质文化的参与者摆放颜色板中他们社会常常使用的颜色，实验结果却超越了文化界限，所有参与者都使用了相同的第一主用和第二主用颜色。这恰恰表明，在颜色的认知上，有一些基于人类生物学的共倾性，即使我们不能破译是什么特别的基因或神经结构导致了它。

行为遗传学和跨文化人类学从宏观行为的层面推知了基于相似性的人类本性。行为遗传学研究基因相同的人类并试图发现环境导致的差异，跨文化人类学却从异质文化的人类研究开始，想要发现基因导致的共同性。这两种方法都不能完全满意地说服批评者，因为两者都基于统计上的推论，都存在较大的误差度，也并不能表明或描述基因和行为之间的因果联系。

但这一切都即将改变。生物学已经能从理论上提供信息支撑基因和行为之间的分子通路。基因控制表达，也就是，开启或关闭其他基因，它们包含着控制人体化学反应的蛋白质的密码，也是人体细胞的基石。许多我们现在熟知的基因影响只限于相对简单的单个基因的功能失调，比如亨廷顿氏舞蹈症（Huntington's Chorea）、泰-萨克斯病（Tay-Sachs Disease）或囊胞性纤维症（Cystic Fibrosis），它们都归咎于一个等位基因（它是 DNA 的一个部分，因人而异）。更高层次的行为，比如智力或者进攻性，可能有更为复杂的基因根源，是多个基因相互作用或者在不同环境下的产物。现在看起来，我们必然将知道更多的基因因果链，即使我们现在还不能完全明白人类行为模式的形成过程。

举一个例子，普林斯顿大学的华裔生物学家钱卓（Joe Tsien）将一个与超常记忆相关的基因注入老鼠体内。大脑细胞的一个组成部分——NDMA 接收器曾被长期猜想与记忆力相关，反过来它是 NR_1、NR_2A 和 NR_2B 一系列基因的产物。通过一个所谓的淘汰实验，在培育的一只缺乏 NR_1 基因的老鼠身上，钱卓确认该基因确实与记忆力相关。在第二个实验中，他对另一只老鼠添加了一个 NR_2B 基因，结果发现它让老鼠产生了超级记忆。[11]

钱卓并没有发现主导智力的基因；他甚至也没有发现主导记忆的基因，因为记忆是由许多不同基因的相互作用形成的。智力本身可能并不是一个单独的特质，它可能是大脑中一整套认知功能影响下的一系列能力组合，而记忆只是其中一种能力。但现在，一个难题似乎已经来了，相信越来越多的难题会纷至沓来。很显然，要在人类身上进行淘汰性的基因实验还不太可能，但是考虑到人类与动物的基因类型的相似性，我们可以做出比现在更可行的更为大胆的基因因果预测。

首先，研究等位基因的分布差异，并将它们与人类群体差异相关联起来，是有可能的。比如，我们知道，不同的人群有不同的血型分布；大约 40% 的欧洲人是 O 型血，美洲土著几乎都是 O 型血。[12] 与镰状细胞贫血症相关的等位基因在非裔美国人身上比美国白人身上更普遍。人口遗传学家卡瓦利-斯福扎（Luigi Luca Cavalli-Sforza），根据线粒体 DNA（DNA 包含在线粒体中，位于细胞核外，遗传自母体）的分布，描绘出了早期人类由非洲逐步走向全球的历史猜想。[13] 他现在走得更远，将人口与语言的发展相联系，在缺乏早期书写文本的情况下已经发展出了一套早期语言演化的历史。

这些科学知识，尽管还没有发展出匹配的技术去使用它，却有很重要的政治影响。这种影响我们在三种有基因根基的高级行为——智力、犯罪和性欲——中可见一斑，将来还会有更多。[14]

智力的可遗传性

1994 年，查尔斯·默里（Charles Murray）和理查德·赫恩斯坦（Richard Herrnstein）发表了他们的著作《钟形曲线》（*The Bell Curve*）[15]，引起了轩然大波。该书以统计学为主要工具，利用"国家青年纵向调查"（National Longitudinal Survey of Youth）的大数据库，得出了两个极其有争议的结论。第一个结论认为，智力是可遗传的。以数据为证，默里和赫恩斯坦认为 60% 至 70% 的智力差异是由基因导致的，剩下的百分比受到环境因素的影响，比如营养、教育、家庭结构等等。第二个结论是，在智力测试中，非裔美国人比白人低一个标准差 *，这也是由基因导致的。默里和赫恩斯坦还认为，随着社会流动的障碍逐渐消除，培养智力的因素大大增加，社会会沿着认知曲线逐渐分层。基因，而不是社会背景将会成为成功的决定因素。最聪明的人会赚取大部分的收入；事实上，由于有"门当户对"的观念（人们总是倾向于和自己类似的人匹配），认知精英将会逐渐增加他们的相对优势。那些相对低智商的人将面临日渐逼仄的生存机会，社会补助计划的帮扶能力也是极为有限的。[16] 这些论断与早前心理学家亚瑟·詹森（Arthur Jensen）1969 年发表在《哈佛教育评论》上的文章几近一致，他们得出了类似的悲观结论。[17]

《钟形曲线》一书引起如此重大的争议，一点也不奇怪，默里和赫恩斯坦被斥责为种族主义分子和偏执狂。[18] 其中有一些评论这样说道："《钟形曲线》一书如此富有攻击性和警示意味，它不过是种

---

* 标准差是一种统计度量，测算给定群体偏离一定范围平均值的距离；一个群体中约有三分之二处于高于或低于平均值的一个标准差范围。（说明：本书页下注均为作者原注）

族政治经济学的另一篇章的延续。"[19]更寻常的攻击是，谴责该书的作者，结论是如此虚假和充满偏见的伪科学，根本不值得严肃对待，他们和光头党（译按：仇视移民的流氓团伙）及新纳粹组织没有两样。[20]

但其实此书不过是正在如火如荼上演的"智力可高度遗传"和"智力主要由生长环境影响"的辩论大战的新近一环。保守主义者通常会对人类天赋异禀持同情观点，因为他们想要证明现行社会等级的正当性并反对政府试图矫正的努力。左派则相反，对"追求社会公正的道路上有自然的限制或者人种之间有自然的差异"这种观点嗤之以鼻。智力议题的相关性如此之大，它们很快就外溢到方法论的争论上，右派认为认知能力是明显可测量的，左派则坚称智力如此模棱两可必定会有严重的误差。[21]

这样的事实也许让人有些不悦，近代统计学的发展以及当代社会科学总体的进展，与心理测量技术的进步及一部分极为聪明的方法论学者息息相关，碰巧，这些学者都是种族主义者和优生学的支持者。首先一个便是查尔斯·达尔文的外甥弗朗西斯·加尔顿（Francis Galton），"优生学"一词就是地发明的，他在《可遗传的天资》（*Hereditary Genius*）一书中声称，优良的基因会在家族中遗传。[22]加尔顿在十九世纪末首次发明了可客观测量智力的技术，他系统地收集数据，并利用最新的数学方法试图分析它们。

加尔顿的追随者卡尔·皮尔森（Carl Pearson）是伦敦大学学院"加尔顿优生学"教授，是社会达尔文主义的坚定支持者，他曾写道："历史向我们展示了一条道路，仅此一条道路，在这条道路上高度的文化状态得以产生，这条路就是，种族与种族之间的斗争，体格更好和智商更高的种族得以生存。"[23]皮尔森恰好是极好的方法论学者和现代统计学的奠基人之一。每一位统计学的一年级学生都会学习如何计算"皮尔森系数 r"——最基本的相关系数，也会

学习 χ^2 来检示数据的显著性，这也是皮尔森的发明。皮尔森发明相关系数一部分原因就是想要找出一个更为精确的方式来描述可供测量的相关性，比如智力的测试，或者潜在的生理特征，比如智力本身。（伦敦大学学院统计系的网页上自豪地将皮尔森奉为应用数学大家，但是隐晦地略去了他关于种族和遗传的著作。）

第三位著名的方法论学者是查尔斯·斯皮尔曼（Charles Spearman），他发明了"因子分析"和"斯皮尔曼相关性分析"，这些都是不可缺少的基本统计分析工具。作为一名心理测量学者，斯皮尔曼发现智力水平系列的测试彼此相关：比如，一个人在口头表达测试中表现优异，他或者她也会在数学测试上表现优异。他假设一定存在一个总体性的智力因子，这个智力因子就是一个人在不同的测试中表现优异的根本原因。因子分析法是斯皮尔曼在用严谨的方式隔离 g 因素（编按：即一般因素，与之相对应的是 s 因素 [特殊因素]）的时候发明的，它现在仍然是遗传智力学当中热门的讨论话题。

心理测量学的发现与"种族主义和优生学"等政治上惹厌的观点的联系，也许会让整个研究领域备受怀疑。但事实却告诉我们，在政治不正确的研究发现与坏科学间没有必然的联系。抨击这些人们并不喜闻乐见的方法论学者的可信度，并忽视他们的研究成果称其为"伪科学"，这也许是在争辩时最好用的捷径。二十世纪下半叶，这一方法被左派分子屡试不爽，其中一个标志性事件就是 1981 年史蒂芬·杰伊·古尔德（Stephen Jay Gould）《无法测量的人》（ *The Mismeasure of Man* ）一书的出版。[24] 古尔德，这位研究古土壤学的学者有着非常强的左派倾向，他首先撷取塞缪尔·乔治·默顿（Samuel George Morton）和保罗·布罗卡（Paul Broca）两位易受攻击的科学家为对象，这两位科学家认为人的智商可由头部的大小来推知，他们错误的研究数据的拥趸是二十世纪初的种族分子和反移民政策者。古尔德继续攻击更为严谨的"基因决定论"赞成者，比如斯皮尔曼和西里尔·伯特爵士（Sir Cyril Burt），这两位都是亚瑟·詹森的重要信徒。

接下来的这个例子可能更为人所知。伯特，这位现代心理学的巨擘，1976 年被控告刻意捏造数据，试图在单卵双胞胎实验中证明超过 70% 的人类智商来自遗传。英国的一位记者，奥利维亚·吉利（Olivia Gillie）在《星期日泰晤士报》中撰文抨击道，伯特编造自己是文章的合写者并捏造数据，他的研究就是一个赤裸裸的骗局。这一抨击为其他的评论送去了爆炸性的武器，心理学家列昂·卡明（Leon Kamin）说道，没有任何数据能够让一个审慎的人接受智力测试得分有遗传性这一论断。[25] 他随后又与理查德·列万廷（Richard Lewontin）及史蒂芬·罗斯（Steven Rose）一道对整个行为基因学领域进行了大范围的攻击，谴责行为基因学是伪科学。[26]

很不幸的是，认为 g 因素与大脑中某个真实存在相关并且有基因支撑的论点，并不能简单地从方法论的角度打倒。随后的研究者，继续伯特的工作，发现对伯特数据是捏造的指控本身子虚乌有。[27] 在任何情况下，不止伯特研究发现单卵双生婴儿显示了相当高程度的遗传性；还有一系列其他的研究也有与伯特相似的发现，比如，1990 年明尼苏达双胞胎实验。

一场关于斯皮尔曼 g 因素是否存在的讨论仍然持续热烈而复杂地进行着，参与的心理学家都有相当的信誉度，两种立场各有支持者。[28] 从 1904 年斯皮尔曼第一次开始强调智力是一件单独自在的事情开始，他就被许多相信智力是一系列相关能力的总和并且因人而异的人所批判。这一论点最早的支持者有美国心理学家瑟斯顿（L. L. Thurstone）；较近的支持者有霍华德·加德纳（Howard Gardner），他的信条是"智力多元论"，在美国教育圈广为人知。[29] g 因素的拥护者却认为这只是定义的问题：加德纳所称为"智力"

的许多东西，正如默里和赫恩斯坦自己坦承的那样，其实只是天赋——一种更为有限的认知能力，但借用笼统的"智力"一词称呼罢了。他们借助因子分析和强有力的统计学案例推断 g 因素是一个独立的存在。对此，批评者也做出了有说服力的回击，他们说，g 因素的支持者做的只是存在一种与 g 因素相关的能力的推断，尽管可以说在人的大脑中必定存在某种这样的生理关联，但从来没有人事实上观察到过。

《钟形曲线》引领了一系列有关智力的心理学和专门的书籍面世，它们的主题可以总称为"论智力和遗传的相关性"。[30] 尽管有许多对默里和赫恩斯坦的不同意见，有一点很清晰也不可否认，他们所发现并定义的——智力在现代社会的重要性及"智力有遗传根源"的影响——不会淡去。例如，不管是否来源于 g，在众多智力影响因素中，遗传在任何智力测试中都会显示根本性的影响，在这一点上几乎没有异议。《钟形曲线》出版后，《美国心理学家》出版了一期专刊，总结出这个学科的共识是，在孩童时代有一半的智力受遗传的影响，成人之后比例可能更高。[31] 专家们在遗传的影响力巨大和微小的程度上还有技术性的争辩，有些人主张基因对智力的影响不会超过 40%[32]，但是很少有人会同意卡明的观点——在智力和遗传之间没有任何可信的联系。

在遗传影响大小预估上的差异对公共政策有着潜在却重要的影响，因为如果基因决定的程度低至 40% 至 50%，则意味着与默里和赫恩斯坦的结论相反，确实存在着环境对人智力的影响，在这里政府的政策可以发挥作用，提升智商。人们可以将杯中的半杯水乐观地看成半满而不是半空的状态：更好的饮食、更优质的教育、更安全的环境和更齐全的经济资源，都可以促进孩子那 50% 智商的增长，它们可以成为社会政策的合理目标。

"环境影响智力论"也会缓和备受攻讦煎熬的"智商与种族"

议题。在同一期《美国心理学家》中，有文章确认黑人在标准的智力测试中分数低于白人。现在的问题可以转换成，为什么呢？这里可以将这一差距归咎于环境的因素而不是遗传。一个有力的依据是"弗林效应"（Flynn Effect），它以心理学家詹姆斯·弗林命名，他首次发现几乎在每一个发达国家，过去一代的智商测试分数都在增加。[33] 很明显这个变化并非由基因导致的，因为基因不会进化得如此迅速；连弗林自己都难以相信人们的智商会比过去一代人要更聪明。这就意味着，智商测验中多出来的这些增数是某些环境因素的结果，而这些因素我们现在还不甚了解，它可能包括更均衡的营养（这也让这一代比上一代人长得更高）、更优质的教育或更大范围的智力引导。这项发现也同时说明社会边缘性的人群，比如非洲裔美国人，他们在饮食、教育和许多其他社会环境中处于相对劣势的地位，随着时间的推进，也会看到智商的增长。非洲裔的智商在增长，犹太人和其他移民群的智商也在增长，从前的黑—白差异逐渐在缩减；将来，这个差异会小到可以忽略。

　　这一节讨论智力与基因的关系，意不在支持哪一个学派，或者探讨哪一派更为优越，或者估计基因决定智商的程度。以我自己对周围人的观察（特别是对我的小孩的观察），智力并不是由单一的 g 因素决定，而是一系列相互关联的能力的作用。常识的观察已经能告诉我们，这些能力很大程度上受遗传的影响。我怀疑将来分子层面科学研究的发展也不会带给我们"种族间智力差异"新的震惊性的发现。从种族分离到现在的进化时间还太短，即便我们观察到种族间可以测量的特征（比如血型的分布），但基因差别还没有足够大到显示出明显的族群差异。

　　我们要讨论的议题并非这个。即使在基因工程方面我们还没有任何突破性的进展能够操控智力，但是单纯的关于"基因与行为关系"知识的积累仍然会有政治性的影响。有一些影响看起来很妙：

分子生物学的进展也许会让基因免于背负造成人群之间显著差异的责任，比如，博厄斯对头部大小的研究有力地反击了二十世纪初期的"科学种族主义"。另一方面，生命科学的发展也许会带来我们并不想听到的消息。由《钟形曲线》一书引燃的政治风暴不会是最后一个，火焰将继续被基因学、认知神经学和分子生物学的前沿研究推高。许多左派分子也许会继续叫嚷把"智力由基因决定论"归结为本质上的种族主义和伪科学研究，但是科学本身并不会允许这种捷径。关于记忆的分子通路的知识的累积，比如钱卓的淘汰性老鼠实验所展示的那样，将会对智力遗传性做出更为精深的预测。脑成像技术、正电子发射断层摄影术、功能性共振成像以及磁共振光谱学，都使动态地记录血液流动和神经元刺激成为可能；这些不同种类的神经活动相联系，也许有一天可以终极地解答 g 因素是一个单一的存在还是定位在大脑中不同部分的许多元素的组合。过去，坏的科学研究曾被用来为坏的目的服务，这并不意味着，将来好的科学研究只会应用在好的领域。

基因与犯罪

　　如果说在基因与智力关系中什么是最富争议性的话题，那一定非基因与犯罪的联系莫属。跟踪犯罪的生物学根源的研究已有很长的历史，并且其争议也与长期受错误的方法论工具和优生论影响的心理计量学不相上下。在这一领域广受批评的最著名的科学家是意大利物理学家切萨雷·隆布罗索（Cesare Lombroso），二十世纪初的时候，他研究了许多在世和去世的囚犯，并总结出了一套"罪犯生理特征"，比如，倾斜的前额、小头等等。受达尔文的影响，隆布罗索认为这些罪犯"类型"是人类进化史上的早期产物，是偶然幸存至当下的一类人。尽管隆布罗索对现代开明的犯罪观有助益，认为某些人由于生理的原因无法为它们的犯罪负责，但他的研究由于纰漏百出，和颅相学、燃素说一起被认定为伪科学。[34]

现代犯罪理论的生理学解释与"基因与人类行为关系"理论即行为基因学同出一辙。任何一组分开抚养的单卵双胞胎的研究，或者一起抚养的非亲生子女的研究，都显示出了基因与犯罪行为的相关性。[35]其中一个大型的研究来自丹麦双胞胎登记中心的 3 586 对双胞胎的样本，研究结果显示，同卵双胞胎有 50% 的共有犯罪行为，而异卵（非同一个受精卵）双胞胎只有 21%。[36]同样来自丹麦的一个大型的领养研究数据，研究关注分别在犯罪和非犯罪家庭抚养长大的同卵双胞胎和分别在犯罪和非犯罪家庭抚养长大的没有血缘关系的兄弟姐妹，结果显示，比起领养家庭父母的犯罪行为，血缘父母的犯罪行为是孩子犯罪行为的更强劲的指示器，这意味着在某种形式上犯罪行为的生理影响是存在的。

对犯罪生理学的学术批评有许多和对智力与基因关系的评论是一样的。[37]这些评论诸如，双胞胎的研究很难控制微妙的共享的环境因素，也很难控制可能会影响相关性的非基因性因素，或者检验的样本太小等等。特拉维斯·赫希（Travis Hirschi）与迈克尔·戈特弗里德松（Michael Gottfredson）认为，犯罪是一种社会建构的行为，怎么可能有基因的原因呢？[38]也就是说，有些行为在这个社会被认定为犯罪，在另一个社会就不一定是犯罪；那么人们怎么能够说在某个社会被认定为"约会强奸"而在另一个社会被称之为"消磨时光"的行为是由基因决定的呢？

尽管许多对于犯罪的基因解释不得人心，但是犯罪行为仍然是社会行为的一环，可以有充分的理由思考基因对它作用的方式。自然，犯罪是一种由社会定义的行为，但是很多特别严重的行径，比如谋杀和偷盗，在任何一个社会都不会被宽恕；某些行为特质，比如较弱的冲动控制能力让人很容易冲破规矩犯罪，这些似乎就有基因的作用。[39]某个罪犯因为一双跑鞋而向别人的头部开枪，这显然不是一种很理性的短期满足与长远代价的衡量；这很可能被归咎于早期童年社会化的失败，但是认为一些人本质上易于做出错误的决定，这么想也并非那么荒谬。

让我们把视角从个人拉到群体差异的层面，通过观察几乎所有已知的社会和历史上存在的社会，犯罪行为多由年轻的男子所为，他们多在 15—25 岁之间 [40]，由此看来，似乎做出"基因与犯罪行为之间有强有力的表面证据关联"的定论也不过分。当然，年轻的少女或成熟的女性、老人也犯罪，但是年轻的男子特别倾向于通过暴力来寻求某种自我肯定，或者通过铤而走险的方式触犯社会规则。生物人类学家理查德·兰厄姆（Richard Wrangham）1996 年出版了他的著作《雄性恶魔》（Demonic Males），书中记录了雄性猩猩组织小分队，专门在领地边缘伏击其他雄性猩猩领导的群体的事实。[41] 人类也是 500 万年前从与猩猩类似的祖先进化而来，似乎这种雄性的对暴力和进攻的偏好仍然有相当的延续性，在这个例子中基因决定论的理由很充足。[42]

有一些研究专门关注基因与进攻之间的直接分子联系。二十世纪八十年代对一组有暴力精神史的荷兰家庭的研究显示了基因是始作俑者，基因控制了一种叫做单氨氧化酶的释放，或简称为MAOs。[43] 随后一项法国的研究也显示，缺乏 MAO 的老鼠也显示了同样的极度暴力倾向。[44]

当然一个人可以学会控制自己的冲动 [45]，特别是他们正在成长时的阶段被教以正确的习惯。*社会反过来可以通过许多举措促进人的自我控制，如果自控失败，至少也可以阻止或对犯罪行为进行惩处。这些社会因素是造成不同社会截然不同的犯罪率（某一个时间

---

* 冲动控制，和语言学习的道理是一致的，在某些阶段比另一些阶段学习得更好一些。这也是犯罪有生理根源的更进一步的标志。

段纽约市一年的蓄意杀人罪比日本一个国家总和还多）和同一个社会不同阶段犯罪率起伏不定的原因。[46] 但是社会控制也受制于生理的冲动。进化心理学家马丁·戴利（Martin Daly）和马戈·威尔逊（Margo Wilson）的研究表明，谋杀率根据进化心理学的指标不同而有差异——比如，发生在家庭里的谋杀罪，非血缘关系（譬如夫妻之间或继父子之间）的谋杀要比血亲关系的谋杀多。[47]

不论基因或社会环境对犯罪有什么样的影响，在当下美国的公开场合来谈论这个议题在政治上是行不通的。原因在于，黑人在美国犯罪率中占比如此之高，任何犯罪有基因原因的结论都会在某种程度上暗示黑人更倾向于犯罪。也因为"科学种族主义"的沉痛经历，很少有严肃的学者在这个议题上做出过类似的结论，人们依然会保留着深深的质疑，任何对这一问题感兴趣的人都有种族主义的倾向。

二十世纪九十年代著名精神病学家，联邦药物滥用及精神健康服务管理局负责人弗里德里克·戈尔德温（Frederick K. Goldwin）更进一步推动了这一场质疑。戈尔德温被汤姆·伍尔夫（Tom Wolfe）戏称为"公关界合格的乡巴佬"，他在描绘美国国家心理卫生研究所的"暴力研究项目"时说道，犯罪丛生的美国都市就是"丛林"。[48] 戈尔德温通过引证大量令人敬佩的研究表明，男性的暴力有强烈的内在原因。尽管如此，戈尔德温笨拙的表达方式却立刻让他受到了谴责，参议员爱德华·肯尼迪（Edward Kennedy）和众议员约翰·丁格尔（John Dingell）斥责他是种族主义分子，并认为他推动的"暴力研究项目"不过是改头换面的"淘汰不良分子"的优生学。

这正好为公众抗议提供了舞台，他们组织起来，抗议由国立卫生研究院人类基因研究中心赞助，马里兰大学研究员大卫·瓦塞尔曼（David Wasserman）组织的"基因与犯罪行为研究的意义与重要性"大会。[49] 原本已经安排好的大会被抗议打乱，不得不重新安排，终于在 1993 年于切萨皮克湾（Chesapeake Bay）这个隐蔽的地点召开。受到会前的反对舆论的压力，瓦塞尔曼专门邀请了"基因与犯罪"研究的批判者，并专门组建了一个小组探讨"优生学"运动发展的历史。[50] 但这并没有阻止一部分参会者发表公开声明，警示科学研究者、历史学者或社会科学研究者不要陷入严谨的学术研究为种族主义的伪科学所利用的境地。会议时不时地被聚集在门外的抗议者打断，抗议者在门外高呼："嘿，马里兰会议，你哪里隐藏得了你推动种族屠杀的阴暗目的！"[51] 可以想见，将来由国立卫生研究院或国家心理卫生研究所赞助类似活动的可能性会非常低了。

基因与同性恋、异性恋

第三个不断在累积着知识并且将会有政治影响的基因研究领域是性取向。[52] 几乎没有人会否认性取向有着强烈的基因根源；也没有人会否认，比起种族间的差异，基因而不是环境对男女性之间的差异影响更大。种族或族群间的差异不过几万年——人类进化史上的一瞬间——而性别之间的差异已经有上千万年，早在人类诞生前就已经存在。男女间在体质方面、基因方面（女性有两个 X 染色体，男性是 XY）和神经方面都存在差异。在当代相当大的一部分女性主义流派中间，这似乎是一个定论：男女之间的差别仅仅止步于体质，在思考能力上男女是等同的。对持有这种观点的人来说，所有的自然的雄雌性的差异只是建构的性别上的差异，它们是由男孩女孩的社会化的方式不同造成的。但这看起来并不是事实的全部，近些年，进化生物学的其中一个很重要的流派指出，不同的进化适应方式决定了男女性之间思维的差异。[53]

过去四十年，在这个研究问题上已经有了大量的实证研究。1974 年，心理学家埃莉诺·麦科比（Eleanor Maccoby）以及卡罗尔·杰克林（Carol Jacklin）出版了大部头著作《两性差异心理学》

（ *Psychology of Sex Difference* ）。[54] 书中驳斥了很多关于男女差异的迷思——例如，现在并没有令人信服的证据说明，男女之间的差异与他们的社交能力、易受影响的程度或分析能力甚至广义上的智商有联系。另一方面，许多不同领域的研究结论却支持这种性别差异。女孩比男孩更擅长口头表达，男孩有优异的视觉空间感，男孩的数学计算能力超常，最后，男孩也更富有攻击性。[55]

麦科比的新书《两性》（ *The Two Sexes* ）认为性别的差异从很小的时候就已经萌发。大量的实证研究表明男孩游戏的方式比女孩更注重体能，他们会建立比女孩更为严密的等级感，更富有竞争力，并且他们的竞争更常是团体而不是个人的形式。男孩在生理上更有进攻性，虽然女孩有更强的人际关系进攻性（也就是，打破社会排挤和孤立的能力）。男孩的对话更倾向于探讨与攻击性相关的主题，女孩则更关注于家庭之间的关系。并且在早期玩伴的性别的选取上，男孩女孩都倾向于按照性别来分类。[56] 这些研究适用于不同的文化。所有这些，麦科比认为都显示了某种正在发生作用的生理因素，在人们通常被赋予的社会化的方式之外，影响了男性和女性的行为方式。[57]

当我们探讨关于基因与同性恋关系的话题时，政治的天平完全转变。在探讨基因对智力、基因对犯罪行为和基因对不同性别影响的议题中，左派分子总是猛烈攻讦，并试图扳倒任何证明遗传对这些行为起作用的证据。一旦谈到同性恋问题，左派分子立场大变：性取向不是一个个人选择或社会影响的问题，它是人一出生就决定了的。

同性恋给进化心理学提出了重大的难题。因为进化总是通过繁殖的方式进行，而同性恋者是不会有子嗣的，人们就会设想同性恋者的基因会在群体中间消失，但并不是通过自然选择的方式。当代进化心理学家在理论上认为，如果是基因的原因导致同性恋，它可能是另一种高度适应特征的副产品，这种高度适应特征对女性更为有利，并且是遗传自母体。[58] 人们相信，各种动物的脑部，包括人类，受胎儿期暴露于由基因决定的不同性别的荷尔蒙水平所影响，而决定了性取向。基于对老鼠的研究，研究人员假设男性同性恋者是因为在出生前缺乏足够的睾丸素影响所致。

现在，对同性恋的遗传可能性的研究与智力可遗传性或犯罪可遗传性的研究途径是一样的，都是通过观察双胞胎和被收养儿童来进行。这些研究显示，男性的可遗传性在 31%—74% 之间，女性的可遗传性在 27%—76% 之间。最近的神经解剖学研究表明，在男性同性恋和异性恋间，大脑的三个部分的构造确实存在差异；这是西蒙·利维（Simon LeVay）的研究成果，这些差异在下脑丘表现得更为显著。[59] 在"X 染色体与同性恋的基因联系"的专门研究中，国立卫生研究院的研究员迪恩·哈默尔（Dean Hamer）确认了这种联系。[60] 通过使用标准的谱系分析，哈默尔对一群自认是同性恋者的男性进行了分析，他和他的研究助手发现，在性取向与染色体区域 Xq28 的某些基因标志间有着显著的统计相关性。

与"智力和犯罪由基因影响"上的情形一样，这个研究发现也遭到了大量类似的反对和批判。[61] 不论加诸这些理论上的终极判定为何，同性恋，如男性的性对象选择，在每一个社会都真实存在，并且看起来似乎有生理的基础。有意思的地方恰恰在于这个问题的政治性。与在智力和犯罪行为上的情形相反，左派分子中的同性恋支持者抓住"同性恋可能由基因决定"这一点，将同性恋者从道德责难中脱离出来。本来在这个立场上，应该是右派分子站出来说同性恋是一种生活方式的选择才对。同性恋基因的存在将会证明，同性恋倾向就像长雀斑一样，你还能做什么呢？

但这个观点也不能否定智力和犯罪行为会受到环境的影响。除了像亨廷顿氏舞蹈症那样由单个基因失调而引起的错乱，基因从来没有百分百地决定了一个人的最终选择[62]，因此，因为同性恋基因的存在而认为文化、规范、机遇或其他因素在性取向上没有影响是没有理由的。一个简单的事实是，许多双性恋者的存在意味着在性取向的选择上还是有很大的弹性。如果父母们认为与同性恋的男童子军团长外出露营会让他们的孩子有同性恋的体验，那么即使他们的孩子天生没有同性恋基因，也不能免除他们的焦虑。

另一方面，如果右派人士坚持同性恋不过是一个人的道德选择，他们也同样应该考虑到自然强加的局限性，这和左派在面临有关智力或性别认同问题时的处境是一致的。天生的左撇子可以被教会用右手写字或吃饭，但对他们来说这总是一个需要挣扎和从不会感到"自然"的事情。事实上，同性恋者与智力、犯罪行为或性别认同一样，是人类的选择，它部分由遗传决定，部分受社会环境的影响，部分是个人的选择。我们可以再商量每一个具体例子中的基因和社会因素各自所占的比重，但是仅仅是基因因素的存在本身就会让此类讨论陷入高度争议之中，因为它意味着道德和人的潜能的有限性。

二十世纪社会科学最热切的盼望之一是，自然科学的发展会结束生物学在人类行为中的决定作用。在很多方面，这个希望得到了实现：所谓的"科学种族主义"并没有找到实在的证据，这是因为种族或族群的差异、男性和女性的差异比起达尔文进化论面世后的预测要小得多。人类确实更多表现为同质性的群体，这也与我们后启蒙时代的道德理念——每个人都有其尊严——不谋而合。但是一切特定群体的差异仍然存在，特别是性别差异。生物学也将继续在理解群体中的个体差异上发挥重要的作用。未来关于人类基因知识的新的积累只会不断增加我们对于行为的基因来源的理解，因此也将会源源不断地引起新的争议。

关于因果关系的科学知识，将会不可避免地被引向对这种因果关系的操控技术的追求。比如，同性恋与生理基因相关——不管是由于出生前的雄性激素、一种独特的神经解剖还是同性恋基因所导致——这都带来将来有一天能够"治疗"同性恋的可能性。也正因此，左派人士令人恶心地理直气壮抱住生物解释的大腿，理由是这将会再一次威胁人类尊严的平等。

我们可以通过展示下面的思想实验来阐释这个问题。假设二十年后我们逐步了解了同性恋产生的基因原理，并且创造出了一种可以大大降低同性恋孩子出生的方法。我们尚不需要假设基因应用工程的存在；简单地用一片药就可以提供子宫所需的睾丸素让还在发育中的胚胎雄性化。我们假设这种治疗的方法便宜、有效，并且没有明显的副作用，在妇产科医生的指导下就可以开出处方。我们也假设社会已经能够完全接受同性恋。有多少正怀孕中的母亲会选择服用这种药片呢？

我的假想是许多都会，甚至包括今天对许多歧视同性恋行为异常愤怒的人士。他们可能认为同性恋倾向和秃头、长不高一样是缺陷——这在道德上不值得责难，但这却是一个并不完美的选择，在其他条件都同等的情况下，人们会倾向于避免（许多人对子嗣的期待是对这种选择的保证）。那么这将会对同性恋的地位产生什么样的影响呢，特别是在同性恋已经完全在技术上被清除的这一代人？这是否意味着这种私人选择的优生学会让同性恋者比从前更与众不同并且遭受更大的歧视呢？更重要的是，如果同性恋被清除后人类就会更加明显地优越了吗？如果这种优越性并不那么明显，我们是否听任这种优生决定被一次次做出，只要它是出于父母的意愿而不是强力的国家意志？

第3章

神经药理学与行为的控制

> 对他们来说，生病和存疑都是有罪的：一个人必须谨慎地前进。被石头或人类绊倒的都是笨蛋！时不时地，只要一点点毒药就可以做一个美梦。再多服一点药，最后，就可以安乐地死去。
>
> ——弗里德里希·尼采
> 《查拉图斯特拉如是说》序言第5节

在二十世纪，作品既享受了极大赞誉又遭到了最坏诋毁的思想家非西格蒙德·弗洛伊德莫属。二十世纪中叶，弗洛伊德被认为是揭示了人类动机和欲望的最深层真理的大家。俄狄浦斯情结、潜意识、阴茎妒忌、死亡意愿——任何博学人士想要在鸡尾酒会上显示他们的博学就必须要谈到弗洛伊德的这些概念。但是二十世纪末，医学界人士仅仅将弗洛伊德视为人类科学史上的一个小小脚注，他被定位成一位哲学家而不是科学家。这一观点的推进，我们得感谢认知神经学的进展和神经药理学这一新领域的开辟。

弗洛伊德主义建立在这样的假设之上，精神的疾病，包括特别严重的疾病如躁狂抑郁症和精神分裂症，本质上是心理因素引起的——它是大脑某个生理层面的精神功能失调的结果。但这种观点被一种叫做锂的药物给推翻了，它由澳大利亚籍的精神病专家约翰·凯德（John Cade）1949 年后在治疗躁狂抑郁症精神患者时偶然发现。[1]许多这类型的病人竟然奇迹般康复，此后的二十年，药物治疗取代了弗洛伊德的"谈话疗法"。锂药的发现只是神经药理学领域一系列爆炸性研究和发展的序幕，二十世纪末"百忧解"和"利他林"这两种药物的发明再一次推动了这一浪潮，尽管到现在对后两种药的社会影响还处在了解的初期阶段。

治疗精神药物的诞生与发现"神经递质"的革命，在时间上几乎重合——神经递质的发现极大地推进了有关大脑和思考过程的生化知识。[2]相比之下，弗洛伊德的理论简直就像是原始人偶然发现正在发动的汽车，并在发动机罩都没能打开的情况下，试图去解释它的内在构造。原始人也许会发现脚踩踏板和汽车发动间的某种联系，并且设想有一种设备在连接着两者并且将液体转化为轮胎的动力——这也许是因为在笼子里放了一只巨大的松鼠或者一个小矮人。但他们可能对碳氢化合物、内燃机、阀门或活塞这些实现能量转换的东西一无所知。

现代神经科学的进展，事实上已经能够让我们打开发动机罩并且轻轻地拆解引擎。这一系列神经递质，比如血清素、多巴胺、去甲肾上腺素等，控制了神经突触的相互碰撞和神经在大脑中的信号传递。这些神经递质的水平和互动的方式直接影响了我们感观的快乐、自尊、害怕或者相关的感受。这些递质的水平受环境所影响并且与我们的个性非常相关。在基因应用工程面世前，我们关于大脑化学知识的了解和控制它的能力将会是行为控制的重要依据，它们会产生深远的政治影响。我们现在已经处在这场变革之中，不需要要科幻场景的花样来推演它的进展。

常用来服用的抗抑郁药物主要有，礼来公司（Eli Lilly）研制的百忧解，或其他相近的药物，比如辉瑞公司（Pfizer）的左洛复和史克必成公司（SmithKline Beecham）的帕罗西汀（又名赛乐特）。

百忧解（或氟西汀），是一种所谓的选择性血清素再摄取抑制剂，正如它们的名字所显示的那样，阻挡了神经突触对血清素的再吸收并且有效增加了大脑的血清素含量。血清素是关键的神经递质：在人体或灵长类动物中，血清素水平过低与冲动控制能力下降和针对不恰当目标的不受控制的进攻性有关系，在人类中会产生抑郁、进攻性或自杀的结果。[3]

这也就不足为奇——二十世纪晚期，百忧解和其他相关药物掀起了一种文化现象。彼得·克雷默（Peter D. Kramer）的《倾听百忧解》（*Listening to Prozac*）以及伊丽莎白·沃泽尔（Elizabeth Wurtzel）的《我的忧郁青春》（*Prozac Nation*）都将百忧解奉为给性格带来奇迹改变的圣药。[4] 克雷默举了一个他病人的例子。苔丝，长期受到抑郁症的困扰，陷入与已婚男子的一系列的自虐性的关系当中无法自拔，工作也走入了死胡同，服用百忧解几周后，她的性情完全改变：放弃了自虐性的情感，开始与其他男人约会，完全改变了交际圈，越来越自信，工作的管理风格也越来越少妥协。[5] 克雷默的书很快成为畅销书，并且极大地推广了这种药物和它的大众接受度。今天，百忧解或者相关的其他药物已经被超过 280 万的美国人服用，相当于整个国民数量的 10%。[6] 因为更多的女人受到抑郁和低自尊的困扰，百忧解也成为女权主义者的一个象征：苔丝从一段屈辱的关系中重获自由的故事在许多其他被检测出有血清素再摄取抑制剂障碍的女性身上重演。

有如此疗效享誉盛名的药物受到大量的攻击并不是一件新鲜事。许多研究表示，百忧解并不像传说中那样有效 [7]，克雷默是在刻意夸大疗效。到现在为止，反百忧解的最大的文集是彼得·布利金（Peter Breggin）与金杰·罗丝·布利金（Ginger Ross Breggin）的《再谈百忧解》（*Talking Back to Prozac*）[8]，以及约瑟夫·格伦穆伦（Joseph Glenmullen）的《事与愿违的百忧解》（*Prozac*

Backlash）[9]，他们认为百忧解有一系列的副作用，而它的制造者一直在试图掩盖。百忧解要对这些副作用负责，比如体重增加、不明抽搐、记忆丧失、性功能失调、自杀、暴力和脑损伤。

将来也许百忧解也会步安神药氯丙嗪的后尘：由于引进时未被发现的长期的副作用，不再被视为特效药。但将会有更为难解的政治和道德问题出现，如果百忧解是完全安全的，或者其他将来会发明的新药被证明和广告上说的一样有效。因为百忧解据称可以影响最核心的政治情感——自我价值感，或曰自尊。

自尊是一个时髦的心理学概念，美国人一直在强调要有更多的自尊。它指向人类心理很重要的一个方面，就是每个人对于被承认的需求。在柏拉图的《理想国》中，苏格拉底说人的灵魂有三个部分：欲望、理性和 thymos——这个希腊词通常被翻译成激情。激情（thymos）是人的性格中骄傲的一面，它需要其他人承认他的价值观和自尊。它不是一种可以通过物质和标的来满足的欲望——大多数经济学家将效用作为人的动力的源泉——但它是一种主体间的一个人对另一个人地位的承认。实际上，经济学家罗伯特·弗兰克（Robert Frank）指出，我们理解的许多经济利益只是一种地位承认的需要，他称之为地位性物品（positional goods）。[10] 也就是说，我们想要一辆捷豹汽车，并非因为我们如此喜爱靓车，而是因为我们想要完胜邻居的宝马。这种被承认的需要并不仅仅限于私人用品；它也可以是要求别人承认他的神或神圣感，或者他的民族，他的正义感。[11]

多数政治理论家已经认识到承认的重要性，尤其是它对政治的关键性作用。君王之间为了土地或金钱开战；他们通常并不只是为了土地或金钱。他追求的是对他的支配权或主权的承认，证明他是王者之王。对承认的需求常常超越经济利益的计算：诸如乌克兰和斯洛伐克这样的新国家，如果仍然依附于大国会更为富有，但它们追求的并不是经济福祉，而是它们自己在联合国的旗帜和位置。也正是从这个意义上，哲学家黑格尔认为，历史进程的最根本驱动力来自"寻求承认的斗争"，历史以两位竞争者争夺谁是主谁是仆的原始的"血腥战斗"开端，最后终结于现代民主的出现，因为它让每一位公民都得到了自由和平等的承认。

　　黑格尔相信，"寻求承认的斗争"是人类独有的现象——事实上，这也是某种程度人之为人的核心意义。但这一点上，他错了：人类寻求承认的欲望的生物学基础也存在于其他物种身上。许多物种的成员都会将自己分成不同的支配等级（比如"啄序"一词就来自鸡群）。观察人类的近亲大猩猩，特别是黑猩猩，对地位等级的争斗看起来和人类非常相像。灵长类动物学家弗兰斯·德瓦尔（Frans de Waal）观察荷兰黑猩猩驯养地，他在书中详细描述了驯养地黑猩猩之间的地位斗争，他意味深长地将他的书取名为《黑猩猩的政治》（Chimpanzee Politics）。[12] 雄性黑猩猩会组成联盟、暗地谋划和背叛彼此，当它们在领地内的地位受到或没有受到同类的承认时，它们明显表现出来的情感非常像人类的骄傲或愤怒。

　　当然，人类寻求承认的斗争肯定比发生在动物间的情况更为复杂。人类，拥有记忆、学习能力和强大的抽象推理能力，可以将这场寻求承认的斗争延展到意识形态、宗教信仰、大学的终生教职、诺贝尔奖和数不清的其他荣誉上。值得注意的是，对承认的需要有着生物学的根源，它与大脑中血清素的水平息息相关。研究已经显示，居于等级底端的猴子血清素的水平很低，相反，当一只猴子赢得了雄性的统治地位，它的血清素水平很高。[13]

　　正是基于这个理由，像百忧解这样的药物才有如此政治性的后果。黑格尔说整个人类的历史进程就是由一系列不断重复的寻求承认的斗争推动的，这有一定的道理。基本上人类的进步都是人并不

满足于他所受到的承认程度的副产品；人就是通过斗争或者独立的
工作来获取承认。换句话说，地位是需要争取的，无论是通过攀龙
附凤还是通过你的表兄梅尔，你都要弄个工头来当。克服低自尊的
常规或广为道德上接受的做法是与自己和他人争竞，努力工作，有
时需要忍受一些痛苦的牺牲，最后得到提升，所作所为被承认。在
美国流行心理学看来，自尊是一种应有的权利，不管值不值得，美
国人都必须拥有自尊。这就降低了自尊的含金量，让追寻自尊显得
弄巧成拙。

现在，美国制药行业迎面而来，通过类似左洛复和百忧解这样
的药物来提升脑部血清素水平，为人提升自尊感。这种被彼得·克
雷默形容为"操控性格"的能力带来了一些有意思的问题。如果每
个人都在头脑中增加一些血清素，是否人类争斗的历史就可以避免
呢？如果恺撒或拿破仑能够时不时地服用一片百忧解，他们还觉得
有必要征服欧洲大陆吗？假设果真如此，历史会变成什么样？

这个世界上的确存在着大量的临床性抑郁症患者和自我价值观
比应该拥有的要低的人。对他们而言，百忧解和相关的药品是上天
送给他们的礼物。但是血清素水平低并不能清晰地从病理上给出界
定，百忧解药品的存在打开了一条通道，克雷默称之为"美容性药
理学"：也就是说，服药不是为了治疗的目的而是仅仅让自己感觉
好上加好。如果自尊感对人类的幸福如此重要,谁不想多要一些呢？
打开这条依赖药物的通道，某种程度上与赫胥黎在《美丽新世界》
里所说的索玛（Soma）有着令人不安的相似性。

如果百忧解成为幸福药丸的代表者，利他林也能够扮演社会控
制的公开工具。利他林[14]是哌醋甲酯的商用名，它是与甲基苯丙
胺非常相近的兴奋剂，后者是在二十世纪六十年代被俗称为"速度"
的街头毒品。它现在被用来治疗"注意力缺陷多动失调症"（ADHD），
这种病多发于无法安静待在教室上课的小孩身上。

"注意力缺陷失调症"（ADD）在二十世纪八十年代被列入美国精神病学会的《精神疾病诊断与统计手册》（*Diagnostic and Statistical Manual of Mental Disorders*, DSM）一书，这是关于精神疾病的官方权威书籍。在该书的后来版本中，将此病更名为"注意力缺陷多动失调症"，把"多动"作为一个衡量的标准。将 ADD 以及随后将 ADHD 列入手册本身就是一个有意思的进展。尽管研究了几十年，却没有人能够弄清楚多动症的起因是什么。人们只是从症状上确定了它的存在。手册将多动症的临床症状列了以下几条：难以集中注意力、运动神经过于兴奋。诊断医生常常只能根据患者的表现做出主观的评估，也许这些症状常常起伏不定。[15]

因此，也难怪精神病学者爱德华·哈洛韦尔（Edward Hallowell）和约翰·雷提（John Ratey）在《分心不是我的错》（*Driven to Distraction*）一书说："如果你一旦理解了这病的症状，你会看到人人都有这个毛病。"[16] 据他们统计，1 500 万美国人也许患有某种形式的多动症。如果这个数据是可靠的，那么美国真的在经历一场拥有令人震惊的患病者数量的流行病。

当然，也可以有一个更为简单的解释，也就是多动症并不是一种疾病，它只是钟形曲线尾端所描述的人类正常行为的分布。[17] 人的幼年时期，特别处在儿童期的小男孩，从生理上就不具备能力安静地坐在桌旁听老师讲课，这一时期应该是更多的玩和到处走，并从事与体力相关的一些活动。是人类越来越多地要求孩子们静坐教在室，以及家长和老师越来越少陪伴孩子做他们感兴趣的事情，助长了我们对这一病症在逐渐加重的印象。用劳伦斯·迪勒（Lawrence Diller），一位批判"利他林"的医生作家的话来说：

我们似乎形成了这样的印象，多动症是一个包罗万象的病症，它包含了由各种生理或心理原因导致的儿童行为障碍。"利他林"可以解决这么多疾病的功能可能鼓励人们将多动症的范围不断扩展。[18]

利他林是一种中枢神经刺激药物，它与一些禁止使用的药物相关，如甲基苯丙胺以及可卡因。它的临床疗效和可卡因非常像，延长注意力集中时间、产生一种愉快感、提升短期的能量爆发并允许注意力更加聚焦。实际上，在动物实验中，动物自主选择利他林或者可卡因两种药物时并没有出现明显的倾向性。这两种药物也同样能增加人的注意力集中、专心及能量聚集水平。如果使用过量，利他林会产生和甲基苯丙胺、可卡因同样的副作用，比如失眠或体重下降。这也是为什么医生在开利他林处方时，会要求孩子间歇性服用。如果儿童只是少量服用利他林，不会产生药物依赖；但是如果大剂量服用，它的上瘾程度和可卡因是一样的。美国禁毒署也因此将利他林列为"第二级"处方药，要求精神科医生开具一式三份的处方，并控制利他林药物的总体产量。[19]

利他林产生的心理愉悦被越来越多的人使用，用禁毒署的话来说就是"滥用"，而这些人本没有多动症。根据迪勒的观察，"利他林，不管对小孩或大人，有没有多动症，都会有效"。[20] 上世纪九十年代，利他林在高中和大学校园被广泛使用，因为学生发现它可以让他们学习更有动力、上课精力更集中。威斯康星大学一位医生说："自习室变得和医务室一样。"[21] 以百忧解出名的伊丽莎白·沃泽尔描绘了一天服用四十片利他林而被迫上急诊进行解毒治疗的经历，在那里她也遇到了偷吃孩子药丸的母亲。[22]

利他林的政治后果说明了我们试图理解性格和行为的想法的贫乏，也为我们展示了基因工程投入应用的可能后果，到那时，它将拥有更为强大的行为增进功能。那些坚信自己受多动症困扰的人，通常绝望地认识到自己无法集中精力或在某些生命特征中表现不佳，正如他们常常被告知的那样，是神经性的原因，而不是性格缺陷或意志薄弱。同性恋者也如出一辙地指出行为的根源在于"同性基因"，轻巧地将自己为此应当担负的个人责任摘取掉。正如最新一本支持使用利他林的畅销书的书名所道出的，"不是任何人的错"。[23]

当然，有些人多动的症状和无法集中精力的情况特别严重，在这种情况下，人们会认为生理是这些行为的主要决定因素。那么，对于那些只是 15% 的行为处于无法集中精力状态的人呢？这其中有基因的原因，但很明显他们也能为自己的精力不集中和多动做出一些努力。相关培训、性格特征、意志强度和环境因素都起了相当大的作用。将这种类型的人归类于多动症患者模糊了治疗和增进之间的分界。但这恰恰是多动症不断医疗化的支持者所强调的。

也是在这一点上有一些非常重要的支持者。[24] 首先是自顾自的家长和老师，他们不再愿意像传统的方式那样花时间和精力来约束、转移、陪伴和培育有注意力困难的小孩。父母越来越忙、老师工作繁重，他们愿意通过医疗捷径来让自己的生活更为轻松一些，这可以理解；但这并不意味着这是正确的选择。这一观点的重要代表者是美国的 CHADD，即多动症儿童和成人患者组织，这是一个非营利的自助组织，成立于 1987 年，成员多是有多动症儿童的家长。CHADD 将自己视为多动症及其治疗的最新进展的支持和信息交流场所，他们大力倡导将多动症列为一种"残疾"，让多动症儿童患者有资格接受《残疾儿童教育法案》（IDEA）下的特殊教育。[25] CHADD 尤其关注如何让多动症儿童不因病情而受到歧视。1995 年，他们发起了一项运动，要求重新将利他林分类到第三级处方药，这样禁毒署就可以放宽对药品生产的整体控制，并极大地降低开利他林处方和获得利他林药物的门槛。[26]

支持多动症医疗化的第二大力量来自医疗产业，特别是像诺华公司（Novartis，即从前的汽巴—嘉基 [Ciba-Geigy]）这样一些生产利他林和相关药物的公司。百忧解的生产者礼来公司花了一大笔钱为百忧解——该公司的主要收入来源——可能产生的消极副作用正名，诺华公司也是。诺华公司在生产限令后，大力提倡重新将利他林列为第三类处方药品，并通过散布产品逼近短缺的消息使得产量大量增加。1995 年，诺华公司超越了它的预期目的，但由于诺华公司没有兑现承诺捐助 CHADD 组织近 90 万美元资金这一消息的曝光，重新分类利他林的努力宣告失败。

对于像"多动症"这种情况的病症的医疗化有着非常重要的法律和政治后果。在现行的美国法律下，多动症被列在"残疾或类似疾病"名下，这让它的患者可以享受两个法令的益处：1973 年《职业病康复法》的第 504 条和 1990 年通过的《残疾人教育法》；前一个法案禁止对残疾人士歧视，后一个法案给被认定为残疾且正在接受教育的个人提供接受特殊教育的额外费用。多动症能被添入《残疾人教育法》，是 CHADD 和其他医疗倡导组织跟全国教育协会（全国教师组织）以及全国有色人种促进会持久斗争的结果。全国教育协会并不乐见因扩大的残疾名单而导致的预算增加，全国有色人种促进会则担心黑人的孩子更多被认为有障碍，并因此接受比白人孩子更多的医疗救助。1991 年，在 CHADD 和其他父母组织的紧密的信件和游说活动后，多动症最终被添加到官方的残疾目录。[27]

由于被添加到官方的残疾目录，多动症儿童患者因此可以在美国境内的学校接受特殊的教育服务。多动症学生患者可以要求正常考试外的时间延长，学校为避免被起诉也接受了这一妥协。根据《福布斯》杂志的记载，惠蒂尔（Whittier）法学院就被一名多动症学生起诉，因为它仅仅在一小时的正常考试时间外多提供了二十分钟。为了避免诉讼风险，学校妥协了。[28]

许多保守分子抱怨，在现行《残疾人教育法》对于残疾定义的不断扩展下，预算也水涨船高。但更为严重的阻碍在道德层面：通过将多动症定义为残疾，社会已经事实上将由生理和心理因素共同引起的病症归咎为生理应当作为主导因素。本身应当对自己的行为负责的个人被告诉他们不需要如此，社会上非残疾的那部分人要开始调整资源和时间，让这些残疾人士获得某些补偿，而事实上他们自己至少要部分地对这些行为负责。

像全国有色人种促进会这些团体的担忧是，在少数种族社群中超量使用如利他林之类的精神药物会合法化。在美国，由于行为障碍，给极幼龄的小孩（学前或更小的儿童）开取精神药物（主要但不限于利他林之类的药物）的数量已经有大幅的增长。1998 年对密歇根州医疗补助计划患者的一个调查显示，4 岁以下被诊断为多动症的儿童，有 57% 被开取了一种或一种以上的精神药物。[29] 一项特别的研究显示，在一个大型的中西部医疗补助计划中，2—4 岁儿童有超过 12% 的人服用了精神刺激类药物，接近 4% 服用了抗抑郁药，该调查结果的公布曾引起了一场小的政治风波。细读这些报告的字里行间就会发现，在这些主要是少数族群的医疗补助计划中开取精神类药物的几率，比更好一些的医疗保险计划多得多。[30]

这样，在百忧解和利他林两种药物中形成了一个令人不安的平衡。百忧解主要用于缺乏自尊的女性；它可以提高血清素增加一种雄性感。利他林则主要用于由于天性使然而不能安坐于教室的小男孩。两种药物一起轻轻地把两性推向雌雄共体的中性性格、容易自我满足且屈从于社会，这正是现在美国社会中政治正确性的结果。

生物技术革命的神经药理学浪潮已经劈头盖脸地席卷而来，这是第二个原因。现在已经能够生产类似索玛（Soma）的药物，也有能够对小孩进行社会控制的药丸，这些药丸比早期的儿童自然社会化和二十世纪弗洛伊德式的谈话式治疗方式更为有效。这些药物的使用者遍布全球，人数成千上万；对于这些药物潜在的长期性健康影响人们还争议不休，但是几乎没有人讨论，这些药物的使用正在潜移默化地挑战我们往常对认同和道德行为的理解。

百忧解和利他林只是精神治疗类药物的第一代。将来，大众希望通过基因工程一步步成为事实的想象，可能会通过神经药理学更快地得到实现。[31]一系列叫"苯二氮"的药物或许已经能够应用并影响伽玛氨基丁酸（GABA）系统，减少焦虑，帮助人在高度清醒时保持放松不觉疲累，短时期内提供足够的睡眠，没有任何使用镇静剂的副作用。乙酰胆碱系统增强剂可以用来提升人学习新事物的能力，获取新知识和增强记忆力。多巴胺系统增强剂可以用来提升耐力和动力的持久度。选择性 5- 羟色胺再摄取抑制剂可以与其他药物一起影响多巴胺和去甲肾上腺素系统，并在不同的神经递质系统相互作用的地方造成行为的改变。最终，人们将可能操控人体内生的镇静系统，使得痛觉不再那么敏感，兴奋的阈值不断升高。

我们也许并不需要等到基因工程的投入或人造婴儿的诞生，神经药理学领域的进展已经可以让我们看到政治力量不断推动新的医药技术的迹象。在美国，大量的精神治疗类药物被广泛使用，这本身就昭示了在基因工程时代会出现的三个强大的政治趋势。第一，普通人希望自己的行为可以尽可能地从医疗角度解释，以逃避自身行为的责任。第二，强大的经济利益集团会不断施加压力推动这一进程。这些利益集团包括社会服务的提供者，如教师或医生，他们更倾向于使用生理治疗的捷径，使行为干预复杂化；还包括生产这些药物的医药公司。第三，由于企图将一切都医疗化，人们会倾向于不断扩展医疗的领域，使之囊括更大范围的病症。现在，你可以随处找到一位医生，他们会认为一个人的不开心或抑郁是一种生理疾病；不用多久，这种"生理疾病"就可以让更大的社会群体意识到这是一种应当获得法律认可的残疾，从而获得公共干预的补助。

我在百忧解和利他林这两种药物上如此饶舌，并非因为它们本身是不道德和有害的，而是因为这是即将发生的事情的征兆。也许不久后，这两种药物会因为超出预期的副作用而被淘汰。但即使这样，它们也只是会及时地被更为复杂、药效更为强劲和目标更为明确的其他精神药物所取代。

"社会控制"这个词很容易让人联想到右翼分子的幻想，即政府使用"改变思想的"药物让人顺从。在可预见的将来，这种担忧似乎摆错了地方。社会控制更可能被社会参与者而不是政府来实施——比如，父母、老师、学校系统以及其他因为利益攸关而在意人们如何行为的人。民主，正如托克维尔所指出的那样，有可能导致"多数人的暴政"，用大众的观点取代真正的多元性和异质性。在我们身处的这个时代，这却变成了"政治正确"；我们有理由担心，在不久的将来，现代生物技术的发展是否会成为实现某些"政治正确"目的的更为强大的新生物学捷径。

神经药理学也为我们指出了可能的政治反馈。像百忧解和利他林之类的药物帮助了许多无助的人。这些人由于重度抑郁或者过度兴奋等生理因素不能够拥有正常的生活。也许除了山达基教徒（Scientologist，编按：山达基教是 1950 年代创立于美国的一个新兴信仰体系，关于该教存在较大争议；山达基教反对精神药物），没有人想要对这种有明显治疗作用的药物进行明令的禁止或限制它们的使用。我们应当担忧的是这样的情形，即或出于"美容性药理学"的目的服用此类药物以提升本来正常的行为，或出于另一行为更受社会青睐而想通过药物改变正常行为。

像多数社会一样，美国也将这种保留写进药物管理法中。但我们的法律往往前后矛盾且缺乏深思熟虑，更别提它薄弱的执行力。以"摇头丸"为例，它是亚甲基二氧基甲基苯丙胺（MDMA）的俗称，是上世纪九十年代扩散速度最快的违法药丸之一。摇头丸是一种和甲基苯丙胺非常相似的精神刺激剂，一度风靡歌舞厅。根据美国国立药品滥用研究所的统计，所有 12 个年级的人中有 8%，即 340 万人在一生中至少服用过一次摇头丸。[32]

摇头丸在化学成分上与利他林相似，药效上则更像百忧解。它能够刺激大脑中血清素的释放，产生强烈的精神愉悦感，并改变一个人的性格。下面是一则摇头丸服用者的故事：

> 摇头丸的服用者总是描述最初的高潮是他们人生中最快乐的经历之一。珍妮，20 岁，住在纽约上城区的一名大学生。我们在她 12 月访问华盛顿时相识。她看起来非常精致，脸上有一种乡村音乐公主的迷人表情。她对我说，一年前她第一次服用摇头丸。摇头丸对她产生了深远的影响。"我决定以后生个孩子，"她非常坦诚地说，"在这之前，我从来没有想过成为一名母亲，我认为我不会是一个好母亲，因为小时候受过父亲肉体和精神上的虐待。但那会我意识到，'我会很爱我的孩子，我会好好照顾他们'，自此以后，我的想法没有改变过。"她也坦承，服用过摇头丸后，她开始原谅她的父亲，她意识到"这个世界上没有坏人"。[33]

其他对摇头丸的描述让人觉得，这个药能提升人的社会敏感度，增进人与人之间的联系，让人注意力更加集中——这些都是让社会更加认可的药效，和百忧解的作用惊人的相似。但是，摇头丸在美国是禁药，严禁销售和购买，而利他林和百忧解却可以由医生依处方开取。为什么会有这些不同？

一个很明显的答案是，摇头丸对身体有害，而利他林和百忧解似乎没有。在国立药品滥用研究所的网站上，有关摇头丸的介绍是：这种药会产生心理层面的伤害，比如迷糊、抑郁、睡眠障碍、嗜药、深度焦虑以及妄想症；生理层面的伤害有：肌肉紧张、非自愿的牙齿紧闭、呕吐、视线模糊、加速的眼部运动、虚弱、打寒战或出汗；实验显示对猴子的脑部造成了永久的损伤。

关于利他林和百忧解的文献，事实上也充斥着类似的副作用的例子（除了猴子脑部永久性的损伤）。有些人认为区别只是在服用剂量的差别：如果服用过量，利他林同样会产生严重的副作用，这也是它需要在医生指导下服用的原因。但这就提出了一个疑问：为什么不将摇头丸列为第二级药物呢？或者换句话说，为什么不寻找比摇头丸副作用小的其他类似药物呢？

这个问题的答案直指"药品犯罪化"问题的核心。对于没有明显治疗效果，而仅仅是增加快感的药物，人们的态度非常矛盾。人们非常担忧大量生产此类药物会损害人的正常功能，发生类似海洛因和可卡因的情况。但同时人们也发现难以找到证据为这种"矛盾"正名，因为这首先得取决于人们对"正常功能"的判断。我们禁止吸食大麻，但其他两种让人们产生良好感觉的药物酒精和尼古丁却继续通行，如何说明这种禁令的正当性呢？*为避免这种正名的困难，使用是否对人体有害这一标准简单多了——对会让人上瘾、削弱人的生理功能、产生长久的非预期的副作用的药物进行明令禁止。

换句话说，人们不愿意基于它们是否有损于精神的立场——或者，用当前的医疗术语，仅仅基于心理的疗效来做出明晰的判断。如果明天一家医疗公司宣称能生产出一种真正的赫胥黎式"索玛"药物，能够让你持续的快乐和保持社会联系，但没有任何坏的副作用，尚不可知人们是否会据理力争地要求不服用它。在左翼和右翼阵营都有许多的自由派认为，应当停止对他人精神和内在情形的担忧，只要不影响到其他人，让人自由地选择他想要服用的药物吧。

---

* 我承认，从心理疗效的角度来说，酒精、尼古丁与大麻有必要进行区分。适当饮酒和吸烟不会损伤一个人的社会功能；事实上，人们相信适当饮酒对社交有利。而其他的药物，都会产生与正常社会功能不兼容的高度可能性。

即便古板的传统主义者认为"索玛"并不是治疗性药物，但精神科专业的存在仍有赖于，断言"不开心"是一种疾病，并继多动症之后将它列入《精神疾病诊断与统计手册》中。

因此，我们并不需要等到基因工程启动时，才能够看到增加智力、提升记忆、增进情绪敏感度和性欲，以及减低攻击性和通过各种方法来操控人的行为等等问题。这些问题已经随着当代精神药物的产生而来临，并会和将来喷涌的其他药物一道为人们带来极大的痛苦缓解。

第4章

寿命的延长

> 许多人寿命太长，有些人却很早殒命。更有听起来令人奇特的信条：要死得其时！
>
> 要死得其时——查拉图斯特拉如是教导。诚然，生不逢时的人，又怎能死得其时呢？倒是愿他从未降生过！我这样劝告那些多余者。但即便多余者也把自己的死看得很要紧，连最空心的核桃也愿意被砸开来。
>
> ——弗里德里希·尼采《查拉图斯特拉如是说》I.21

现代生物技术影响政治的第三条途径是通过延长寿命，并由此产生人口统计和社会的变化。对美国来说，二十世纪最成功的医药成就之一是将人类的寿命延长，从 1900 年平均男性寿命 48.3 岁和平均女性寿命 46.3 岁，提高到 2000 年平均男性寿命 74.2 岁和平均女性寿命 79.9 岁。[1] 这个改变，与许多发达世界的急剧下降的生育率一起，在全球政治层面造成了极大的人口下降，这些影响无疑人们已经能够感知。基于目前的生育和死亡模式，2050 年的世界将与今天截然不同，即便在这期间，生物技术没有延长人哪怕一岁的寿命。然而，生物技术不会延长人的寿命的可能性是非常低的，它还有可能引起一些其他的巨大变化。

随着分子生物学的进展，老年医学成为受到最大影响的领域之一，这是专门研究老龄化的学问。现在有许多理论竞相解释人为什么会变老并死去,但目前还没有就终极原因和产生机制达成共识。[2]
其中一支理论从进化生物学演化而来,他们大胆宣称,器官之所以
老化和死亡,是因为过了生育期后自然选择的动力几乎不再倾向于
支持个人的生存。[3] 有一些特殊的基因可能仍然支持人类的生育能
力,但在生命的后期阶段也渐渐功能失调。对进化生物学家来说,
最大的谜团不在于人类为什么会死亡,而是诸如为什么女人在绝经
期后仍然有一段长的生命周期这样的问题。不管如何解释,这些生
物学家相信,老化是许多基因共同作用的结果,并没有一条简单的
捷径可以阻挡人类死去。[4]

另一支理论从分子生物学发展而来,它所关心的是一些特殊
的分子机制在人体内失去功能,由此导致死亡。人体内有两种细胞:
生殖细胞和体细胞;生殖细胞存在于精子和卵子中,数以万亿计
的体细胞构成人体的其他部分。所有细胞通过细胞分裂进行复制。
1961 年,伦纳德·海弗利克(Leonard Hayflick)发现,体细胞
在总的分裂数目上有限制。随着年龄的增加,体细胞的分裂会逐
渐下降。

关于海弗利克极限的存在,有一系列的理论解释。其中一个主
要原因是不断累积的细胞分裂的过程中随机产生的细胞损害。[5] 每
次细胞分裂过程,烟雾和辐射等环境因素、化学上称为"自由羟
基"的激素和细胞废物,会阻止 DNA 在细胞代际间的完美复制。
人体内有一系列 DNA 修复酶监管细胞复制过程,当发现问题时就
进行修复,但这些酶很难发现所有问题。随着分裂过程的不断持续,
DNA 损害在细胞内不断累加,导致错误的蛋白合成及机能损坏。
这些损害就是由老化而带来的各种疾病的源泉,比如,动脉硬化、
心脏病和癌症。

另一种解释认为,海弗利克极限和端粒相关,它是 DNA 中附
着在每一个染色体末端、还未能解码的部分。[6] 端粒好像电影胶片

中的领导，确保每一个 DNA 都被完美地复制。细胞分裂包括两条
DNA 链上分子的分离和在子细胞中的重新整合；每一次细胞分裂，
端粒会越来越短，直到它不能够再保护 DNA 链的末端和细胞；这
些不断缩短的端粒就是损坏的 DNA，会停止生长。克隆羊多莉，
是克隆了成年动物的体细胞而成，体内的端粒比正常新生羊的端粒
要短，因此就不能像正常出生的羊活那么久。

　　有三种主要的细胞并不受海弗利克极限的影响，它们是：精子、
癌细胞和某一些干细胞。这些细胞能够无限制复制的主要原因是一
种叫做端粒酶的存在，它在 1989 年被首次发现，能够阻挡端粒的
不断缩短。端粒酶是生殖系统绵延不绝在代际间传承的动力，也是
癌细胞爆炸性扩散的原因。

　　来自马萨诸塞州理工学院的莱昂纳德·瓜伦特（Leonard
Guarente）发现酵母中卡路里数的限制可以延长寿命，它通过一种
名叫 SIR_2（沉默信息调节因子 2）的单个基因进行运作。SIR_2 基因
可以限制在酵母细胞中产生核糖体废物，而这些废物导致了细胞的
死亡；低卡路里的食物限制了细胞的复制，但是对 SIR_2 基因的功能
却非常有益。这也许可以从分子的角度解释，在实验室里以低卡路
里数喂养的老鼠为什么比其他老鼠长命 40%。[7]

　　以瓜伦特为代表的生物学家认为，也许有一天人类可以通过
相对简单的基因途径来延长寿命：虽然不太可能让人食用这些低卡
路里限制的食物，但也许可以通过其他的方式来增强 SIR 基因的
功能。以汤姆·柯克伍德（Tom Kirkwood）为代表的研究老年病
学的专家则直白地断言，老化是一系列在细胞、器官和人体整体基
础上的复杂的过程，并没有单一的、简约的机制可以控制老化和
死亡。[8]

　　如果说有一条基因的捷径可以通向永生，那么人类已经透过生
物技术正在探寻。杰龙生物医药公司已经能够克隆人类的端粒基因，

并申请了专利；与这些高端的细胞科技一起，他们正在积极投入研究胚胎干细胞。干细胞是胚胎的组成部分，存在于人类早期发育阶段，此时人类还没有发育出各种器官和组织。干细胞有发展成人类任何细胞或组织的可能，因此有潜质能够培育出全新的人体器官，代替老化过程中逐渐被淘汰的部分。与从其他人身上所捐献、用于移植的人体器官相比，通过干细胞克隆的器官在基因上几乎一致，因此可以避免人体免疫系统产生的对移植器官的排异。

干细胞研究是当前生物技术研究的前沿之一。它同时也由于采用胚胎中的干细胞而备受争议——因为在实验过程中胚胎必然会毁坏。[9] 这些胚胎通常来自"存放"于体外受精诊所的多余胚胎（一旦成功，干细胞系可有不受限的复制）。出于对干细胞研究可能会鼓励流产和人为毁坏胚胎的考虑，美国国会禁止国立卫生研究院对任何损害胚胎的实验提供资助[10]，这使美国的胚胎研究主要集中于私人部门。2001年，布什政府曾考虑加大禁止力度，美国为此还掀起了一场激烈的公共辩论。最后，当局决定允许对此类研究提供政府资助，但是仅限于目前已在运作的60家左右的研究干细胞的机构。

现在我们还无法预知，生物技术是否会找到延长寿命的捷径，比如，服用一剂药就可以多活十年或二十年。[11] 即便这一切不会发生，现在仍然可以非常确定地展望，所有生物医药研究的累积性影响将会不断推进人类寿命的增加，它将延续过去一个世纪努力的趋势。因此，现在来探讨由此而产生的政治景况或社会后果并非时机不成熟，这些在人口统计学的趋势上已悄悄上演。

十八世纪初，欧洲几乎一半的孩子未到15岁便夭折。据法国人口统计学家让·富拉斯蒂耶（Jean Fourastié）所述，活到52岁已是莫大之幸，因为只有一小部分人群可以做到，这些人可以非常正当地称呼自己为"幸存者"。[12] 大多数人在40或50岁可以达到高产的顶峰，因此过早死亡让大部分的人类潜能白白浪费。到了二十世纪九十年代，83% 的人已经能够活到 65 岁，超过 28% 的人可以活到 85 岁。[13]

延长寿命，这只是截至二十世纪末发生在发达国家人类的一部分故事。另一个明显的发展是生育率的大幅下降。意大利、西班牙和日本的总和生育率（即一个妇女一生中平均生育的孩子数）在 1.1 到 1.5 之间，远远低于更新换代所需要的 2.2。不断下降的生育率和持续增加的寿命一起大大改变了发达国家的人口年龄分布。1850 年，美国的中间断年龄是 19 岁，1990 年上升到 34 岁。[14] 本世纪初也许变化不大，但到 2050 年，美国的中间断年龄会上升到 40 岁；这个变化在日本和欧洲会更显著，因为它们的移民率和生育率更低。由于缺乏预期的生育率的提升，人口统计学家尼古拉斯·埃伯施塔特（Nicholas Eberstadt）根据联合国的数据预估，德国的中间断年龄是 54 岁，日本是 56 岁，意大利是 58 岁。[15] 应当注意的是，这些估算并没有将人类寿命延长包括在内。如果生物技术所允诺的老年医学的进步成为现实，那么，发达国家中一半的人群将处在退休或更老的年纪会成为板上钉钉的事实。

到现在为止，对发达国家人口"灰色化"的讨论还仅仅限于由此带来的社会安全可靠性考量。但这个隐约现身的危机足够现实：以日本为例，二十世纪末，退休人口与工作人口的比例是 1:4；现在这一代中，退休人口与工作人口的比例下降到 1:2，甚至更低。此外，还有一些值得我们注意的政治影响。

在国际关系领域 [16]，有一些发展中国家像发达国家一样，已经出现低生育率和不断下降的人口——接近或成功跨越了人口转型；而世界上大多数贫困地区，如中东或撒哈拉以南的非洲，仍然维持着高涨的生育率。这意味着，除了单纯的收入和文化差异之外，第一世界和第三世界的分界线又多了年龄的选项，日本、欧洲、北美的中间断年龄已经接近 60 岁，而它们的不发达邻居中间断年龄刚刚好 20 岁。

此外，发达国家的选举投票人群将会更多地依赖女性，一来是老龄女性通常比男性长命，二来是女性参与政治的长期社会转型。因此，二十一世纪的政客们将不得不对这一些突兀的老年女性恭敬相待。

这些因素会对国际政治产生什么样的影响尚未可知，但是基于过去的经验，男性与女性、年轻人与老龄人对待外交和国家安全的态度有着迥然的差异。举个例子，美国女性更不愿意美国卷入战争，这一点上，男女的差异在 7 至 9 个百分点；女性也更不愿意支持国防开支和对外使用武力。1995 年洛普公司（Roper survey）受芝加哥外交关系委员会委托的调查显示，一旦朝鲜袭击美国，49%：40% 的男性倾向于美国干预，30%：53% 的女性倾向于干预；54% 的男性认为需要在全球保持不可匹敌的军事优势，女性只有 45% 的比例支持这一看法。进一步说，女性更不认同诉诸武力解决冲突的正当性。[17]

关于使用武力，发达国家还会面临其他的阻碍。很显然，老年男性，特别是老年女性不可能服务于军事组织，因此能够入伍的军人数量将会缩小。在这样的社会中容忍年轻人在战争中牺牲的意愿也很低。[18]尼古拉斯·埃伯施塔特预估，在当前的生育趋势下，2050 年的意大利，只有 5% 的孩子有亲戚（如兄弟、姐妹、姑婶、叔伯、表亲等）。人们的亲缘关系主要是父母、祖父母、曾祖父母以及自己的孩子。这样纤细的代际线会大大增加人们对支持战争和为战争牺牲的犹豫。

由此，这个世界将会分成两派，北方世界的政治主调由年老的妇女来设定，而南方的政治则由托马斯·弗里德曼（Thomas Friedman）所称的非常强大的愤怒的年轻人主导。9·11 对世贸中心的袭击正是出自这样的年轻人。当然，这也并不意味着北方将无法应对南方的挑衅，或者南北矛盾不可调和。生理并没有全然决定命运。只是政治家必须在由基本的人口构成的事实框架下工作，其中的一个事实就是许多北方国家会面临着人口缩减和老龄化的问题。

还有一个情景很可能会让这些不同世界产生交集：移民。上面讨论的欧洲和日本人口的下降并没有考虑移民的因素。但这不大可能，因为发达国家也需要经济增长和维持增长的人力。这也意味着这一南北分立的局面会在每一个发达国家重演：一个不断老龄化的本土人群中混居着文化迥异身强力壮的移民人群。美国和许多说英语的国家对同化不同文明的移民很有经验，但另一些国家，如德国和日本则未必。欧洲已经能见到反移民运动趋势的上升，如法国的国民阵线、比利时的弗拉芒集团、意大利的伦巴第联盟、奥地利的约尔格·海德尔自由党等等；人口年龄结构的分化，加之寿命的延长，为未来社会冲突的滋长奠定了基础。

通过生物技术而产生的人口寿命的延长也会对社会的内部结构造成深远的影响。其中最显著的影响是如何管理社会等级结构。

人类，在本性上与灵长类一致，都是对社会地位敏感的动物，从很小就开始热衷于建立五花八门的社会等级结构。[19] 这种等级分明的行为模式是天生的，即便在强调人人平等的民主和社会主义等现代理念下，它依然幸存（人们只要稍稍观察前苏联和中国的政治局，就能了解按照严格的等级排序的领导体制）。这些等级结构的特性随着文化的演进不断在改变，传统的等级结构强调体能的优势或世袭的社会地位，而现代的等级更看重人的认知能力和教育程度。本质上，等级的特性依然保存着。

如果我们观察一下周围的社会，你很快就能发现许多等级结构都与年龄相关。比如，六年级生认为自己比五年级生更为优胜，如果他们同时休息，六年级生就会占据操场；获得终身教职的教授认为自己比还没有获得终身教职的更有权威，并严格地控制着进入这个令人敬畏的学术圈的门槛。以年龄为评判标准的等级社会将年龄与体格健壮、学习能力、丰富的阅历、敏锐的判断力、卓越的成就等等优秀品质相关联。然而，过了特定的年纪，年龄与能力之间的关联开始往反方向发展。在人类历史上，当寿命只有40—50周岁时，人类可以通过自然的代际交替来解决这一问题。当越来越多的人开始步入老龄期，十九世纪末，强制退休年龄开始流行。*

寿命的延长会对现存的大部分以年龄为特质的等级结构产生肆虐性破坏。传统上，这些等级结构属于金字塔状，前任的去世会让下一辈竞争者跻身高位，同时，人们普遍认同的 65 岁退休的人为限制也支撑了这一金字塔的维持。然而，当人们普遍都能工作到60、70、80 甚至 90 岁时，这些金字塔结构就会扩张成为梯形甚至是长方形。以往一代人取代一代人的自然趋势会被三、四甚至五代人共存的场景所取代。

在威权体制中，领导人的任期不受宪法限制，寿命延长的后果对这些国家的代际替换产生了负面的影响。只要佛朗哥、金日成和卡斯特罗体格仍健康，社会就没有办法去更换他们，所有的政治或社会变革一直要等到他们去世后才能实施。[20] 将来，随着技术发展使寿命进一步延长，这些社会将会长期被困扰在领导人的临终看护状态，这个状态不是以往的几年，而是数十年。

在更为民主和／或选贤任能的社会里，会通过制度化的机制移除已经过了黄金期的领导、老板或 CEO。但这一问题并不能仅仅通过想当然而得到解决。

问题的核心是，所有处于社会等级顶部的人都不想失去权力或

---

* 俾斯麦建立了欧洲历史上第一个社会保障体系，他将退休年龄设定在 65 岁，当时欧洲几乎很少有人能活到这个岁数。

地位，他们会尽可能地利用自己的影响力来保全地位。因此，人们应当尽早地将与年龄相关的能力下降提上日程，防止再卷入置换领导、老板、运动员、教授或董事会成员的麻烦。诸如强制退休年龄这些非人格化规则存在的好处是，避免在一个人年老力衰时，机构还要对他做出详细的评价以确认他是否还适合工作。当然，这些非人格化规则也会对尽管年迈却依旧有出色能力适合工作的人产生歧视，也正因为此，这类规则在美国很多职场中被废止。

现在对于年龄有着政治正确的限制：年龄歧视也与族歧视、性别歧视和同性恋歧视一道，加入了被禁止的行列。在由年轻人主导的社会，比如美国，对老年人的歧视是存在的。但从另一方面考虑，代际替换也有合理性。其中最主要的就是，它能对社会进步和变迁产生相当的激励。

许多观察者已经发现，政治变革通常发生在代际之间——从进步时代到新政时代，从肯尼迪时代到里根主义。[21] 这并不神秘：同一世代出生的人会一同经历主要的社会事件——如大萧条、第二次世界大战、性解放等。一旦人们的价值观和偏好受这些事件的影响而成型，它们就只会在新环境中做出微调，想要从整体上改变难上加难。比如，在南部的艰难时期长大的黑人，很难不将一个白人警察看成是种族分离压迫机制下不值得信任的代理人，他可能不会考虑这在北部人们的生活中截然不同。那些经历过大萧条的人会对孙辈大手大脚的花费感到不安。

学术生活也与政治生活一样。在经济学领域有这样的一个传说，每经历一次重要学术人物的葬礼，经济学就会有一次新的进展。这样一个事实真实得让人难以置信。每一个基本范式的流行（比如，凯恩斯主义或弗里德曼主义）都奠定了一代科学家和知识分子看待问题的方式，但这一视角的形成并不是如许多人认为的那样，基于客观的证据，而是仰仗于发明这一范式的人是否依然活着。只要这些经济学大人物依然占据以年龄分界的权力机制，比如同行评议理事会、终身教职评定委员会或信托基金委员会，这些基本的范式就会稳固得不可动摇。

因此，完全有理由认为，随着平均寿命的延长，政治、社会及学术的改变会变得更为缓慢。随着三四代人在同一时间段工作，更为年轻的团队将永远没有形成自己见解的机会，他们只会聚集成渴望诉求被听到的少数群体，代际间的更换不再具有决定性。为了适应这种变化，这样的社会有必要建立强制的培训机制和到了一定年龄向下流动的体制。随着科技日新月异的发展，一个人想要凭借自己二十几岁所学的知识和教育水平来应对接下来的四十年，已经几乎不可能；那些认为工作技能保持五十年、六十年或是七十年不变的人更是荒谬得可笑。已经年迈的专家需要从社会等级中退出，不只是为重新获得培训，并且为从底层上升的年轻人让出发展空间。如果不是如此，代际间的福利将会和等级、种族冲突一样成为分裂社会的分水岭。未来，随着寿命越来越长，让老龄人为年轻一代让位将会是一个巨大的挑战，社会需要诉诸一些非人格化、制度化的"老年歧视主义"来使之得以实现。

寿命延长是否会产生其他一些社会影响还大大取决于老年医学革命的进展，也就是说，随着人们寿命的增长，老年人是会继续保持着体力和智力上的活力，还是社会将变得越来越像一个巨大的看护疗养院？

发现任何能打败疾病、延长寿命的方式，对医学界是毫无疑问的喜事。对死亡的恐惧是人类最深沉和最持久的担忧，因此，对任何能够推迟死亡的医疗技术进展表示欢呼，理所当然。但人们不仅关注寿命的延长——也关注生命的质量。理想状况下，人们不仅希望能够活得更久，也更希望人的能力能够尽可能延伸到死亡降临的那一刻，以使人不必要经历死亡前的虚弱期。

尽管有一些医疗技术提升了老龄人的生命质量，但是许多技术却只是产生了相反的效果，延长了寿命却增加了依赖。比如，阿尔茨海默症，它使人脑的一部分失去功能，产生记忆丧失，最终导致老年痴呆；人们患上这些病症的可能随着年龄的增加比例显著提高。阿尔茨海默症的发生，65 岁人患病的可能性是百分之一，85 岁的患病率是六分之一。[22] 发达国家不断增长的阿尔茨海默症患者人数就是寿命延长的直接后果，医疗技术只是延长了身体的健康，却没能延长对神经性疾病的抵抗力。

至少对发达国家来说，现代医疗技术拓宽了两种不同的老人年龄段。[23] 第一个老龄段从 65 岁到 80 岁左右，这一时间段人们可以期望自己过上健康有活力的生活，他们能尽力地利用社会资源发挥自己的长处。许多关于延长寿命的乐观的谈话都在这个年龄段中，事实上，这个年龄段已经成为人们对寿命延长的实际期待，这也是人们津津乐道的现代医学技术的令人骄傲的成果。这一年龄段面临的主要难题是工作时间对退休生活的介入：简单地从经济理由推论，社会将萌生强大的压力，要求延长退休年龄，并尽可能让 65 岁以上的老人处在工作状态。这当然并不意味着社会灾难：年迈的工作人员可能需要重新培训，并且要接受某种形式的职位向下流动，但大多数老年人还是会愿意接受重新为社会做贡献的机会。

第二个年龄段问题就更加突出。这个年龄段的老龄人已经 80 岁，体能已经完全下降，逐渐回归到了如同小孩的依赖状态。社会普遍不愿意多谈这个阶段，对此也缺乏经验，因为它超越了多数人珍视的个人自主的理念。第一个和第二个老龄段人数在不断增加，它们共同衍生了一个新的社会状况：当人们接近第一个年龄段的退休年纪时，他们的父母依然健在，还依赖他们的照顾，这会限制他们选择的可能。

不断增加的寿命是否会产生社会影响将取决于这两个年龄段的

相对大小，而相对大小又取决于未来生命延长技术进展的平衡性。最佳的境况是技术能够同时推迟身体和智力两方面的老化进程——比如，通过从分子层面破解所有体细胞老化的原因，从而延缓身体机能的老化进度。这样，身体和智力的老化将会在同一时间发生，只不过发生得更晚；那么，处在第一老龄段的人数会增加，而第二老龄段的人数则会显著减少。最坏的境况是高度不平衡的发展，比如，人类找到了保存机体健康的方法却对延迟智力恶化无能为力。干细胞研究可能会让人体器官重新生长，正如在第 2 章开始威廉·哈兹尔廷所描述的那样。但如果没有平行的方式治疗阿尔茨海默症，这项看起来伟大的发明只不过是能比现在更为长久地保持人的植物人状态罢了。

第二个老龄段人数的爆炸性增长将标志着国家"养老看护之家"场景的形成，这个阶段，人们已经能够活到 150 岁，但是生命的最后 50 年都依赖着看护人而存活。当然，现在还不能预测，到底是这一阶段，还是让人更为愉悦的第一个老龄段将成为主流。但如果没能够从分子层面发现延缓死亡的捷径，仅仅知晓老化是一个逐渐累积的大面积的生理体系的破坏，那么我们没有足够的理由认为未来技术的发展将会比过去做得更好，同时延缓体力与智力层面的老化。现在医疗技术仅能保持人体存活而缺乏生命质量，这是加重自杀率和安乐死的重要原因，它也让杰克·凯沃基安（Jack Kevorkian）这样的协助自杀和安乐死的医生成为近年美国和其他地区的重要公共议题。

将来，生物技术的发展将迫使我们在寿命延长和生命质量之间进行选择。如果这个选择被广为接受，它将会产生巨大的社会影响。但是两者之间的取舍是非常艰难的：智力的点滴变化，如短时记忆能力的丧失或对信仰的更固执地坚持，本身很难进行衡量和评价；而前文所提到的政治正确的要求使得真实坦诚的评估更为困难，不仅有年迈亲属的个人需要面对，试图形成公共政策的社会也需要面对。为了避免对老年人产生歧视的隐喻，或者吐露任何他们的生命质量低于年轻人的言辞，将来撰写老龄化问题的人会被迫持续不断地保持乐观心态，预测医疗进步将会既延长寿命又增加生命质量。

这一现象可能在性欲上更为明显。有一位研究老龄化的作者写道："阻挡老年人性魅力的无疑是那些我们每个人都会经历的洗脑式的说法，认为老年人性诱惑力极少。"[24] 老年人缺少性诱惑力真的只是因为洗脑的缘故吗？！很不幸的是，按照达尔文进化论的依据，性别吸引力与年轻度息息相关，特别是对女人来说。进化过程产生性欲主要是为了繁殖的需要，过了生育黄金期，人类几乎没有"适者生存"的压力保持性吸引力。[25] 这个结果意味着，在人生的后 50 年，发达社会的人们将进入"后性欲"时代，大多数的人将不再把性爱放在必须要做的清单里面。

人类历史上从未有过中间断年龄为 60、70 或更高岁数的时候，因此，对这种未来社会的生活会如何，人们仍抱有许多未解之谜。这样一个社会的自我意象会是什么呢？如果你在机场的报刊亭驻足，你会发现杂志上的封面人物都在 20 出头，那正是大多数人青春靓丽、健康状况极佳的时候。在人类多数的历史时期里，封面人物都反映了一个社会的中间断年龄，虽然不仅仅限于展示美貌和健康。未来几代后，当年轻的 20 岁仅成为人口中少数的一群，杂志的封面会变成什么呢？当现实社会变得极端老龄化，人们仍然会倾向于认为社会是年轻的、动态的、性感的、健康的吗？随着年轻文化走向终结衰落，人们的偏好和习惯都会改变吗？

一个人口的平均人数向第一老龄段和第二老龄段倾斜的社会，将会对生与死的意义产生深远的影响。几乎到目前为止的人类历史，人们的生活与认同不是与生育紧紧捆绑在一起，就是为了赚取支持自己与家庭的资源。赚钱养家与努力工作让个人深深陷入社会责任的网络，这个网络中个人几乎失去控制力，也常常是挣扎和焦虑的来源，但仍会赢得丰沛的满足感。学习应对这些社会责任的过程塑造了一个人的道德观和性格。恰恰相反的是，处在第一老龄段和第二老龄段的人们对家庭和工作只有被稀释的责任；已过了生育年龄的他们，主要与祖先或后辈联系在一起。处在第一老龄段的人也许会选择工作，但是工作的责任感和由工作所带来的强制性的社会限制将由一系列可供自由选择的工作岗位所取代。在第二老龄段的人既不会再生育，也不会再工作，事实上，你会见到资源与责任的单向流动：流向他们。

　　这些并非意味着处于老龄段的人们一下子被御去了责任或不再有约束；它意味着生活将逐渐空虚化和更加孤独，因为对许多人来说，是这些有责任感的联系让生活有奔头。当人们刚从努力工作和奋斗的生活方式上退下来，它可能是一段明快的退休时光；但如果它将延续二三十年甚至未知何时结束，就变得毫无意义了。对第二老龄段的人来说，虽然延长了却越来越具有依赖性和失去劳作能力的寿命是否会愉快和充实，目前还难下定论。

　　人们与死亡的关系也将由此改变。死亡极有可能不再是生命自然和不可避免的过程，而是一个像小儿麻痹症和麻疹一样可以预防的疾病。如果是这样，接受死亡将会是一个愚昧的选择，面对死亡也不再是一个充满尊严或崇高情操的行为。那么，当生命可以无限向前延伸时，人们还会愿意为了别人牺牲自己的生命吗，或者人们还会谅解为别人牺牲生命的行为吗？人们是会紧紧抓住因为生物技术进展而得到延长的性命，还是觉得无止无境的生命充满空虚并且不可忍受呢？

第5章
基因工程

到现在为止，所有生物都创造了超出自身之外的东西；而你们想成为这场大浪的阻碍甚至重返野兽时代而不愿超越人类吗？猿猴对人类来说是什么？一个笑柄或者是一个让人痛苦的羞耻。人类对于超人来说也同样如此，不过是一个笑柄或是一个让人痛苦的羞耻。你们一路从虫进化成为人，但你们身上有许多东西仍然是虫。你们从前是猿猴，即便是现在，人也仍然比任何一只猿猴更像猿猴。

——弗里德里希·尼采《查拉图斯特拉如是说》I.3

前面三章所描述的后果都将不具意义，如果在生物技术中最为革命性的基因工程没有任何进一步的成就。今天，基因工程被广泛运用在农业生物技术的转基因作物生产上，比如，Bt 玉米（它能自己分泌杀虫剂），或者抗草甘膦转基因大豆（它对除草剂有抵抗力）；这些转基因作物在全球成为争论和抗议的焦点。这项成果的下一个步骤很显然将会被应用在人类身上。人类基因工程几乎与另一种优生学的前景直接相联系。优生学一词，让人产生所有的道德联想，意味着人类最终有能力改变人性。

尽管人类基因组工程已经完成，当前的生物技术已经能够改变玉米或牛群基因，但远远还达不到重组人类基因的程度。有人甚至认为我们将永远不可能拥有这样的能力，对基因技术的终极猜想不过是野心勃勃的科学家和急功近利的生物技术公司言过其实的吹嘘。对他们来说，改变人性永不可能，也将永远不会出现在当前生物技术进展的日程上。对此，我们需要一种更为平衡的评价：这个技术会带给我们什么，它终将会面临什么样的局限。

人类基因组工程是一个宏大的项目，由美国政府和其他政府共同资助，试图解码人类的基因序列，在更小的生物，如线虫和酵母上，这已经成为了可能。[1]DNA 分子组合而成的藏在细胞核中的 46 个染色体，组成著名的螺旋的、双层序列的基因链的四个碱基。这个基因序列形成一套数字密码，用来合成氨基酸，并生成组成所有器官的蛋白质。人体的基因组有大约 30 亿对碱基，其中很大的一部分都没有密码，是"沉默基因"（silent DNA）；其余的部分则包含着生命的真实蓝图。*

2000 年 6 月，人类基因组的排序提前完成了计划，部分原因是官方资助的人类基因组工程与一家生物技术公司——赛雷拉基因工程公司之间存在的竞争性。围绕这一事件进行的报道似乎在强调科学家解码生命存在的基因秘密，但事实上，这个排序只是呈现给大家一本书的草稿，书写的语言只有一小部分人能懂。对于人体的 DNA 中到底有多少基因这样一些基本的问题，科学家仍然不能确定。基因序列完成几个月后，赛雷拉公司与国际基因组序列工程联合发布了一项研究，认为人类基因的数目大约在三万到四万之间，而不是从前预估的十万个。在基因组学发展的态势下，蛋白质组学也在悄悄萌芽，它们试图发掘蛋白质的基因密码，并且了解蛋白质如何形塑成为细胞所要求的独特而复杂的形状。[2]而在蛋白质组学之外，还有一项看似极其复杂以至于不可能的任务：了解分子如何发展成为组织、器官以及完整的人体。

---

* 对基因原初密码感兴趣，或想了解每个染色体如何被分解成基因和无码区域的人，可以登录国立卫生研究院关于生物技术信息的网站，网址如下：http://www.ncbi.nlm.nih.gov/Genbank/GenbankOverview.html.

如果没有信息技术几近同步的发展，人类基因组工程便无法记录、分类、找寻和分析人体 DNA 中数十亿的碱基。生物学与信息技术的联合产生了一门新的学科——生物信息学。[3] 将来生物技术的进展将要取决于电脑是否能够处理这些基因组和蛋白质组释放的让人脑焦头烂额的数据，将来也将通过电脑建构一些现象的可靠模型，比如蛋白质的形塑过程。

对基因组中人类基因的简单识别并不意味着人们能够在此之上更进一步。过去二十年间，在囊胞性纤维症、镰状细胞性贫血症、亨氏舞蹈症、泰-萨克斯病等等病的基因起因判别上，科技有了很大的进步。但这些病症只是相对简短的错误，究其病理，只是单个基因中的等位基因和密码序列的错乱。而其他一些疾病则是因为多个基因复杂的互动而导致的：比如，有些基因控制了其他基因的表达（或曰"激活"），有些基因与环境有着复杂的互动，有些基因能够产生两种以上的后果，而有些基因产生的影响一直要到器官的生命末期才能够显现。

谈及更高层次的条件与行为，比如，智商、进攻性、性欲等，我们似乎只能从人类行为基因学中得知其有基因的根源，除此之外，没有更多的相关知识。对于哪些基因负责哪些功能，我们一无所知，但我们猜测，这样的因果关系相当复杂。以生物集团（BiosGroup）创始人和首席科技官斯图亚特·考夫曼（Stuart Kaufman）的话来说："这些基因是某种有'并列处理'能力的'化学'计算机，它们通过一系列非常复杂的网络式互动，相继打开或关闭。细胞的信号发射路径与基因的运作路径紧密联系，对此，我们才刚刚开始解码。"[4]

对于父母来说，控制下一代基因的第一步并非出自基因工程，而是在胚胎着床前的基因诊断和筛选。将来，父母将对胚胎自动进行全面扫描，排除疾病因子，以确保植入母体子宫的是优良基因。现代医疗技术中的羊膜腔穿刺术和声波图技术已经让父母有了选择的某种权利，比如，检测到婴儿患有唐氏综合征时父母会选择流产，或在亚洲某些区域发现胚胎是女孩时会选择流产。对胚胎进行筛选，控制如"囊胞性纤维症"这类天生缺陷，技术已经非常成熟。[5]基因学家李·西尔弗（Lee Silver）描绘了一幅这样的蓝图：女士可以生产一百个或以上的胚胎，然后这些胚胎将会形成"基因文件夹"，医师通过鼠标进行胚胎选择，剔除容易产生单个基因疾病的等位基因胚胎，选择那些能提升身高、拥有好看的发色和高智商的胚胎。[6]这项技术虽然现在还没有出现但并不遥远：一家名叫昂飞（Affetrix）的公司已经研发出了一种可以自动扫描DNA样本的芯片，能发现含有癌症或其他疾病缺陷的基因。[7]胚胎着床前的诊断和筛选并没有要求对胚胎DNA进行控制，但是它缩小了父母对于胚胎多样性的选择，从前这种选择只能由两性的交合生殖来决定。

另一项在人类基因工程之前就趋于成熟的技术是人类克隆。伊恩·威尔穆特（Ian Wilmut）1997年成功克隆出了多莉羊，这次克隆引发了广泛的争议和猜想，将来是否能从一个成年人的细胞中克隆出人类？[8]为此，克林顿总统向国家生物伦理顾问委员会提出了研究请求，研究成果的建议是，禁止国家对人类克隆研究进行资助，暂缓私人公司与此有关的活动，并考虑由国会出台相关的制止法令。[9]尽管有国会的明令禁止，但是由私人提供资金进行人类克隆的研究仍然是合法的。据传一个名叫雷尔（Raelians）的教派[10]，以及已经广为报道的塞韦里诺·安蒂诺里（Severino Antinori）、帕诺斯·扎沃斯（Panos Zavos）等人正在这么做。比起胚胎着床前诊断和基因工程，人类克隆的技术性障碍要小得多，它最大的隐忧在于对人类进行实验的安全性和伦理考虑。

人工婴儿之路

　　现代基因工程的最大期待是诞生人工婴儿。[11] 详细说来，科学家将能够辨认出决定一个人特征的基因，比如智商、身高、发色、进攻性或自尊感等，并用这些知识来塑造一个条件更好的婴儿。这个尚在探寻中的基因还可能不是来自人体本身。这就是说，它会像生物技术在农业领域所发生的那样。1996 年由汽巴（现已更名为诺华）和美科根两家种子公司发明了 Bt 玉米，它们在玉米中注入了外来基因，使得玉米能够从苏云金杆菌中产生一种蛋白质（Bt 玉米取此菌的英文前两个字母而来），它对诸如欧洲玉米螟这些害虫有毒副作用。这个新的品种因为改变了基因，能够自己产生除虫剂，也把这些改变的特征遗传给了它的后代。

　　本章所谈论的转基因技术在人体上的实验，现在看来是顶遥远的事情。有两种方法可能实现基因工程：体细胞基因治疗或生殖细胞系基因工程。体细胞基因治疗的方法，是通过细菌或其他载体实现新的、已经改造的基因的传播，从而改变目标细胞的 DNA。这些年，针对这一疗法有许多实验，却鲜少成功。这种方法的难题是，人体内有上千亿的体细胞，要使疗法奏效，需要改变上百万的体细胞。如果不出意外，这些改变的体细胞会与人同时死亡；这个治疗法不会产生代际遗传。

　　不同的是，生殖细胞系基因工程已经在农业领域得到例行应用，在很多动物身上也已成功实施。对生殖细胞系基因的修改，理论上，只要改变受精卵内的一组 DNA 分子，随后通过细胞的分裂和分化，就能长出一个完整的人。体细胞基因治疗法只会改变体细胞的 DNA，因此也只能对受改造的本人有影响，而生殖细胞系基因的改变则会有遗传的作用。这对治疗遗传疾病特别有吸引力，比如糖尿病。[12]

其他目前正在研究的新技术有人工染色体，计划在人体本身的 46 条染色体外再加上一条。这条染色体功能的开启需要等到人已经足够老，并且征得了本人的同意，它也不会遗传给后代。[13] 这项技术避免了改变或替代已有的染色体。人工染色体也许能够在胚胎着床前扫描术与对生殖细胞系基因的永久改变间架起一座桥梁。

可是，在人类利用这些方式对基因进行改变前，有一大堆棘手的难题摆在眼前。首先就是这个问题的极端复杂性，这在某种程度上意味着对人类高端行为进行基因改造几近不可能。早前我们已经知道许多疾病是由于基因间的互动所引起的，而通常一个基因也可能有多种功用。以前认为，每个基因一次只产生一个 RNA 信使，随后再产生一个蛋白质；即便人体基因组实际上有近 3 万而不是 10 万个基因，但却有远超过 3 万个的蛋白质数量，因此，这一说法不正确。它意味着一个基因可以产生多个蛋白质，并且具有多种功能。以引起镰状细胞性贫血的等位基因来说，它还具有抵抗疟疾的功能；这也说明为什么黑人特别容易患镰状细胞性贫血症，追溯到非洲祖先，疟疾曾是一个主要的病症。修复镰状细胞性贫血基因可能会增大患疟疾的脆弱性，这对住在北美的人来说也许不是个问题，但是对携带新基因的非洲人却有很大的伤害。基因常被用来比喻成生态系统，一环扣一环：用爱德华·威尔逊（Edward O. Wilson）的话来说："遗传就好比环境，你不能只担心一件事情。当一个基因因为突变或被其他基因取代而改变，一些未曾预期、极有可能非常令人沮丧的副作用也会紧随而来。"[14]

对人类基因工程的第二个阻碍是在人体上进行实验的伦理担忧。国家生物伦理顾问委员会以"用人体进行实验非常危险"为由，寻求对"人体克隆"颁布短期禁令。在多莉羊被克隆成功前进行了270 次失败的实验。[15] 许多的失败出现在植入阶段，将近 30% 的克隆动物有着种种严重的反常症状。我们前面也讨论过，多莉出生时端粒比较短，因此不可能像正常羊活那么长。如果出生的婴儿并没有较大的成功把握，或者克隆过程产生的缺陷需要一段时间才能显现出来，人们就没有那么急迫地想要制造人工婴儿。

考虑到基因与表现型终极表达之间复杂的因果通路，克隆产生的危害极有可能被放大。[16] 后果难以意料这一法则将被无情印证：对某一特定疾病敏感的基因可能有第二甚至第三层的影响，而这些影响在基因更改时没有被察觉，它们可能数年甚至隔代才能体现。

对未来"改变人性"能力的最后一个限制因素是人口数量。即便人类基因工程超越了前两个障碍（简言之，复杂的因果关系和人体实验的危害），已经能够成功制造出人工婴儿，人性也不会因此得到改变，除非这些改变以显著的数量漫延至整个人类。欧洲委员会以生殖细胞系基因工程会影响"人类基因的继承"为由建议禁止该类实验。这项担忧，很多评论已经指出，显得有一些幼稚：人类基因的继承包含着一个广阔的基因群，充斥着许多不同的等位基因。少量改变、去除或增加一些等位基因会改变一个人的遗传却不会对整个人类造成影响。一群富有人士动用基因手段改变他们孩子的身高或智力，不会对整个种族的身高或智商产生影响。弗里德·伊克尔（Fred Iklé）雄辩地指出，任何想要用优生学的方式改变人类的想法都会在庞大的人口数量前止步。[17]

既然基因工程有着这么多限制，这是否意味着，不管将来基因工程对人性进行何种有意义的改变，我们都不用再探讨了呢？这一论断言之尚早，得出这一结论前我们还需要谨慎地考虑以下几个因素。

首先，当前的生命科学正以显著和超出人类预期的速度向前发展。二十世纪八十年代晚期，基因学家有一个共识，不可能从成年个体的体细胞中克隆出哺乳动物，然而1997年多莉羊的诞生终结了这一看法。[18] 二十世纪九十年代中期，基因学家预测人类基因工程项目可能会在 2010 年至 2020 年间完成，然而，新式的高度自动化的排序机器在 2000 年 7 月就结束了该项目。现在我们可能无法预期，将来会产生什么样的新的捷径，缩短复杂任务的研究时间。比如，人脑被认为是复杂的自适应系统的原型，这个系统由数目众多的"代理人"组成（这里指神经细胞和其他脑细胞），运作规则相对简单，却在系统化水准上产生了高度复杂的涌现行为。任何想要用蛮力的计算方式模拟大脑的努力——譬如复制上百亿的神经连接——都极为不现实；另一方面，一个复杂的自适应模型，在模拟涌现特性代表的系统化水准复杂性上，可能有更大的成功机会。对基因之间的互动来说也是如此。

基因的多重功用及其相互作用的极端复杂性并不意味着在完全弄清这些作用模式前，人类基因工程会一筹莫展。从来没有技术以这种方式进行。很多时候，一项新式药品被发明、试用或许可上市时，厂家并不能完全确认它们的疗效。在药理学领域，通常需要数年才能发现药品的副作用，有时药物也会与其他药物或环境产生交互作用，而这些在引进药物时完全没有预料到。基因工程师可以先解决简单的问题，然后一步步拾级而上，向复杂性出发。虽然看起来人类高端的行为模式是由于许多基因的复杂互动引起的，但我们并不能知晓是否永远如此。可能某些相对简单的基因干预会产生极大的行为反应，我们却受困于复杂性思维。

在"人体上进行实验"的问题是对基因工程迅速发展的重大障碍，但并非不可逾越。药品试用时，动物会首先承担大部分风险。以人体进行实验时的风险可接受度，取决于这个项目因此能带来的好处：比如，亨氏舞蹈症，它有 50% 的机会让人变成痴呆或死亡，后代也会因此携带错误的等位基因。这种疾病就可以区别对待，它和增加肌肉紧张度或胸围完全不同。只是因为可能产生未预期或长期的副作用，人们并不会止步寻求基因治疗，只要它在早期阶段有治疗的效果。

至于，基因工程的优生或非优生是否会广泛传播以至于改变人性，这是一个完全开放的问题。很显然，任何基因工程的手法要想对整个人群产生显著的影响，它必须是非常有用、相当安全和价格低廉的。人工婴儿初期一定会相当昂贵，仅仅会成为富人的选择。人工婴儿是否会越来越便宜并因此而流行起来，这取决于科技进展的速度，比如，可以比较胚胎着床前诊断下降的价格曲线。

当然，新的医药技术产生跨时代的影响，成为成千上万拥趸的选择，并非没有前例。把眼光关注在当前的亚洲，因为超声波技术和流产越来越容易，它们已经对性别的比例产生了极大的影响。以韩国为例，二十世纪九十年代初期，男孩与女孩的比例是 122:100，而正常的比例应当是 105:100；中国的男女比例只是低了少许，117:100；在印度北部，这一比例更加扭曲。[19] 经济学家阿马蒂亚·森预估，亚洲的女孩赤字在 1 亿。[20] 在上面所提到的社会，因为性别而流产是非法的；尽管有政府的压力，大部分的父母还是因为需要男性继承人而倾向于生男孩。

高度扭曲的性别比例会产生严重的社会后果。到本世纪的第二个十年，中国五分之一到达适婚年龄的男性将找不到女性伴侣。现在很难想象解决这一麻烦的方法，因为没有家庭负担的男人更容易参与冒险、反叛和犯罪的活动。[21] 当然，也因此有一个可以相抵消的好处：女性赤字将会使女性在婚配过程中处于更为强势的地位，让已经结婚的家庭生活更为稳固。*

没有人知道，将来基因工程是否会如超声波和堕胎一样便宜和

---

* 玛莉亚·古滕塔格与保罗·西科德的研究显示，二十世纪六七十年代发生在美国的性别革命和传统家庭的解体，部分原因要归咎于性别比例更利于男性。参见 Maria Guttentag and Paul F. Secord, *Too Many Women? The Sex Ratio Question*, Newbury Park, Calif.: Sage Publications,1983.

随处可见。这很大程度上还得取决于它所能带来的好处。当前在生物伦理学家看来最为普遍的担忧是，这一技术只有富人可及。假使，将来的生物技术能够使用一种相当安全且行之有效的基因手段，来制造更为高智商的孩子，那么这一危险性将大大提高。这种情形下，发达和民主福利的国家将会重新进入优生游戏，这一次不是为了阻止低智商婴儿的出生，而是用基因手法帮助天生残缺的人提升他们及他们后代的智商。[22] 这时，国家会要求这种技术的价格保持在低廉和人人可及的水准。这时，一个全人类层面的影响将真正成为可能。

以人类基因工程可能会产生未曾预料的后果，或它可能并不能产生人们所期待的效果等为由，并不能阻止人们去尝试它。科技发展史上遍布着因为长期副作用而被更改或被遗弃的新发明。比如，过去几十年，发达国家从来没有尝试大规模的水力发电项目，除非产生阶段性的能源危机或迅速增长的用电需求。* 这是因为，在大坝建设风行期，美国相继在 1923 年建立了赫奇水库，二十世纪三十年代创立了田纳西河流管理局；然而环保的意识很快就高涨起来，呼吁考量水力发电的长期环境后果。现在再来回顾建立胡佛大坝时的"英雄"之举和那时拍摄的斯大林式的庆祝影片，对于这一段人类征服自然的"光辉岁月"，以及罔顾生态环境的"轻率"之举有一种离奇的生疏感。

人类基因工程只是通向未来的第四条道路，也许是生物技术发展上最遥不可及的阶段。现在我们没有任何改变人性的能力，也许将来也不会拥有这种能力。但这里仍要强调两点。

首先，即便基因工程未能成为现实，生物技术发展的前三个阶

---

* 世界上有一些大型的水力发电项目，比如土耳其的伊利苏水电站。它的建设遭到了来自发达国家的强烈反对，因为这座大坝的建立会对周边生态和曾经居住在大坝建址的人们产生很大的影响。对土耳其大坝来说，许多古迹因此而长眠水下。

段——对基因因果链的更为熟悉的了解、神经药理学的进展以及寿命的延长——仍然会对二十一世纪的政治产生深远的影响。这些发展将会面临极大的争议，因为它们挑战了人们深为珍视的平等和进行道德选择的能力；这些发展给了社会新的控制公民行为的手段；这些发展会改变我们对人的品性及认同的传统理解；这些发展将会颠倒现存的社会结构，深深改变人们智商、财富的比例以及政治进程；这些发展将会重塑全球政治的性质。

其次，即便对人类整个种族产生影响的基因工程需要二十五年、五十年甚至一百年，但它却是迄今为止最为有影响力的生物技术的进展。这是因为人性是公正、道德和美好生活的根基，而这些都会因为这项技术的广泛应用而得到颠覆式的改变。第二部分我将会对此进行探讨。

第6章

我们为什么应该担忧

> "采用体外胚胎发育的方式吧。普菲斯特和川口已经有整套成熟的技术。政府会管这事吗？不会，有基督教插手。女士们被迫得进行体内胚胎发育。"
>
> ——奥尔德斯·赫胥黎《美丽新世界》

面对前文所讨论的人类未来可能的道路，我们需要问问自己：我们为什么担心生物技术呢？比如，社会激进分子杰里米·里夫金（Jeremy Rifkin）[1] 和欧洲的环保主义者反对任何的生物技术。但人类生物工程的进展确实带来了医疗方面的利益，在农业领域减少了杀虫剂的使用、提高了作物产量，无条件地反对所有生物技术实在难以站得住脚。生物技术让我们面临着道德的两难困境，我们对任何生物技术进展的保留态度，需要通过确认无可争议的承诺来一一抚平。

优生学是悬在整个基因学之上的幽灵——它意味着，只专门生育有着优选的遗传特征的人类。优生学一词由查尔斯·达尔文的侄子弗朗西斯·加尔顿（Francis Galton）发明。在十九世纪末二十世纪初，国家支持的优生学计划曾经得到了广泛的支持，这些支持的人群不限于右翼的激进分子和社会达尔文主义者，还包括费边社会主义者比阿特丽斯·韦伯和西德尼·韦伯夫妇（Beatrice and Sidney Webb）、萧伯纳（George Bernard Shaw），共产主义分子霍尔丹（J. B. S. Haldane）、伯纳尔（J. D. Bernal），甚至女性主义和生育控制支持者玛格丽特·桑格尔（Margaret Sanger）。[2] 美国和其他一些西方国家还因此通过了优生学的法律，允许国家强制性对低能者绝育，而鼓励拥有优秀品质的人尽可能地多生养。用法官奥利弗·温德尔·霍姆斯（Oliver Wendell Holmes）的话来说："我们需要健康、品性好、情绪稳定、富有同情心和聪明的人，我们不需要傻子、蠢货、穷鬼和罪犯。"[3]

希特勒的优生政策——灭绝整个民族[4] 和在劣等人身上进行医学实验[5]——曝光后，优生学运动在美国被禁止了。自那以后，欧洲大陆被灌输了反对优生学死灰复燃的理念，任何形式的基因研究都不再受到待见。对优生学的反对并非全球性的：在进步主义的、社会民主的斯堪的纳维亚国家，优生学的法令直到二十世纪六十年代才被废止。[6] 在亚洲，除了太平洋战争期间，日本在老百姓身上进行强制性医药实验（就是臭名昭著的 731 部队），其他亚洲国家对优生概念并没有强烈的反对。中国就采用了一胎化的优生政策，并在 1995 年通过了优生法令的草案，希望限制低智商人口的生育[7]；这让人想起二十世纪初期的西方世界。

对于早期的优生政策，至少有两点并不建议应用到未来的优生理念中，起码在西方是如此。[8] 首先，在当时的科技条件下，优生计划并不能实现优生的目标。许多优生学家选择的有缺陷或异常的人被迫绝育，但这些异常是由隐性基因决定的——这就是说，父母双方都必须携带这一基因，它才能显性地被遗传。许多看似正常的人也是隐性基因的携带者，除非他们能够被识别并且被要求绝育，否则仍会将这些隐性基因添加到下一代的基因库中。而其他一些所谓的缺陷可能并非缺陷（比如，某些形式的智力低下），它有可能是由非基因的原因导致的，或者只要更好的公共卫生方法就可以治愈。举个例子，在中国的某些山区，有很多低智商的小孩，但它们并非是遗传因素导致的，而是日常的饮食中缺乏碘。[9]

以往优生理念的第二个缺陷是它由国家支持且带有强制性。纳粹党把这一政策演绎到令人十分恐惧的极端地步，滥杀无辜，在"劣等人"身上做实验。即便是在美国，也极有可能将这些被认为低能或痴愚的人（这个专有名词用来形容精神状况涣散者）诉诸法庭进行裁决，并且以命令的方式强制性绝育。考虑到酗酒、犯罪倾向等许多行为有可能遗传，这就会让国家在大多数人口生育的问题上有了潜在的支配性权力。据自然科学作家马特·里德利（Matt Ridley）观察，国家扶持是过往的优生法令的最大弊端；如果由个人自由来决定是否优生，不会产生这类污点。[10]

基因工程又将优生学原原本本地搬上了讨论桌；很清晰的一点是，任何将来优生学采取的方法都将与历史上的路径大不相同，至少在西方发达国家会如此。这是因为上面的两点错误都将不会再被应用，将来的优生理念将会更为友善、更为温和，渐渐祛除以往附加在这一概念上的恐怖印象。

第一个阻碍（即优生学在技术上不可行）只会出现在二十世纪初期的科学技术条件下，比如，强制不孕。生物检测技术的进展目前已经可以使医生在夫妇想要生育孩子前探测到母体携带的隐性基因，未来也许能进一步拓展到对遗传了父母双隐性基因的胚胎高畸形率的检测。目前，在某类人群身上获取此类型信息已经成为可能，比如，德系犹太人比正常人携带泰-萨克斯基因的可能性更高；这样一来，携带此基因的双方可能会因此决定不结婚或不生小孩。未来，生殖细胞系工程将提供这样的可能性，如上这些隐性基因可以被清除，特定隐性基因携带者的后代将免受影响。要是这样的治疗方法容易获取且价格低廉，那么，人类整体大规模剔除掉某一基因的设想将成为可能。

对优生学的第二个阻碍（即它由国家推动），在未来的比重中将不成为主流，因为几乎没有现代社会想要回到优生竞赛的时代。事实上，二战以后，所有西方国家已经朝保护个人权利的方向大步迈进，由个体自主决定生育问题的权利在人权中排位很前。认为国家对其公民基因库健康等类似集体事务的担忧具有合法性的观点，不再受社会认可，反而会被认为是已经过时的种族主义和傲慢的精英态度。

已初现端倪的更友善更温和的优生学将成为生育双方的个人选择，而非国家强制性对其公民施行。一位评论员这样说道："过去的优生学要求对合适基因繁殖进行持续筛选，并剔除不合适基因。新的优生学，原则上将允许所有不合适基因向最高的基因水准转化。"[11]

生育方目前已经能够做出这类选择，当他们通过羊膜穿刺术发现婴儿有患唐式综合征的高危可能性时，可以决定引产。将来，新的优生学将会导向更多人为流产和舍弃胚胎，这也是反对流产者如此激烈反对生物技术的原因。但未来优生学并不会对生育父母施行强制措施，也不会对他们的生育权利设限。反而，他们的生育选择被大大拓宽了，因为类似不孕、先天畸形等一系列其他问题都不再需要担忧。更有可能预期的是，未来生育技术会足够安全、有效，不再会有胚胎被舍弃或受到损害。

当谈到未来的基因工程时，我个人更偏好于放弃使用已经不堪重负的"优生学"一词，取而代之以"选育"（breeding）一词——在德语中是 Züchtung——最初它用来传译达尔文的"自然选择"。未来，我们将极有可能像育种动物一般选育人类，只是手法更加科学、方式更为有效，我们将通过基因遴选决定哪些传递给我们的下一代。选育已经不必要有"国家力挺"的内涵，更适当的表达是，它显示了基因工程不断"去人类化"的潜质。

因而，任何反对人类基因工程的观点都不必要因牵扯到国家倡议或有政府强制的预期而失焦。旧式优生学手法只会出现在像中国那样的威权国家，成为西方处理外交关系的难题。[12] 尽管如此，选育新人类观点的反对者仍然需要阐明，在重构孩子基因一事上，个体父母的自由抉择究竟会带来什么样的危害？

大体说来有三大类可能的反对意见：第一，基于宗教的反对；第二，基于功利考虑的反对；第三，基于哲学原则——因为找不到更好的词，暂以此代替——的反对。本章将主要涉及前两类顾虑，第二大部分将会述及哲学议题。

宗教理由

宗教为反对人类基因工程态度提供了最明确的理由。因而，一系列新的生殖技术的坚实反对者来自有宗教信仰的人群，也就不足为奇。

犹太教徒、基督教徒及穆斯林有一个共享的宗教理念，即人类是按照上帝的形象被创造的。尤其对基督徒而言，这事关人的尊严。在上帝创造的人与非人物种间有一个鲜明的区分，仅仅是人类具有道德选择、自由意志、宗教信仰的能力，而且正是这种能力给予人类高于其他动物的道德地位。上帝是通过自然产生这些结果的，因此，违背通过性交的方式孕育后代这样的自然法则，甚至组建家庭都是对上帝意志的冒犯。尽管传统的基督教会并没有严格施行这一原则，但基督教信条极力强调所有人类个体拥有平等的尊严，不论社会地位如何，均享有上天赋予的同等尊严。

基于以上的前提，不难理解为何天主教会及保守的新教团体对一系列的生物医学技术持强势的反对态度，包括：生育控制、体外受精、流产、干细胞研究、克隆技术，以及基因工程的各种前沿研究形式。这些有关生殖的技术，即便出于父母对后代的关爱而自由选择，在他们看来仍然是错误的，因为这会将人类摆在了本由上帝来创造生命的位置（选择流产时，则是毁掉上帝的创造）。他们所允许的繁衍方式不出性交和家庭的自然进程。更甚者，如基因工程，它已不再将人类看成是神圣而富有奇迹的创造，而仅仅是人类通过研究可进行操控的一系列物质性后果的总和。所有这些都没有恰如其分地敬重人类的尊严，因而违反了上帝的意志。

对各种形式的生殖技术，目前旗帜最鲜明、反抗情绪最激烈的游说团体是保守的基督教团体。因而，人们也通常认定宗教是反对生物技术的唯一基石，并且其中的关键性议题就是流产。尽管部分科学家是严谨的基督教徒，如杰出的分子生物学家弗朗西斯·科林斯（Francis Collins），他从 1993 年起就领导人类基因组工程；但多数科学家却不是，他们普遍倾向于认为宗教信仰实际上等同于一组非理性的偏见，阻碍了科技的进步。有的科学家认为宗教信仰与科学探索不可兼容；有的科学家则希冀更广泛的教育和科普能够使基于宗教原因对生物研究的反对逐渐退却。

上述后面这些观点是颇成问题的，理由有很多。首先，对于生物技术的现实与伦理意义的质疑来源多种多样，它们可能与宗教毫无关系，本书第二部分将试图展示这一点。宗教只是提供了反对某些新技术最直接了当的动机。

其次，宗教所教导的道德真理通常来自直觉，这些直觉许多非宗教人群也有，只是他们还未意识到自己对伦理议题的世俗观点与宗教信徒的信仰极为相像。例如，许多极为冷静的自然科学家，对世界的理解是理性唯物论的，然而对政治与伦理的观点却严格遵从一种自由平等理念，这一理念与基督教人的尊严普遍平等的观点并无差别。下文我们将会提及，目前尚不清楚，自由平等主义者所要求的人类尊严的普遍平等，是出自对世界科学理解的自然逻辑，而不是相反出自信仰的某些教条。

第三，认为随着教育的普及及现代化的进程，宗教会自然地为科学理性主义让位，整体说来，这样的观点是极端幼稚且与事实不符的。两三代以前，许多社会学家相信现代化必然意味着世俗化，但这一模式仅仅在西欧实现了；在北美和亚洲，更高水准的教育和科学常识并没有必然带来宗教式虔诚的降低。某些情况下，对传统宗教的信仰被诸如"科学社会主义"的世俗意识形态所取代，但这些意识形态并不比宗教更为理性；另一些情况下，传统宗教正在强势复兴。现代社会将自己从"我们是谁"和"我们将要到哪里去"的威权式解释"解放"出来的能力，比许多科学家想象的要弱许多。目前也不清楚，如果没有这些威权式解释，社会境况是否会更好。在现代民主国家，由于拥有强烈宗教观点的人群不会迅速地从政治场景中消失，没有宗教信仰的人们理应接受民主多元主义的原则，并对宗教观点表示更多的宽容。

另一方面，由于让堕胎议题超越了所有生物医疗研究上的其他考量，许多宗教保守势力开始自相矛盾。1995 年，为防止对胚胎的伤害，堕胎反对者成功使国会限制联邦资助用于胚胎干细胞的研究。事实上，一旦被诊所遗弃，体外受精的胚胎通常会遭到损坏，然而，直到现在，流产反对者却愿意默许这一行为。国立卫生研究院已经颁布了一系列指导方针，旨在引导如何在这一前沿领域进行研究，而不至于面临美国流产数量提升的危险。指导方针规定，用于干细胞研究的胚胎不能来自流产的胚胎或任何出于科研目的而专门培育的胚胎，只能是体外受精时的副产品——多余培育的胚胎，这些胚胎如果不用于科学研究，将会被废弃或无限期储藏起来。[13] 2001 年，乔治·W. 布什总统修改了指导方针，将联邦资助仅限于已经被培育的约六十余种干细胞群（这些干细胞已经被隔离且可无限复制）。正如查尔斯·克劳塞默（Charles Krauthammer）所指出的，宗教保守主义者在这个问题上放错了焦点，他们要担忧的不应该是干细胞研究的胚胎来源，而应该是这些胚胎的最终命运："需要我们停止研究，不再使用对原始细胞的神奇功用来培育器官或生命体，个中的真正原因在于，我们也许很快能够制造怪物。"[14]

尽管宗教为反对生物技术提供了最显明的依据，对于不接受宗教的初始前提的人而言，宗教式的反对理由是不具说服力的。因而我们需要去检视其他更为世俗的反对论点。

功利主义理由

这里提及功利主义，我主要指涉的是经济计算——它指的是，未来生物技术的进展可能带来不可预估的高成本甚或长期负面的影响，这些可能超出预期的收益。从宗教视角看到的生物技术带来的损害通常是无形的（比如，操控基因会威胁人类尊严）。然而，功利意义上的损害通常已被明显认识到，要么是经济成本问题，要么是身体健康需付出明确的代价。

现代经济学提供了非常清晰直白的框架，可以让我们从功利角度分析新技术的好坏。我们假定市场经济中的个人都会基于一系列的个人偏好理性地追逐个人利益。对于个人偏好，经济学家不做任何价值判断。只要个人追逐利益的行为不妨碍其他人同样的行为，他完全可以自由地决定如何去做。政府通过程序公正的法律手段来调和可能存在冲突的个人利益。据此，我们可以进一步假设，尽管父母不会故意伤害孩子，但他们会试图最大化自己的幸福指数。自由至上主义作家弗吉尼亚·波斯特丽尔（Virginia Postrel）这样写道："人们想要推进基因技术的发展，是因为他们出于自身目的想要利用它，他们希望它能够帮助自己和后代，保持自己的人性……在一个个人选择和责任已是去中心化的动态体系里，人们除了信任自己不需要信任任何权威。"[15]

假定新式生物技术的采用，如基因工程，主要出自父母方个人的选择而非国家的强制性命令，是否仍然会对个人或社会整体带来危害呢？

最明显的一类伤害我们耳熟能详，来自传统医学领域：采用生物技术新手段可能带来副作用，以及其后长期治疗过程中会产生负面效应。食品与药物管理局或其他管理性机构存在的理由就是要阻止类似伤害的产生，在产品投放市场之前通过现有医疗检测手段反复试验。

有理由相信未来的基因治疗，特别是对基因群有影响的治疗方法，将会带来前所未有的远远超出常规医疗的巨大管理挑战，这么说的理由是，一旦我们从相对单一的基因失调转向多基因控制的人类行为，基因之间的相互作用将会变得异常复杂并且结果难以预测（详见第 5 章，第 75 页）。回忆一下那只由神经生物学家钱卓人为进行智力提升的老鼠，似乎它所感受的痛苦也更多。由于许多基因只会在人生的不同阶段进行表达，要全面观测到基因操控的后果需等待多年。

根据经济学理论，只有当个人选择导致"负外部性"时——也就是说，当危害带来的代价由完全没有参与交易的第三方来承担时——社会危害才会形成集成式影响。举个例子，一家公司可能通过向当地的河流倾倒有毒废料而获益，但它会影响到附近社区成员的利益。类似的效果已经在 Bt 转基因玉米上体现出来：它能够制造毒素杀死一种欧洲当地的害虫玉米螟，然而，它也会因此误杀帝王蝶。（后来表明，这项指控是不实的。[16]）这里需要考虑的问题是，是否会出现这样的情况，即由生物技术方面的个人选择带来负外部性，因而导致整个社会受累？[17]

在基因更改中，没有被征求是否同意但却是参与主体的孩子，很显然就是可能受到潜在伤害的第三方。现行的家庭法假定父母与孩子间有共同的利益，因而会在抚养和教育后代上给予父母较大空间。自由至上主义者强调，既然大多数父母只想给予孩子最好的，这意味着孩子某种程度的隐性同意，孩子是更高智商、更好看的容貌和更满意的基因特质的直接受益方。然而，仍然存在较多的可能，对于生育技术的选择对父母是有利的，而对孩子则可能带来伤害。

政治正确

许多父母希望带给孩子的性格特质可能与更为微妙的个性因素相关，这样做的好处不如外貌或智商那般明晰。父母一代可能正处在一时兴起、文化偏见或简单的政治正确的摇摆中：上一代人可能钟情于骨瘦如柴的女孩、性格温柔的男孩，甚至是红色毛发的孩子——这些偏爱很容易就不再是下一代的心头之好。也许有人会辩解，父母有权代孩子做出这样的误判，并且这些误判一直存在，如使用错误的方法教育下一代，或给孩子灌输古怪的价值观念。但以某种特定方式培育长大的孩子会产生逆反心理。基因改写更像是在孩子身上打上了文身的烙印，她以后都不能移去此烙印，并且只能将它延续到，不止是她的后代，而是其后所有的后裔。*

第 3 章我们曾经提及，现在我们已经在使用精神治疗药物使孩子中性化，又如给忧郁女孩服用百忧解，给多动男孩服用利他林。也许由于任何不确定的原因，下一代人可能更偏好于极端富有男子

---

* 有建议说，我们可以通过使用人工染色体的方式回避基因工程中的"同意"问题，这些人工染色体能够被添加进小孩的正常基因继承中，但是只有在孩子已经足够大，可以自己给出同意时，才会正式被启动。参见 Gregory Stock and John Campbell, eds., *Engineering the Human Germline* (New York: Oxford University Press, 2000), p. 11.

气概的男人或极度具有女性气质的女子。如果不喜欢展现在后代身上的特质，你完全可以停止使用药物。而基因工程后果是，把这一代的社会偏好栽入到下一代身上。

什么符合孩子最好的利益？父母在此问题上很容易做出错误的决断，因为他们通常依据自己的议程来征询并倚赖科学家与医生的建议。出于单纯野心希望掌控人类本性，或在纯粹意识形态假定的基础上设定人类可以成为的样子，这种冲动实在太司空见惯了。

记者约翰·科拉品托（John Colapinto）在他的书《回归自然》（*As Nature Made Him*）中描绘了一个令人心碎的故事，故事主人公大卫·赖默尔承受了双重的不幸，在一次糟糕的事故中他的阴茎不幸被烧灼，其后他又处于约翰·霍普金斯大学非常著名的性别专家约翰·莫尼的监管之下。约翰·莫尼处在"自然—人工谁更重要"争论的另一极端，他坚持认为，终其一生职业所得，所谓的性别认同并非自然形成，而是出生之后所建构的。大卫·赖默尔为莫尼提供了一个证实他的理论的机会。大卫是单卵双胞胎的其中一个，因而可以与他基因同样的双胞胎兄弟进行比较。在那次烧灼事故后，莫尼对这大卫进行了阉割，并将他作为一个女孩来抚养，取名布伦达。

布伦达的生活就是一个私人地狱，因为她自己知道，不像她父母和莫尼所说，她其实是一个男孩，并非女孩。一开始的时候，她坚持站着小便而不愿坐下。后来：

> 加入了女童子军，布伦达的生活简直糟透了。"我仍然记得编雏菊花环和女孩方式的思考。如果那是女童子军当中最让人兴奋的事情，我还是忘掉它吧。"大卫这样回忆道，"我不断在想我的哥哥在幼童军所做的那些有意思的事。"圣诞节和生日时，布伦达会收到娃娃作为礼物，但她拒绝玩这些娃娃。"你能和娃

娃玩什么？"今天的大卫反问道，他的语气里充满了沮丧。"看着娃娃？给她穿衣服？然后脱下衣服？给她梳头发？这太无趣了！如果有一台小车，你可以驾驶着去一个地方，非常有成就感，我需要汽车。"[18]

试图创造一个新的性别认同的努力带来如此严重的情感折磨，以至布伦达一到青春期后，就与莫尼解除监管关系，并且通过阴茎再造手术完成了性别的转换；据说现在的大卫·赖默尔已经结婚，并且生活得很快乐。

目前，对于性别的差异已经能够有很好的理解，它从出生前就开始了，当人类男性的脑部（其他动物也是如此）在子宫里浸泡在睾丸素中，会经历一个"男性化"的过程。然而，这个故事最值得关注的地方是，尽管将近十五年，莫尼在他的学术论文中断定他已经成功将布伦达的性别认同转换成了女孩，但事实却正好相反。莫尼因为他的研究而声誉广播。他的欺骗性研究成果得到女性主义者凯特·米利特（Kate Millet）著作《性别政治》（*Sexual Politics*）的呼应，受到《时代》杂志的关注，获得《纽约时报》的致意，并被编纂进无数的教科书中，其中一本教科书这样引用道，它证明"孩子可以被轻易地培养成为相反的性别"，并且到底天生的性别差异在人类中是否存在"是尚不明确，并且可以通过文化习得进行掌控的"。[19]

大卫·赖默尔的例子可以作为未来如何使用生物技术的有益提醒。大卫的父母是出于爱而做此选择，他们对儿子被灼伤的遭遇感到绝望，因而同意进行这个"令人恐惧"的治疗，随后很多年他们都深感自责。约翰·莫尼却受科研虚荣心、学术野心、创造一个意识形态指向的欲望等一系列原因的驱使，令他忽视相反的证据，并且完全与他的病人的个人利益相背而行。

文化的规范也可能使得父母做出损害孩子利益的选择。有个例子我们先前略有提及，在亚洲，人们用声波图来判断后代的性别并选择是否流产。在许多亚洲国家的文化中，生儿子意味着在社会声誉和养老上的明显优势。但这明显对那些未出生就夭折的女婴是一种伤害。失衡的性别比例同样使男性作为一个整体难于找到匹配的伴侣，并且减低了他们在婚姻市场与女性进行讨价还价的资本。如果未好好教养的男性可能给社会带来更危险的暴力和恐怖行为，那么如此一来，整个社会都会因此遭殃。

如果从生殖技术再谈到生物医药的其他方面，我们会发现个人理性选择可能导致其他类型的负外部性。其中一类与老龄化及未来的寿命延长前景相关。当人面临选择死去还是通过医疗干预延长寿命时，多数人都会选择后者，即便因为接受治疗，他们的生命乐趣会不同程度地受到减损。假使大多数人做出将寿命延长 10 年的决定，这样做的代价，我们假设是 30% 的身体功能的消退，由此一来，整个社会需要为延长寿命的决定买单。事实上，这样的情境已经在有些国家发生，如日本、意大利、德国，它们有迅速老龄化的人口。我们也许可以想象更为令人绝望的场景，依附性人口比例如此之大，导致整个社会的平均生活水准实质性地下降。

第 4 章中关于生命延长的讨论显示这些负外部性绝不仅仅是简单的经济计算。老人不愿退位会阻挡更年轻一代人在以年龄定性的等级结构中向上移动。当任何人都想做出尽可能推迟死亡的决定时，人类作为整体也许并不会感受到生活在中位年龄是 80 或 90 岁的社会的乐趣，那时性交和生育成为一小撮少数群体从事的活动，或者，自然的出生、成长、成熟及死亡的循环被阻断。在极端的境况中，死亡的无限延后将会使社会对出生人数进行严格控制。照料老人已经开始取代抚养婴儿，成为今天活着的人们最主要职责。将来可能更感受到桎梏，因为有两代、三代甚至很多代祖先依赖于他们的照料。

另一类重要的负外部性，与人类许多富于竞争性、零和特质的活动和性格气质息息相关。高于平均身高的人群在性别吸引力、社会地位、竞技性活动机会等诸如此类事情上有优势。但这种优势可能是相对的：如果父母都寻求使孩子足够高到打 NBA，它可能会产生"军备竞赛"，那些参与竞赛的人也失去了净优势。

在诸如智力这样的个别特征上这类负外部性可能更为显著，增强智力被认为是将来基因改进的最显著目标。在生殖与智商高度相关的情形下，一个拥有较高平均智商的社会可能更为富有。但是很多父母追求的智商增进，在许多方面将会被证明是虚幻的，因为更高智商的优势是相对而非绝对的。[20] 比如，人们想生养智商更高的孩子，因此他们能够挤进哈佛，但能够取得哈佛录取资格的竞争是零和的：这意味着如果我的孩子通过基因治疗的方式更加聪明，并且入读哈佛，那么他／她就可能取代了你的小孩。我做出决定要一个人工婴儿，会让你承担后果（或者说，你的小孩承担后果），但整体说来，谁更富有这并不清楚。这种类似的基因"军备竞赛"会对下面一类人产生特定的负担，这些人，由于宗教或其他原因，不愿对孩子进行基因改造；如果周围的人都在这么做，对他们而言想要坚持放弃的决定就会愈加艰难，因为担心会阻挡孩子的前程。

顺应自然

有许多审慎的理由支持应当顺应自然秩序的安排，不去妄想人类是否能够通过因果干预轻易地改进它。当涉及环境时这一论断被证实是确凿的：生态环境是一个整体，它的复杂我们常常并不理解；建设一个新的大坝，或者在某地引进一个新的单一栽培的植物，会打断一些并不可见的关系网，并以一个完全没有预料的方式毁坏了系统的平衡。

人性的道理与此相同。人性中的许多层面，我们认为自己已经理解得透彻至底，或者认为只要有机会就希望能够改变它。但是将天性改造得更为完美并不总是那么简单；演化也许是一个盲目的进程，但是它却遵循一条无情的适应逻辑的铁律，所有的生物必须要适应它们生活的环境。

譬如，谴责人性的暴力与侵略倾向、指责人类在早期嗜戮成狂的欲望导致征服、决斗或其他类似行径，这在今天，是富有政治正确性的。但事实上这些属性之所以存在有其很恰当的演化逻辑。需要理解的是，人性中的好坏面远比人类所能想象的要更为复杂，因为它们如此深入地交织在一起。按照生物学家理查德·亚历山大（Richard Alexander）的说法，在进化史中，人类懂得如何通过合作来实现彼此竞争。[21] 这就是说，促使人类达到深层次社会组织的认知、情感特征等广阔的"人性盔甲"，并不是由对抗自然的生存斗争所催生的，而是来源于人类作为一个群体需要彼此互相竞争。这些让进化史成为一场军备竞赛史，一个群体增加社会合作，会导致另一个群体以相同的方式合作，从而使彼此深陷在永无止境的生存竞赛中。人类的竞争性与合作性在共生的关系中保持均衡，它不仅存在于进化史中，事实也可见于人类社会和个体身边。我们寄望于人类在很多景况下都能和平共处，虽然事实并非如此。但如果这种均衡偏离进攻性或冲突性行为太远，物竞天择中倾向于合作的压力也会自然减弱。没有竞争或侵略的社会是静止和缺少创新的；一个人如果太容易轻信别人，或太具有合作性，那么它在铁血思维的人面前会变得非常脆弱。

家庭也是如此。自柏拉图时代起，哲学家已充分认识到，家庭是实现人类正义的最主要障碍。大部分人都会基于亲戚选择爱他们的家庭和亲友，而不会先对他们的客观价值进行判断。当承担对家人的责任与承担非个人的公共事务的责任两者相冲突时，家庭总是排在第一位。这也是为什么苏格拉底在《理想国》第四部分中论证道，一个充分正义的城市，需要妻子儿女共产化，只有如此，父母才不会知道他们生物学上的后代是谁，也不会因此而偏袒他们。[22] 这也是所有现代法治社会在公共事务中加诸各种形式的规范，以禁止裙带关系及亲缘偏袒的原因所在。

然而，偏爱自己后代到可能失去理智这一自然属性，有其非常强有力的进化逻辑：如果母亲不是如此爱恋她的孩子，还有谁能够倾其资源，物质的或感情的，用以抚养孩子直到成年？其他的一些机制性安排，比如公社和福利机构，运转得并没有如此好，原因就在于它们不是基于自然的情感。更值得关注的是，这里有一个基于自然进程的更深层的正义：它保证每一位小孩都会被爱，即便他不可爱、没有天赋、拥有很多不足。

有些人已经探讨过，即便人类拥有从根本上改变人类性情的技术手段，但我们永远不会想要这样做，因为某种程度上人类本性可以维持人类的连续性。我认为，这一观点极大地低估了人类的野心，并且对过去人们试图超越人类本性的极端手法视而不见。正是因为家庭生活的非理性，所有现实世界中的共产主义体制都将家庭视为政府的潜在敌人。苏联曾经为一位名叫帷维尔·莫洛佐夫的奇异少年举行过庆祝会，这位少年在二十世纪三十年代将自己的父母送进了斯大林的警察局，庆祝会正是意在切断家庭自然而然使人产生的忠诚感。毛泽东时期的中国曾陷入一场反对儒家思想的斗争，这场运动将矛头直指孝悌之道，在二十世纪六十年代"文化大革命"期间使孩子背叛自己的父母。

目前，想要评价这些反对生物技术进展的功利性论点，到底哪一种更有决定性，为时尚早。更多的可能性将取决于这些技术将带来什么样的后果：比如，我们采用了生命延长技术，它是否能够同时维持一段高质量的生活？基因治疗法是否在它被采用二十年后就带来未曾预料的恐怖后果？

重点在于，我们应对自由至上主义者的观点持质疑态度，这种观点认为，只要是由个人而非国家做出的优生学决断，就不再需要担忧可能的悲惨结局。自由市场确实在大部分时候运行得当，但仍然有市场失灵需要政府干预进行纠偏的时刻。负外部性不会简单地自我修正。目前这个节点上，我们并不能预知这些外部性究竟是大是小，但我们却不能以一个僵化的对待市场和个人选择的态度，认为其会自生自灭。

功利主义的局限

尽管在功利主义立场上很容易为支持或反对某件事找到理由，但是所有的功利主义论点在终极意义上有一个巨大的、决定性的缺陷。功利主义者收益清单上的好与坏都是相对可见与直接的，通常可以还原成金钱，或者能够轻易检测到的对人体的伤害。功利主义者很少考量更为微妙的收益和损伤，这些收益和损伤通常难以测量，并且属于灵魂而非肉体层面。以尼古丁为例，这样的药品，我们很容易清晰地断定它对身体的长期损害，导致癌症或肺气肿；但对于百忧解或利他林，它们对人的品格与性情产生影响，这很难估量。

功利主义的框架尤其难以包含必要的道德思考，这会给它带来"只是偏好的一种形式"的评价。比如，芝加哥大学经济学家加里·贝克尔（Gary Becker）认为，犯罪只是一种理性的功利主义计算：一旦从事一项犯罪所带来的收益大于成本，那么罪犯就会这么做。[23]尽管这种成本演算确实是很多犯罪的诱因，但它也可能预示着，在某种极端情形上，一旦代价不那么大，又能逃脱罪名，人们可能也会毒杀自己的孩子。事实却是，绝大多数人从来不会这么做，因为人们实际上认为孩子是无价的，或者说大人感到自己身上所承担的做正确的事情的责任不能简单通约于某种形式的经济价值。换言之，有些事人们倾向于认为是道德不正确的，不管它能带来的功利主义收益有多强。

生物技术也是如此。尽管人们在担忧未曾意想的结局和不可预见的代价，人们心中所隐藏的深层的对于生物技术的忧虑却一点儿也不是功利主义的。终极意义上，毋宁说人们担心的是，生物技术会让人类丧失人性——正是这种根本的特质不因世事斗转星移，支撑我们成为我们、决定我们未来走向何处。更糟糕的是，生物技术改变了人性，但我们却丝毫没有意识到我们失去了多么有价值的东西。也许，我们将站在人类与后人类历史这一巨大分水岭的另一边，但我们却没意识到分水岭业已形成，因为我们再也看不见人性中最为根本的部分。

那么人性中最为根本的、将陷入失去危险中的部分到底是什么？对于有宗教信仰的人来说，它可能与人类生而有之的天赋异禀或灵光乍现息息相关。对于世俗人来说，它涉及人类本性：即人类之所以成其为人类作为一个物种所共享的那些典型特征。而这些恰恰处在生物技术革命的风口浪尖。

人类本性与人权、正义及道德等观念关系密切。这尤其是《独立宣言》的签署者们所推崇的。他们相信自然权利、人权之所以存在，正是由人类本性所赋予。

然而，人权与人性的联系并非如此分明，许多现代哲学家对此进行了犀利的否认，他们认为人类不存在本性，即使存在，关于对错的规则也与本性毫不相关。自从签署《独立宣言》后，"自然权利观"不再受到追捧，更为宽泛的"人权观"取而代之，人权观的起源不再需要依附于本性学说。

我认为，不管是从哲学意义还是从日常的道德推理上，这种去人类本性的权利理念，本质上是错误的。人类本性赋予了我们道德感，滋养了我们生存于世的社交能力，提供了进行复杂的权利、正义与道德等哲学辩论的土壤。由于生物技术的进展而处在危险境地的，绝不仅仅是未来生物技术所引致的成本—收益功利主义计算，而恰恰是人类道德观终极阵地的丧失，这块阵地自人类诞生以来一直生生不息。也许正如尼采所说，人类终将面临超越道德意识的宿命。若果真如此，我们仍然需要接受贸然放弃自然的对错标准所带来的可能后果，并且承认——尼采正是这么做的——这将可能让我们踏上一方我们并不希望拜访的领土。

要想领略这片未知领地，我们就要理解现代社会关于权利的理论，并且了解在现代政治秩序中人性到底扮演了什么角色。

第二部分

人之为人

第7章

人的权利

"神圣不可侵犯"这类词汇让我想起动物权利。谁赐予了狗儿权利呢？权利一词十分危险。我们可谈妇女权利、儿童权利等等其他权利。如果谈及火蜥蜴权、青蛙权，这简直荒唐透顶。

我希望放弃使用"人权"或"神圣不可侵犯"这类词。取而代之，我更愿意谈人类有需求，作为一个社会物种，我们应当尽可能回应人类的这些需求——比如解决温饱、获得教育及保持健康——这正是我们应当运作的方式。用类似神秘主义的方式试图赋予它更高的含义，这是斯蒂芬·斯皮尔伯格（译者注：美国导演）或像他一样的人该做的事。我想说，光圈就是悬挂在高空的普通光圈——虽然这是一句废话。

——詹姆斯·沃森[1]

詹姆斯·沃森是二十世纪标志性的科学家之一，他发现了DNA结构，获得了诺贝尔奖，因而如果沃森不愿意将"权利"这样的字眼，纳入他的专门研究领域基因与分子生物学的话语体系，我们也许可以原谅他。沃森的脾气，以及经常不设防又政治不正确的言论，广为人知。毕竟，他只是一个脚踏实地研究的科学家，并非专门评议政治或社会事务的三流写手。更进一步说，在当前的权利话语中，沃森带着脏话式的观察有一定道理。他的话让人想起功利主义哲学家杰里米·边沁，边沁对法国《人权宣言》的评论十分著名：认为权利乃天生并且不可侵犯，这简直是"踩着高跷说的胡话"。

然而，问题并不会在此处打住，因为最终我们不可能免除对权利的深入探讨，而仅仅谈及人类的需求及利益。权利是自由民主政治秩序的基石，是了解当代道德及伦理议题的钥匙。任何关于人权的深入探讨最终都会落脚到对人类终点或生存目标的理解，而这往往都起源于人性这一概念。也正是在这儿，沃森的领域——生物学，与政治发生了联系，近些年生命科学在了解人性上有了重大发现。许多科学家主张，在科学研究的"实然"与权利的道德及政治话语的"应然"之间竖起分隔的"长城"，这实际上是一种自我逃避。自然科学告诉我们关于人性的知识越多，就会对人权话语体系产生越多影响，保护人权的制度设计与公共政策也因此越加纷繁复杂。这些发现表明，当前的资本主义自由民主制是成功的，因为它基于一种比它的对手更具现实性的人性假设。

权利话语

过去一代，权利"产业"兴旺发达，甚至赶超二十世纪末网络行业的首次公开募股。除了前文所提及的动物权利、妇女权利、儿童权利，还有同性恋权利、残障人士权利、土著人权利、死亡的权利、被告人权利、受害者权利，以及通行的《人权宣言》所提倡的著名的定期休假的权利。美国的《权利法案》清楚明白地列举了一系列美国公民所享有的基本权利。1971年，最高法院因为罗伊诉韦德案（Roe v. Wade），凭空创造了一个新的权利，这一权利基于道格拉斯大法官对堕胎权利的发现，这是一个"灰色权利"

的"显现"，正如早期格列斯伍德诉康涅狄格州一案（Griswold v. Connecticut）让隐私权这一灰色权利显现出来一样。宪法专家罗纳德·德沃金（Ronald Dworkin）在他的专著《生命的自主权》（*Life's Dominion*）中提出了一个更为新颖的观点：既然决定堕胎是一个与宗教信仰一样同等重要的生命决定，那么堕胎的权利就应该像宪法第一修正案保证宗教自由一样受到保护。[2]

当谈到涉及未来基因技术的权利时，情况更为复杂。譬如，生物伦理学家约翰·罗伯森（John Robertson）曾说，个体拥有决定生殖自由的基本权利，这权利包括生殖权和决定不生殖权（因此它包括堕胎权）。但是生殖的权利将不仅局限于通过性交方式（也就是做爱），它同时也适用于其他非性交生殖方式，如体外受精。这样一来，胎儿质量控制就受到了同样的权利保护，因此，基因检测和选择性堕胎，以及选择合适的捐献卵子、精子或胚胎的权利都应当是生殖权的一部分。[3] 也许谈论尚未在技术上可行的基本权利是一件令人奇怪的事情，但这就恰恰是当前权利话语的迷人张力。

罗纳德·德沃金认为，对接受了基因工程重构的人而言，生殖权并不掌握在父母而是科学家手中。他提出了两项伦理个人主义原则，这两项原则是自由社会的基石。第一，通过基因工程繁衍生命应当以成功为目的，而不应当浪费机会；第二，虽说众生平等，但制造生命的这位科学家需要对生命的后续结果负专责。在此基础上，德沃金教授认为，如果说"扮演上帝"这个角色意味着努力改善万世以来上帝精心设计或自然盲目演化的一切，那么伦理个人主义的第一规则对应的就是如何掌控这场努力；第二条原则——虽然尚缺乏基因工程陷入危险的证据——对愿意尝试生命制造的科学家或医生提出禁令。[4]

既然权利是什么、权利从何而来，众说纷纭，疑团重重，为何我们就不依照詹姆斯·沃森的建议，放弃总体性谈论权利，而只是简单地谈论"人类需求"或"人类利益"呢？比起世界上大多数民族，美利坚民族更喜欢将权利与利益混作一谈。通过将个体欲望转化成为不受群体利益控制的权利，这能够增加政治话语的弹性。在美国，如果仅仅以从事色情人员的利益为角度，而不是谈及宪法第一修正案中关于言论自由的基本人权，或者不援引宪法第二修正案中携带武器的神圣自由，这场关于色情与枪械控制的辩论将会少去很多摩门教式的色彩。

权利存在的必要性

那么为什么不干脆放弃法学理论家玛丽·安·格伦顿（Mary Ann Glendon）所谓的总体权利话语体系呢？我们不能这么做，因为不管从理论还是现实角度，权利话语已经成为现代社会谈论人类的终极之善或终极目的时唯一共享、并且达成广泛共同理解的词汇，特别是，这类集体之善或目的正是政治的议题。古典政治哲学家，如柏拉图和亚里士多德，他们不使用权利话语体系——他们谈的是人类之善或人类幸福，以及要达到善与幸福人所必须具备的美德和责任。现代"权利"的用法显得有些狭隘，因为它不能够涵盖古典哲学家所预想的更高一层的人类终极目的的范畴。但它却又更为民主、更为普世、更能够被把握。自美国和法国大革命后，有关权利一词的争斗正是突显这一概念的政治重要性的佐证。"权利"一词暗喻着某种价值判断（它预设了这个问题：什么才是需要去做的正确的事情），同时，它也是我们深入探讨正义的自然属性及甚为关键的人性的终极意义的门户。

沃森实际上在提倡一种功利主义的路径，遵循他的建议，我们只要简单地试图去满足人类的需求与利益就好，人类权利可以绝口不谈。但这很容易陷入一种功利主义的窠臼：当人类相互之间的需求与利益发生冲突时，到底何者为先，如何才能做到正义？假如一位深富影响力及相当重要的团体领袖因为长期酗酒需要移植新的肝脏；而我是一名正在公共医院接受治疗的穷困潦倒、病入膏肓的病人，我需要医院的生命补给才能活下去，但是我的肝脏功能正常。这种情况下，任何简单的功利主义计算会试图将人类需求的满足最大化，会强制让我在非自愿的情况下移除医院的生命补给，从而使我的肝脏能够移植给那位重要的领导或者其余需要它的人。然而任何民主社会都不会允许这一切发生，因为民主社会有这样的理念：即使是最无助的人，他仍有权利保证，除非自愿，否则他的生命权不能被强行夺取，不管如此做将有多少重要的人类需求会因此得到满足。

我们再来看看另一个案例，它会让人少一些愉悦的沉思，但却能用示例说明功利主义的局限。当今的食物链有一个不那么提振食欲的侧面——食物的重新加工合成——它通常被隐藏在消费者的视线之外。所有我们所食用的牛肉、鸡肉、猪肉、山羊肉等肉类，都经过屠宰，然后加工成为汉堡包、烧烤类食品、鸡肉三明治等等形式。一旦可食用的部分被处理完毕，每年都会剩下大量的动物残骸、堆积如山的动物器官需要处理掉。因此，现代加工合成工业开始处理这批动物残骸，或切或碎，最终将它们转化成为可进一步使用的产品，如燃油、骨粉，或者可以重新喂养动物的食品。换言之，我们逼使奶牛或其他动物食用同类。*

站在功利主义的立场，假使逝者同意，为何不能将人类的尸骨重新加工合成，转换成可供喂养动物，或其他更有用处的产品呢？

---

* 据说，疯牛病就是通过这种方式传染的：由于受病毒感染的动物大脑中有一种类似蛋白的朊蛋白，它在后期加工时未被有效摧毁而是残存在动物食料中，又重新被喂养给健康的动物。

为什么人们在同意捐赠遗体供科学研究之外，不能同样地出让遗体进而加工成食品？也许有人会说，在功利主义者看来，年老体弱长者的遗体可使用的经济价值并不高。但是比起将其永久埋藏于坟墓中，可以有更加有经济效应的处理方法。一定会有一些贫困的家庭急需钱财，而愿意出售在城市枪战中不幸亡故的兄长或父亲的遗体。照此逻辑，以下这些情况就难以说通：士兵为什么需要在战场上冒着生命危险去寻找倒下的战友的遗体？为什么家里人会错失为正要逝去的孩子或兄弟修复身体机能的宝贵资源？

我们不愿意考虑人体后期加工合成这样的备选项的原因——仅仅表达这样的可能性都会立即引起人的反感——牵涉到詹姆斯·沃森不愿提及的话语，那就是人体"神圣不可侵犯"和人的"尊严"。也就是说，我们赋予了逝者残骸一种超乎寻常的非经济的价值，这些遗骸需要被有尊严地对待，它们不是牛的尸骨，而是人类的遗留。功利主义者也许可以回敬质疑：所谓的恶心感或尊严感都只是计算功利得失时所产生的痛苦或愉悦罢了。然而这样的质疑却回避了更进一步的疑问：为什么人类——以一种只有人类才有的方式——愿意在彼此身上投入特殊的情感，这种情感甚至延展到已经失去生命迹象的亲友和爱人身上。

权利之所以超越利益正是因为它被赋予了更高层面的道德意义。利益可替代，并可以在市场上自由交换。而权利却很少是绝对或不具弹性的，因为很难对它赋予经济的价值。也许我对进行一个为期两周的度假饶有兴致，但是我却不能将此置于另一个人的权利之上，别人有权不被当奴隶使，有权不替别人干活。一名奴隶获取自由的权利绝不仅仅是这名奴隶的重要利益，公正的第三方可能会这样表述：奴役的前提条件就是不公平的，因为它冒犯了奴隶作为一个人的尊严。某种意义上，比起我希望愉悦度假的个人利益，奴隶的自由权是他作为人的更为基础和根本的权利，即便我本人比奴隶更为积极热心地希望维护我的利益。

　　政治体系将某些权利奉若圭臬，它因而反映了它所运行社会的道德基础。美利坚合众国建立在《独立宣言》的基础之上，它的立国原则是：众生平等，造物主赋予每个人不可被异化的权利。正是基于这个原则，亚伯拉罕·林肯认为，奴隶制侵犯了基本人权，有必要通过一场流血的内战去推翻它。这场战争为《奴隶解放宣言》的颁布及宪法第十四修正案的通过铺平了道路，这些纠正了现实与宪法的严重不一致，并为后来的美国式民主打下了基础。

　　既然权利将人类的终极目的或人类之善置于优先的位置，并且将某些东西置于其他东西之上作为正义的基石，那么权利到底从何而来？由于每个人都想将其相对利益优先于其他人，因此权利的边界总是在不断扩大。那么在有关权利话语的诸多杂音中，我们如何确定什么是真正的权利，而什么又在滥竽充数？

　　原则上，权利起源于三个可能的途径：君权神授、天赋人权，以及根植于法律和社会规范而产生的当代实证主义权利。换言之，权利分别来源于上帝、自然及人类自身。

　　从天启教（译按：指受启于上帝的宗教，如基督教、犹太教）而来的权利并不是当今任何自由民主体制政治权利的共识根基。约翰·洛克在《政府论》下篇中开宗明义地批判了罗伯特·菲尔麦及其君权神授学说；现代自由主义的核心就是要驱逐宗教作为政治秩序的显性基石。这一论断来源于实证的观察：基于宗教形成的政治实体总是处在针对彼此的战争中，因为永远无法在宗教基本原理上达成充分共识。霍布斯所描述的国家的自然状态"人人相互为敌的战争"，背景正是他所处时代的宗派冲突。尽管如此，自由社会中的个人还是倾向于相信人是由上帝按照自己的模样塑造的，所有的基本人权都来自上帝。这样的观点在上升为政治权利时会面临重重困境，比如在堕胎争议中所显现的。他们会陷入洛克早已意识到的困境：但凡涉及宗教，人们总是很难达成政治共识。

权利的第二个来源是本性，更为精确的表述是，人类本性。尽管杰斐逊在《独立宣言》中援引了造物主，然而他却和洛克、霍布斯一样笃信权利需要基于一种人性理论。像平等这样的政治原则需要建立在实证观察人性的"自然状态"是如何的基础之上。奴隶制的实践在原则上与人类本性相违背，因而是不正义的。

自十八世纪始直到今天，认为人权根植于人类本性的理念不断受到猛烈的抨击。这些抨击都聚集在自然主义谬误的名号之下，自然主义谬误的理论起源于大卫·休谟，二十世纪被分析哲学派继承衣钵，代表人物有摩尔（G. E. Moore）、黑尔（R. M. Hare）等。[5] 这一理论在盎格鲁撒克逊世界大受欢迎。自然主义谬误的论点认为，自然不可能为权利、道德和伦理提供哲思上可证明其正当性的基础。[6]

因为当前学术界占主导地位的哲学派别相信任何将权利归结于本性的企图早已被无情揭穿，自然科学家为保护他们的成果免遭陷入第 2 章所列举的苦涩的政治牵连，选用自然主义谬误充当盾牌，这也变得易于理解。大多数自然科学家既非漠不关心政治的人，又非正统的自由主义者，对他们而言，激起自然主义谬误的讨论易如反掌。他们认为，正如保罗·埃利希（Paul Ehrlich）近期在他的专著《人类本性》（*Human Natures*）[7] 中所说，人类本性绝没有给我们任何指引用以探寻什么是应当的人类价值。

但我认为，目前通行的对自然主义谬误的理解本身就是存在谬误的，我们急需回到前康德时代的哲学传统，将权利与道德根植于本性之上。但在我充分展开讨论并解释为什么对自然权利的忽视是误入歧途前，我们需要先看看权利的第三个来源，它通常被称为实证哲学。这第三个来源——通过实证式道路寻求权利的不足，促使自然权利这一概念复苏成为必然。

　　定位权利来源的最简单的方式就是四处张望并找出社会本身将哪些东西视为权利，这些权利可能通过基本法或宣言的方式予以确定。大赦国际的执行董事威廉·舒尔茨（William F. Schultz）曾评议道，当前的人权倡议已经放弃天赋人权或人权基于自然法这一理念很长一段时间了。[8] 相反，舒尔茨认为，人权指的就是人的权利、属于人类的权利，它指的是人类能够拥有或宣称拥有的东西。换句话说，人权指的是人类认为自己是谁。

　　如果将舒尔茨的言论作为进行《世界人权宣言》谈判的政治策略，他是对的，权利就是任何能够让人们同意自己是谁的东西，而人们永远无法在自然权利上达成共识。随后经过一系列程序的提炼，它能确保实证性的权利恰好反映了宣称拥有它的社会的意志。比如，《权利法案》的批准需要绝大多数人同意（美国宪法即是这么要求的）。对言论自由和宗教信仰自由的第一修正案也许是、但也许不是由自然决定的，但它们是通过宪法的程序得到批准的。这种方式意味着，权利可能本质上等同于程序：如果你能够想方设法让大多数人同意在街上衣不蔽体行走是一种权利，那么它就有可能与集会自由权、言论自由权一样成为基本的人权。

　　那么，通过纯粹的实证主义路径追溯权利来源的错误在哪儿呢？问题就在于，如很多人权倡议者在实践中而非理论上所获知的，其实没有普世的实证性权利。当西方人权组织批评某国政府关押持不同政见者时，该国政府回应，对该国社会而言，集体的社会的权利远比个人权利重要。西方组织对个体政治权利的强调并非一个举世意愿的表达，更多是反映了西方价值中（或者是基督徒）的人权组织对权利的定见。西方人权倡议人士也许会反驳，认为某国政府并没有遵循正确的程序，因为到目前为止它并没有用民主的方式向其民众咨商。但如果本就不存在衡量政治行为的普世性标准，谁又能确定什么是正确的程序呢？当遇上一个文化迥异的社会，虽然遵循了恰当的程序，但事实上却在推动一些可怕的举动，例如妻为夫殉葬、奴隶制或女性割礼，不知道像威廉·舒尔茨这样的人权运动的倡导者、权利来源的实证主义路径的拥趸会如何解释。这个问题的答案是无解。因为从一开始，只要这个社会认定一种权利，就已经不存在超越性的标准，能够界定什么是对什么是错。

为何自然主义谬误存在谬误

文化相对主义带来的疑惑促使我们重新思考，是否在放弃将人类本性作为人权的一个来源时过于轻率，毕竟存在一个由全世界人共享的单一的人类本性，至少可以从理论上，为我们提供普世性人权的共同根据。当代西方思想对自然主义的谬误深信不疑，这意味着重提天赋人权的观点举步维艰。

认为人权不能根植于本性的论点主要基于两个互有区别却又彼此相关的论点。第一个论点可追溯至英国经验主义学派的创始人大卫·休谟，人们认为休谟证实了永远不可能一劳永逸地从"实然"推演出"应然"。以下是休谟《人性论》的节选：

> 在我迄今为止所遇上的所有道德体系中，我一向注意到，（道德体系的）创造者在一段时间内是用一般性方法推理，确立一个上帝的存在，或者评论人世百态；但剎然间我会惊奇地发现，我所遇到的不再是命题中通常的"是"与"不是"等联系词，而是没有一个命题不是由一个"应该"或一个"不应该"联系起来的。这个转变是极其微妙的，然而却带来了最终的影响。因为这个新的"应该"或"不应该"表达了某种新的关系或判定，因此有必要对之加以论述和解释；同时对于这种看起来让人难以置信的事情，这层新的关系是如何从完全不同的另外一些关

系中推演出来的，需要举出理由加以说明。[9]

　　人们通常认为，休谟确立了这一言论：道德责任无法从对人的本性或自然世界的经验式观察中获得。当科学家声称他们的工作没有政治或政策的指向时，他们常常引用休谟式的实然—应然这一二分法：虽然人从基因上倾向于用人类作为物种的专属方式行动，但这不意味着他们应当使用这种方式行动。道德责任是远离于自然世界之外的、另一些尚不清晰且没有严格界定的领域。

　　自然主义谬误的第二种派别认为，即便我们能够从实然中推理出应然，这个实然也通常是丑陋的、无关道德的，或者事实上不道德的。人类学家罗宾·福克斯（Robin Fox）曾说，近些年生物学家在了解人性上有了更多的认识，但这并不是一件值得欣快的事，而且它对作为人权的基石几乎毫无作用。[10] 比如，进化生物学提出了亲戚选择理论、包容适应性理论，这些理论都认为人类会根据共享基因的比例而更偏爱于共享基因的亲戚，以此来确保自己生殖适应能力的最大化。在福克斯看来，这一观点有着以下的蕴涵：

　　　　根据亲戚选择理论，我们完全可以这样合理地论证，人存一种自然或人为的复仇的权利。假如我的侄子或孙子被人杀害，杀人者剥夺了我一部分的包容适应性——也就是，影响了我的个人基因库的强度。为了弥补这种失衡……按理说，我也可以有让他招致同样损失的权利……但这一复仇的系统远没有补偿系统有效，在补偿系统中我可以让杀人犯的女亲友们怀上我的孩子，因此迫使他抚养一名携带我基因的人直到成年。[11]

　　为了能够重建有利于自然权利的论据，我们需要逐一细看上述的论点，首先从实然—应然的分界开始。四十年前，哲学家阿

拉斯代尔·麦金泰尔（Alasdair MacIntyre）就曾指出，休谟本人
既不相信，也没有遵守归因于由他所创立的法则，即一个人不能从
应然推演出实然。[12] 至多，《人性论》中最为著名的一段话是这样
描述的，一个人不能够以一种逻辑的先天的方式从经验事实中演绎
出道德法则。然而，正如自柏拉图、亚里士多德起的每一位西方传
统哲学大家[13]，休谟相信能够将应然与实然连接的是人类自我所设
定的目标和生存目的，诸如想往、需要、欲望、愉悦、幸福等观念。
麦金泰尔举了一个例子用以解释两者如何从一个推演到另一个："如
果我刺了史密斯一刀，我会被送进监狱；但如果我不想进监狱，那
么我应当不要（最好不要）刺史密斯那一刀。"

　　人类有无穷无尽的向往、需要及欲望，因而也能够带来同样无
穷无尽的"应当"。功利主义通过试图满足人类需求而创造了道德
的"应然"，为何我们不止步于功利主义？以各种形态展现的功利
主义的弊端并不在于桥接"应然"与"实然"的方法：许多功利主
义者将他们的道德原则基于显明的人性理论之上。功利主义的弊端
恰恰在其激进的还原主义——也就是，功利主义者采用了一种过分
简化的人性观。[14] 杰里米·边沁试图将所有人类的动机还原为追求
愉悦和逃避痛苦。[15] 当谈到正向或负向强化时，许多现代功利主义
者，如斯金纳（B. F. Skinner）及行为主义者也抱持着类似的观念。
现代新古典经济学首先从人性谈起，一开始就将人置于理性的利益
最大化者的位置。经济学家公开否认将人的期望效用分为不同类别，
或将某些期望效用优先；事实上，经济学家通常将人类活动化约为
对期望效用的追求，不论这人是华尔街投资银行家还是帮助穷人的
特雷莎修女，所谓期望效用，也就是无法辨认的消费者偏好。*

　　在功利主义伦理的还原战略下潜藏着优雅的简约性，这也正是

---

* 在特雷莎修女一例中，期望效用是指某种形式的心理满足。

其充满魅力的原因。它许诺说伦理可以转换得像科学一样，在追求最优化的过程中有清晰可辨的法则。问题却在于，人性太过于复杂，远不能简单还原分类为"痛苦"或"愉悦"。某些痛苦或愉悦可能更为深层、更为猛烈、更为持久。阅读一本毫无价值的低俗小说所得到的快感，远远不同于有了生活经历后再去读《战争与和平》及《包法利夫人》得到的愉悦。某些愉悦可能会让人陷入矛盾的挣扎：瘾君子既渴望通过康复治疗过上不再依赖毒品的生活，但同时他又期待扎上下一针毒品。

通过经验事实，我们会清晰地了解，只有承认人类的价值观念与情感或知觉紧密相连，人们才真正地在"实然"与"应然"间实现连接。由此而产生的应然至少像人类的情感体系一样复杂。当人们做出"好"或"坏"的价值判断时，它很少没有伴随着强烈的情感，不论这情感是渴望、期盼、回避、恶心、愤怒、内疚或喜悦。有些情感可能包含功利主义者所说的简单的痛苦或愉悦，但其他可能折射出更为复杂的社会感知，比如，渴望获取地位或承认，为自我的能力或正义感而骄傲，为触犯了社会规范或禁令而羞愧。当我们发掘出一具被专制独裁者所虐待的政治犯遗体时，我们认为这是邪恶并且可怕的，因为我们正产生一系列复杂的情绪：对残缺不全遗体的恐惧，对受害者苦难、其家人或亲友的同情，对不正义的虐杀的愤怒。我们可以通过对特定情况的理性思考调节这些情绪判断：也许受害者是有武器装备的恐怖集团的一分子；也许反暴乱行动要求政府采取镇压性举措因而造成无辜伤亡。但是，从根本上说，价值形成的过程是非理性的，因为它来自情绪事实存在的"实然"。

按照定义，所有的情绪都是一个人的主观经历；当不同情绪彼此冲突时我们如何才能建立一个有关价值的客观理论？也正是在这一点上，西方传统哲学对人性的解说进入了画面。前康德时代的几乎每一位哲学家或隐晦或明晰地有一套关于人性的理论，这些理论认为，比起其他来，特定的向往、需要、情绪和感知对人类要更为根本。也许我想要一个两周的假期，但是你希望摆脱奴隶制的渴望却是基于一个更为普世的、更为深刻的对自由的憧憬之上，因而它超越了我的想往。霍布斯断定，基本的生命权（也就是《独立宣言》中奉为神圣的生命权的前身）基于非常明晰的人性理论基础，对暴力死亡的恐惧是人类最强烈的情感之一，对比于宗教正统性，基本生命权是更为重要的基本人权。很大程度上，对谋杀犯的道德谴责是由于人们对死亡的恐惧，这恐惧是人性的一部分，在不同的人群中并没有本质的区别。

　　哲学上对人性最早的解释之一来自柏拉图《理想国》一书中的苏格拉底。苏格拉底认为灵魂由三部分组成：欲望、激情（或曰骄傲）、理性。这三部分不能彼此还原，在许多方面也不可通约：我的爱欲，或者欲望也许告诉我不要听命于上级、赶紧从战场上潜逃回家，但我的激情（或骄傲）却让我因惧怕羞耻而纹丝不动。对正义的不同定义会偏好灵魂的不同面向（比如，民主更偏向于欲望面向，而贵族统治则更偏向于激情面向），最好的城邦却能同时满足三者。因为灵魂三个面向的复杂性，即便最为正义的城市也要求灵魂的某一部分不能够全然得到满足（比如著名的共产主义社会的共妻共子，它要求人放弃家庭），所有现实世界的政治体系都只能无限接近于正义。然而正义仍然是一个很有意义的概念，它的合理性来源于诱发它的三个心理潜质的合理性（许多观点粗鄙的当代评论家耻笑柏拉图将灵魂一分为三的简易心理学，根本没有意识到二十世纪的许多思想流派，包括弗洛伊德主义、行为主义、功利主义，它们则思考得更为简单，把灵魂仅仅归于欲望这一个因素，在其中，理性不过是一个工具性的角色，激情在整幅画面中根本不存在）。

　　西方哲学传统的断裂并不是由于休谟，而是由于卢梭，特别是由于康德。[16] 像霍布斯和洛克一样，卢梭试图通过自然状态去描述人的特征，但在《第二篇论文》（编按：即《论人类不平等的起源和基础》）中，卢梭认为人是可以渐臻完美的——也就是说，随着时间推移，人可以逐渐有能力改变自己的本性。可臻完美性为康德的本体世界论理下了思想的种子，康德的本体世界是不再受自然的因果关系限制的世界，它为绝对命令提供了根据，并且从自然概念中整个剥离了道德。康德认为，我们需要认识到真正的道德选择及自由意志存在的可能性。根据定义，道德行为可以不是自然欲望或本能的产物，而是在单一理性决定"什么是对的"的前提下对自然欲望的一种反制。康德的《道德形而上学基础》的著名开篇说道：世界没有任何事物——事实上，甚至在这个世界之外没有任何事物——能无条件地被认为是善的事物，除了善的意志。[17] 所有人类的特征或期盼的目标，从智力和勇气到财富和权力，只有在与拥有它们的善的意志相应时才被认为是善的；只有善的意志本身才是值得向往的。康德认为，作为道德主体，人是本体，或是自在之物，因而需要被当成目标而不是手段。

许多观察人士已经指出，康德的伦理学与新教教义所表达的人性观存在相似性，新教教义是无可挽回的有罪论，道德行为需要超越或压制所有自然欲望。[18] 亚里士多德和中世纪的托马斯主义伦理学传统认为美德是在自然基础之上建立或延伸的，自然的愉快感与道德正确间并不必然存在冲突。在康德的伦理学中，我们看到了这样观点的开端，善就是用意志克服自然。

其后许多的西方哲学都遵循康德的路径，走向所谓的权利义务论，这种理论试图引导出一套不再基于人性或人类生存目标等任何实体论之上的伦理体系。康德认为，他的道德法则适用于任何理性的主体，即使这主体不是人类；社会事实上是由"理性的魔鬼"所组成的。康德之后，其后的义务论都始于这样一个前提：不管是从

人性或其他来源推理，这世上并不存在任何关于人类生存目的的实
体论。

例如，对约翰·罗尔斯（John Rawls）而言，在自由的状态下，"生
存目的的体系不是根据价值高低来排序的"[19]；个体的"生命蓝图"
可根据理性的高低来进行分别，而不是他们设定目标或生存目的时
所处的自然状态。[20] 这些观点已大量在有关《美国宪法》的思想中
得到表达。后罗尔斯主义法学理论家，比如罗纳德·德沃金及布鲁
斯·阿克曼（Bruce Ackerman），他们一面试图定义自由社会的规
则，一面又试图回避在种种生存目标——用更为现代的语言表达则
是各种可能的生活方式——间列出优先性。[21] 德沃金认为，自由状
态"必须在……善的生活这一议题上……保持中立……政治决定，
只要可能，就需要独立于任何善的生活的概念，或者独立于给予生
活价值的理念"。阿克曼则认为："任何社会安排都不能被证明是合
理的，如果它要求 1）当权者认定他关于'什么是善'的理念优于
其他追随者的理念；2）或者，不管他关于'什么是善'的理念为何，
他本质地认为自己优于一个或其他所有公民。"[22]

我认为这场偏离人性权利观的大转向有诸多瑕疵。权利义务
论最为鲜明的缺点可能在于，几乎每一位哲学家都试图铺展开一个
框架，最后却都以重新将关于人性的各种假设放入其理论体系中而
终结。唯一的区别是，他们在静悄悄地或不诚实地，而非像从柏拉
图到休谟的早期哲学传统那般光明正大地那么做。威廉·高尔斯顿
（William Galston）指出，康德自己在《道德形而上学基础》中指
出，一个团体不能加诸其自身宗教性的机制，认为某一特定的宗教教
条是永久性的。因为如此"会与人类的既定目标或生存目的相违背"。
那么人类的生存目的是什么？是去发展作为个体的理性，免于蒙昧
主义的偏见。康德的这个论断已经做出了几条关于人性的强有力的
假定：人是理性的动物，人从使用理性中受益并乐于使用理性，人

的理性会随着时间不断得到拓展。后一条假定暗示了教育的必须性，这意味着公民在选择教条愚昧还是接受教育的问题上不处于中立状态。

当代的康德主义者约翰·罗尔斯也是如此。他的正义论明确表示回避探讨人性，基于所谓的原初状态，罗尔斯试图寻找一系列最小的能适用于所有理性主体的道德法则。这也就是说，虽然不知道自己在社会中所处的位置，我们却被迫"在无知之幕背后"去选择公正分配的法则。正如罗尔斯的批判者所指出的，原初状态，以及罗尔斯所得出的政治意涵，包含了无数关于人性的假定，特别是他关于人都倾向于规避风险的假定。[23] 他假定，由于害怕自己属于社会阶梯的底层，人们都会选择对资源进行平等主义的分配法则。但事实上，很多人更偏爱等级制社会，甘愿冒着陷入社会底层的风险博取处于高位的一线机会。更甚者，罗尔斯在《正义论》中花了大量的时间详细解释人类建立最佳规划的时机，至少在其中罗尔斯认定人是有目的性的、理性的动物，能够制定长远的目标。他经常诉诸事实上有关人性的观察，比如以下这段话：

> 最基本的理念是一种互惠性，一种以同样的方式回馈的趋势。现在这种趋势成为人们深刻的心理现实。如果没有它，我们的本性会完全不同；如果不是完全没有可能，成果硕然的社会合作也会变得脆弱……拥有不同心理的人类要么就从来没有存在过，要么在进化过程中会迅速消失。[24]

认为互惠性既是早已在基因中设定的人类心理的一部分，同时又是人类作为物种存活下来的必须，这种观念对于作为一种伦理行为的互惠性的道德地位有极端重要的影响。

罗纳德·德沃金有过类似的论断："任何人类生命，一旦开始，最好成功而不是失败——也就是说生命的潜能被充分认识到而不是浪费掉，这在客观上非常重要。"[25] 这一简单的遭词造句与人性的假定联系在一起：每一个个体生命都有独一无二、与生俱来的潜能；不管这潜能是什么，它需要时间去渐渐发掘；潜能需要人通过努力和远见去培育；从个体或是更大的社会的角度，每个人都有偏好或选择，并可根据潜能来确定哪一些选择并不令人满意。一个真正的义务论者会有这样的判定：如果社会上的大多数人，花前半段的生命努力挣钱，后半段的生命沉溺于海洛因的麻痹中，他们在这过程中没有触犯任何规则，这是可行的；在这儿，没有任何有关人性的实体论或者有关于善的实体论能够分辨，一个人是在积极地通过教育手段或参与社会来提升自己，还是染上毒瘾。很明显，不管是罗尔斯还是德沃金都不会认同此理，这就意味着他们无法逃脱对什么是天然对人最好的这个议题做出特定的判断。

隐晦或秘而不宣地对人性进行理论化思考是最好的重塑人性重要性的方式，它体现在生物伦理学家约翰·罗伯森的著作中。早前已经介绍，罗伯森设想了"生殖自由权"的存在，因而人被赋予了对其后代进行基因改造的权利。那么生殖自由权到底从何而来？《权利法案》中并不能找到根据。让人惊奇的，罗伯森并没将这一权利的来源建立在实证法之上，比如援引格列斯伍德诉康涅狄格州一案或罗伊案中的隐私权和堕胎权，他对生殖自由权的发明是简单地基于以下的根据之上：

> 实际应用产生冲突时，生殖自由权应当享有假定的首要地位，因为对一个人是否能够生育的控制对人性、尊严及生活的意义至关重要。例如，对避免生育的能力的剥夺从根本意义上决定了一个人的自我定位。它会直接或根本性地影响女性的身体状况。它也会极端重要地影响一个人的心理和社会认同，以

及社会与道德责任感。这些随之而来的负担对女性尤其繁重，但它也会对男性产生显著影响。

　　另一方面，对一个人生殖权利的剥夺使其丧失了一种人生体验，这一体验对形成个人的认同及生活的意义十分关键。尽管生殖的欲望某种程度上是社会建构的产物，然而在最基本的层面上，通过生育传递一个人的基因是与性欲紧密相关的动物或物种的迫切需要。生育将我们与自然及未来的后代相连，在面临死亡时给予我们慰藉。[26]

这样的字眼"对个人认同十分重要"、"在最基本层面上的自我定位"，以及提及身体会受到"直接或根本性的影响"，所有这些都暗含着对人类欲望及生存目的进行了优先排序。他们制造了这样的情形：对于大多数中间人群或普通人而言，与生育相连的种种生存目的构成了基本人权，它们在某种意义上比其他的目标更为重要。并非所有人都对生育的决定有强烈的感受——对某些人来说，他们根本不想生育，或者对某些人来说，选择生育不是一件大事。但普罗大众确实在意这类事情。事实上，罗伯森公然地诉诸本性，认为"通过生殖传递基因是一种动物或种群的本能"。有人曾试图重新解释休谟：人们会惊讶地发现部分义务论学者一个十分微妙的转变，这个转变将"应该"与"不应该"转变成了"是"与"不是"，然而他们应是所有人中最忌讳将"应然"修筑于人类的典型"实然"需要之上的人。

　　现代的权利义务论还有其他缺陷。因为缺少有关人性的实质性理论以及构筑人类终极目的的其他方式，义务论以将个人道德自主性提升至人类至善的方式作为终结。他们给个体提供了如下的议价空间：在自由国家里，哲学家或社会都不会告诉你将如何生活，而是让你自己进行抉择；其中一件会做的事情，是建立某些程序性条规，确保你所选择的生活计划不会干扰到与你一起生活于其间的其他公民的生活计划。这也解释了这条路径广受欢迎的原因：没有人希望自己的生活计划被质疑或被诋毁。进行选择的权利，而不是内生的有意义的生活蓝图，这是义务论唯一一以贯之维护的事情。正如1992年凯西诉计划生育组织一案（Casey v. Planned Parenthood），最高法院决定所体现的主流观点所言，"自由的核心就是有权利决定自己定义的存在方式、生活意义、世界观，以及生活的神秘之处"。[27]

当前的文化主流都支持道德自主权是最重要的人权。这一观念的起源是康德关于人是本体及人是能够拥有道德自由的自在之物的理念。自尼采以降出现了这样的观点，认为人是红脸颊的野兽——这野兽也是价值的创造者，他能够创造出"善"与"恶"的语言，并通过在他生活的世界实践"善""恶"，而使得这价值成为事实的存在。从这儿，它向当前的民主社会的价值话语体系迈出了一小步。在现代的民主社会中，人能够自由地组建自己的价值观，不必在意它们是否在一个更大的团体内被他人广泛共享。[28]

尽管选择自己生活蓝图的自由确实是一件好事，但仍然有足够的理由来质疑，人们现在所理解的道德自由是否对大多数人而言是一件好事，更别说那唯一最重要的人类之善。被认为赋予我们尊严的道德自主权，传统说来，指的是对更高一层的道德规则或接受或拒绝的自由，而不是指首先形成某些价值观的自由。对康德而言，道德自主性并不意味着自由地跟随你的个人倾向，而是遵从实践理性的先天规则。这个先天规则迫使人们既遵照个人欲想又听从内心倾向混合性地做出决断。而恰恰相反，当前对个人自主性的理解却鲜有提供方法，让人分辨出真正的道德选择及等同于追逐个人倾向、偏好、欲念及感激的那些选择。

即便我们表面认同个人选择构成道德自主权的论断，对所有其他人类事物做出不受限制的选择，这一能力的优先重要性并非不证自明。也许有人会偏好藐视权威与习俗、打破常规的生活蓝图；但其他的生活图景也许仅仅只有通过与他人相连才能够实现，而为了社会合作或群体团结之故，这就要求对个人的自主性做出限制。一个看似可行的生活计划可能限定你住在一个拥有传统宗教信仰的社区（比如门诺会，或正统犹太教），这些群体会试图限制社区成员的个人自由。另一些生活计划可能需要住在紧密团结的种族群体中，或是需要过一种共和式美德的生活，一切个人主义都要让位于军营式生活。基于义务原则的伦理学并非真正意义上的中立，比起同样令人满足的社群式生活，它更倾向于支持自由社会中盛行的个人主义的生活方式。

由于进化，人类被紧紧联结在一起，成为社会性的存在，人们总是试图将自己置于一系列的社群关系中。* 价值并非任意建构的，而是起到让共同行动成为可能的重要作用。当价值与规范被共享时，人类也感到深深的愉悦。唯我论价值观的持有者会为自己的行为辩护，但却导致一个重度功能失调的社会，人们完全没法为了共同的目的进行合作。

那么，自然主义谬误论点的另一支点怎么样？它认为即便权利可能起始于人性，但人性是暴力的、进攻性的、残忍的，甚至是冷漠的。最低程度说来，人性指向了一个矛盾的方位，即竞争与合作并存、个人主义与社交倾向共立；如此一来，任何"自然"的行为怎么能够成为自然权利的基石呢？

我认为，答案如下：尽管没有将人性转化为人权的简易方式，这两者中间的通道最终由关于人类生存目的的理性探讨——也就是

---

*　这一观点将在下一章更为全面地进行诠释。

哲学——来调和。这个讨论并不会导向先天存在或数学上可证明的真理；事实上，它允许我们开始建立一套有关权利的等级体系，同样重要的，让我们能够排除某些特定的权利难题的解决方式，这些解决方式曾经在人类历史上相当地富有政治影响力。

以人类倾向于暴力和进攻性为例，很少有人会否认某种程度上根植于人类的本性。几乎没有社会能够幸免于谋杀，或未曾经历某种形式的武装冲突。但我们首先注意到的是，随机发生的、针对群体内其他成员的暴力，在任何已知的人类文明群体中都是被禁止的：谋杀普遍存在，但禁止谋杀的法条或社会规范也普遍存在。对人类的灵长类表亲也是如此：一群猩猩偶尔会遭遇某只年轻雄性猩猩的暴力攻击，正如科隆比纳高中枪击事件，它是偶发的、边缘性的，或者试图引起重视的。[29] 但是社群里的长者总会采取措施控制或消除那个人的影响，因为团体的秩序不能容忍此类的暴力事件。

灵长类暴力事件，包括人类的冲突，在更高一级的社会层面上可能成为合法——也就是，当自我团体与他者团体存在竞争的时候。战士被致以崇高的尊重与敬意，而这些枪击犯不会。霍布斯所说的"人人相互为敌的战争"实际上是"一切团体相互为敌的战争"。在进化史上（有大量的证据表明，人类的认知能力是由这些团体导向的竞争性需求所塑造的 [30]），或是人类历史中 [31]，团体内的社会秩序都是由与他者团体进行竞争时的需求所推动的。从非人类的灵长动物，到狩猎采集社会，再到当前的种族与宗派冲突的参与者，这中间有一条可悲的连续线，（主要）以男性作为纽带的群体，会为了支配权而与彼此竞争。[32]

这些可能被用来当做自然主义谬误的呈堂证供，故事到此可戛然而止，但事实是，人性包罗万象，可不仅仅是以男性为主导的暴力冲突。人性还包括种种欲望，亚当·斯密称之为收获、对生活有益的财产与物品的累积，还有，理性、预见未来的能力，以及从长计议优先事项的理性排序能力。当两个团体发生冲撞，它们面临这样一个选择：加入一场暴力的、零和的争夺支配权的争斗，还是建立一场平心静气的、正和的交易与对换关系。随着时间的推移，后一种选择的逻辑（罗伯特·莱特 [Robert Wright] 称之为非零和博弈 [33]）会驱使自我团体的边界扩展到一个更大的信任群体：从小的亲缘群体到部落或世系，到民族，到国家，到广阔的种族—语言共同体，到塞缪尔·亨廷顿所谓的文明——一种共享价值体系的共同体，它覆盖许多的民族国家，以及成千上万（如果不是数以十亿计）的人口。

在更大的群体的边界仍然可能存在相当数量的冲突，这些冲突因为军事科技的与时俱进而更显严峻。但是人类历史上存在这样一种逻辑，它最终是由人类本性中固有的欲望、偏好和行为所形成的优先顺序所驱动的。过去十万年间，人类的冲突已经逐渐得到控制，并且被推到了更大团体的边界地带。全球化——一种人类最大范围的自我群体的塑造，使人类不再为了支配权而发生暴力冲突，而是和平地交易——这些都可以被看做是长时期采用正向竞争决定而带来的逻辑顶点。

换言之，冲突也许来自人的本性，但人同时也有控制和引导冲突的本能。这些自相矛盾的本性趋向并不等价，在优先顺序上也排位不同；人类理性思考所处的现状，就能明白需要创立规则和机制，用以限制暴力冲突，实现人类生存目的，例如积累财产与收益的欲望，甚至更为根本的一些人类想往。

人类本性同样为我们提供指引，什么样的政治秩序是不合理的。对当前进化理论的正确理解，如亲戚选择进化论、包容适应性，能够帮助我们预测共产主义的破产和最终失败，因为它没有能够尊重人类偏爱亲戚与私有财产的自然偏好。

卡尔·马克思力证人是一种"类存在"：意即，人有利他主义的感知，倾向于将人类看作一个整体。现实共产主义国家的政策与机构设置，如废除私有财产、淡化家庭观念、将国家置于重要的位置、对全体工人团结的忠心不二，都体现了这一信仰。

曾经有一段时间，进化理论学者韦恩—爱德华（V. C. Wynne-Edwards）假定存在种群级别的利他主义，但是现代的亲戚选择理论却做了相反的论断，强势族群选择压力并不存在。[34] 它认为，恰恰相反，利他主义主要起源于个体想要将其基因传递到下一代的现实需要。根据这一解释，人类主要对自己的家庭成员和其他亲戚是利他性的；强迫人周日远离家庭、以"英雄的越南人民"的名义进行工作，这样的政治体系会遭遇深层次的抵抗。

前述的案例已经表明人性与政治是如何紧密相连的：亲戚选择表明，如果尊重人的权利，让其遵从自身的个人利益，先照料家人与亲近的朋友而后再顾及离他大半个世界远的陌生人，这样的政治体系比起没有这样做的政治体系来，更为稳定、行之有效，以及让人有幸福感。人类本性并没有指明一项单一的、严格排序的权利清单；当它与多样的自然和科技环境相作用时会变得日益复杂和富有弹性。但它却不是可以无限延展的，我们潜在的共有的人性允诺我们驱逐某些特定的政治秩序，如暴政与不正义。比起没有这样做的，谈及最深层感知的、普遍的人性驱动力、雄心及行为的人权，将为政治秩序提供一个更为稳固的基石。这也解释了，为什么在二十一世纪初来到时，自由资本主义民主国家更多，而社会主义专政十分稀少。

如果不对人类作为一个种群有一些概念上的认知，要谈及人权，随后谈到正义、政治或更为普遍的道德，这几乎不可能。这并不意味着否认黑格尔—马克思意义上历史的存在。[35] 人类有自由形塑他们的行为，因为人是可以自我修正的文化动物。历史已经见证了人类认知与行为的巨大变迁，比如，狩猎采集社会的成员与当前信息时代的居民，在很多方面看起来应当属于不同的种群。不断演进中的人类机制与文明安排也导致了不同时期的道德取向。但是本性在人可以自我修正的类别上进行了设定。用罗马诗人贺拉斯的话来说，"你可以用干草叉将人性远远抛走／但它却总是会回归你身边"。当部落成员与电脑行家相遇时，他们还是有彼此相认的一线可能。

　　因此，如果人权奠基于人性的实质定义，人性究竟是什么？是否可以定义成对人类行为已经科学认知的每一件事都公正处理？直到现在，我仍然没有提出一种人性的理论，或者一丝对人性的概念界定。通常在社会科学中，在一些自然科学中也是，许多学者否认人性的存在有任何意义。因此，在下一章，我们需要检视什么是物种典型行为，而人类作为一个物种的典型行为又是什么。

第8章

人的本性

你想"顺应本性"来生活？哦，高贵的斯多葛派，这是多么具有欺骗性的话语！试想一下，一个完全依照本性的存在物，无休止的浪费，无尽的冷漠，生活漫无目的，凡事不经考虑，不仁慈不正义，既富饶，又荒瘠不定；试想一下，冷漠竟然成为了一种力量——你怎么能顺应"冷漠"而生活？

——弗里德里希·尼采《善恶的彼岸》第 9 节

　　到目前为止，我已经力陈人权基于人性的缘由，但我仍然没有定义什么是人性。鉴于人性、价值与政治之间如此密不可分的联系，人性这一概念好几个世纪以来一直让人争论不休，这也就不足为奇了。传统说来，大多数讨论都聚焦于"究竟在哪儿为'先天本性与后天养成'划定界线"这一历久弥新的问题；直至二十世纪末期，另一场争论取代了它。新的争论将天平倾斜向了"后天养成"一方，他们坚定地认为，人类的行为如此具有弹性，以至于谈论人性已经失去了意义。尽管生命科学的新近发展让这一观点已经越来越站不住脚，但是反对人类本性的观点继续存在：环保学家保罗·埃利希最近表达了这样的期望，人类将永久性地放弃谈论人性的所有话题，因为它实在是一个毫无意义的概念。[1]

　　在本书中我将使用的"人性"一词定义如下：人类本性是人类

作为一个物种典型的行为与特征的总和，它起源于基因而不是环境因素。

也许，"典型"一词需要做进一步的解释。我使用此词的方式与动物行为学家提及"某物种典型的方式"是同一个含义（例如，一夫一妻式对偶结合是知更鸟与猫鹊的典型行为，但大猩猩或猩猩不是这样）。对动物"本性"一词常有的误解是，认为这个词喻示着某种僵硬的基因决定论。事实上，即便属于同一物种，所有的自然特征仍然表现出相当程度的差异；如果不是因为这样，自然选择与进化适应根本不会发生。对像人类这样的文化动物更是如此：因为行为可以习得而改变，不可避免地，人类的行为差异会越来越大；比起那些无法进行文化习得的动物来，人类的行为将更大程度地受到个人环境的影响。这就意味着，典型性是一种富有统计学意义的人工产物——它指涉的是人类行为与特征分布的中位数。

以身高为例。很显然，人类的身高参差不齐；在任何给定的人口群体中，身高会显示出统计学家所说的正态分布（即钟形曲线）。假设我们要绘制当前的美国男女身高图，它们会如图 1 所显示的那样（曲线仅仅做演示用）。

这些曲线告知了我们许多事情。首先，不存在"正常"身高，但是，一个群体内的身高的分布有其中位数及平均值。*严格说来，并不存在所谓的"某物种典型的"身高，只有某物种典型的身高分布。我们都知道侏儒与巨人的存在。侏儒与巨人并没有严格的定义；统计学家也许会主观判断说，侏儒应该从低于平均值两个以上的标准差算起，巨人则是高于平均值同样的数值。侏儒或巨人都不希望被这样归类，因为这些话语隐含着畸形和羞辱的意味，用伦理学的话来

---

* 中位数处于身高较高者与身高较低者中间，其中身高较高者与身高较低者各占一半；平均值是一个群体整体的平均身高。

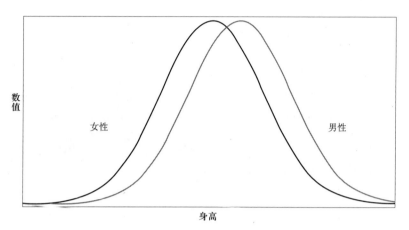

图 1　身高分布，2000 年

说，没有任何理由歧视他们。但这些并不意味着谈论人类作为一个群体的典型身高是没有意义的：人类身高分布的中位数与猩猩或大象的身高分布中位数是不同的，钟形曲线的形状——意即差异的程度——也会不同。基因在决定中位数及曲线的形状上起了重要的作用；基因也决定了男女身高的中位数及曲线彼此不同。

但是，事实上，先天与后天互动的方式远比这复杂。人类群体的身高中位数的差异并不仅仅存在于性别间，它也会因人种与种族而不同。环境在其中发挥了很重要的作用：过去好几代，日本人身高的中位数远比欧洲人要低；但是二战以后，由于饮食变化及生活改善，日本人身高的中位数在显著增加。总体说来，由于经济发展及营养改善，全球范围人类的中位数身高都在增加。如果我们将某一个欧洲国家 1500 年与 2000 年的身高分布进行对比，它会显示出如图 2 的系列曲线。

因此，人类本性并没有划定一个单一的人类身高中位数；正常说来，中位数身高的分布取决于饮食、健康及其他的环境因素。当

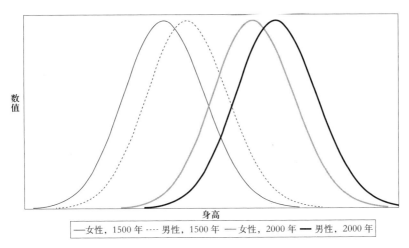

图 2　身高分布的历时曲线

游客在博物馆看到中世纪骑士的战服时，会非常明显地观察到，自中世纪以来，人类的平均身高已大幅增加。另一方面，这种差异的变化是有限的，它受到基因的限制：如果你剥夺某个群体足够他们生活的卡路里，他们会饥饿至死，但不会因此长得更矮；而一旦超过某个点，增加卡路里吸收只会让他们更肥胖，而不会长得更高。（不用说，这就是今天发达世界的情况。）2000 年时，欧洲女性的平均身高比 1500 年时欧洲男性的身高要更高；但男性整体仍然要比女性高。不管在历史上还是现在，任何一个给定群体的实际中位数很大程度上是由环境所决定的；但整体差异存在的幅度，以及男女身高的平均差异，它们是遗传的产物，因而是由本性所决定的。

　　从统计学的角度定义人性，这也许让人十分意外，因为这个定义既与我们通常所理解的人性不一致，也不是亚里士多德或其他哲学家所提到的人性概念。但事实上，这是对人性这一概念更为精确的用法。当我们观察到某人受贿、摇着头对我们说出这样的话，"背叛信任，这就是人性"；或者当亚里士多德在《尼各马可伦理学》中坚称"人是天生的政治动物"；这两句话从未喻示着所有人都受贿，或所有人都是政治动物。我们都知道有正直的人，也有甘做隐士的人。对人性贸然下定论，要么指的是可能性（也就是说，是关于大多数人在大多数时候的选择），要么就是一个关于人可能会如何与环境互动的前提性假设（"如果面临不可拒绝的诱惑，大多数人会受贿"）。

反自然之道而行

过去这些年，共有三大类的论据提出，用以反对传统的人性概念，认为其具有误导性，并且指涉一些根本不存在的东西。第一类论据是，根本没有真正的、普遍存在且可以追溯至共同本性的人性，即便存在也微乎其微（比如，所有的文化都认为健康比疾病好）。

伦理学家大卫·黑尔认为，许多被称作普遍的人类特质，以及我们物种所独有的特征，事实上并非如此。这甚至包括语言：

> 人类语言并不广泛分布于人群中。有些人既不会说，也不懂任何可能被称作语言的东西。某种意义上，这样的人也许不会被认为是"真正的人"，但他们仍然在生理上与我们是同一物种……如果他们有一种不同的基因构造，并且暴露在一系列有益的环境下，那么他们也有可能学会与我们相同的语言技能，从这个意义上说，他们也是潜在的语言使用者。但这一"与事实相反的"前提条件也能够被应用在其他物种身上。也是在同一意义上，猩猩拥有学会语言的能力。[2]

黑尔继续指出，如果物种的某一些特征并不会正态分布，这样的特征就不能够用简单的中位数及标准差来形容。血型就是一个例子：某人可能拥有 O 型、A 型、B 型、AB 型血型的一种，但是不可能有一个 O 型与 A 型中间的血型。血型与人类 DNA 中的等位基因相对应，有时是显性，有时是隐性，就像可以被打开与闭合的开关。或多或少地，某个人群流行某几种血型，但是这种流行并没有形成一个连续体（像身高的差异那样），因此，说血型是物种典型的特征，这毫无意义。有一些特征会连续性地分布，例如，尽管肤色有浅色与深色之分，但某一种族群体还是会最大程度地集聚在某一种颜色或模式下。

　　认为普遍人性不存在的观点只是看起来煞有其事，因为它将"普遍"定义得太过狭隘。没错，我们确实不能谈论一个"无所不包的普遍"或处于中位数的血型，但这是因为，血型是统计学家所称的分类型变量——也就是，这类变量的特征是，它们是一系列没有排序的、各不相同的类型。同样，谈论典型的肤色也不太可能。但许多其他的特征，比如身高或力量，以及智力、进攻性、自尊感等心理特征，在任何给定的群体中都会呈现出正态的、围绕中位数的连续性分布。某一人群与中位数的差异大小（即标准差），某种意义上，是衡量中位数有多典型的方法；标准差越小，中位数越典型。

　　这就是理解"普遍人性"这一概念的具体情境。某一特征并不需要处于差异（标准差）为零的情况，才能被认为是普遍的，因为几乎没有这种情况存在。[3] 毫无疑问，有些雌性袋鼠基因突变，出生时就没有育儿袋；有些公牛出生时头上有三只角。类似这样的情况并不会让"育儿袋是袋鼠的重要组成部分"或"公牛是通常头上长两只角的生物"这样的论断失去意义。[4] 某一特征一旦被认为是"普遍"时，它更需要有一个单一的、独特的中位数或模型点，一个相对较小的标准差——正如图 3 的曲线 I。

　　对人性这一概念的第二种批评，是这些年一直被遗传学家理查

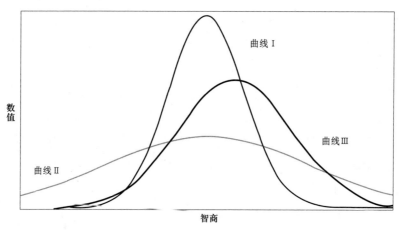

图 3　智商分布图

德·列万廷（Richard Lewontin）[5] 所重复提及的观点，大意是，
器官的基因型（即 DNA）并不会完全决定它的表现型（即最终从
DNA 发育而成的真实生物）。这就是说，我们的外官与特征，更不
用说精神状况或行为，是由环境而不是遗传所决定的。事实上，基
因在器官发育的每一个阶段都与环境互动，因此，它比人性观点的
支持者所说的决定性作用要小得多。

　　在身高中位数的案例里，我们已经对此有所了解；身高，一部
分由天生决定，另一部分由饮食和其他营养因素所决定。列万廷用
一系列其他的案例来说明他的观点。他指出，即便是生来基因完全
相同的老鼠，它们对环境中毒药的反应也会不同；两个相似的婴儿，
他们的指纹却从未相同。[6] 有一类生长在山中的植物，它们的外观
会随着所在海拔高度而完全改变。我们也熟知，两个具有相同基因
禀赋的婴儿，外观与精神会表现出迥异的差别，这是基于他们母亲
在怀他们时的行为——妈妈是否饮酒、吸毒、营养是否足够等等。

因此，在孩子出生前，它已经开始了与环境的互动；用这一观点看来，我们希望归类于本性的特征，其实不过是复杂的"本性-环境"互动的副产品。

我们可以使用不同的分布曲线专门来重现先天-后天的这场争论。比如，图 3 中较高的曲线 I 是关于某一人口群体的智商假设性分布图，我们（不切实际地）假设，所有人都面临着相同的环境，影响他们智商的因素如营养、教育等等都相同。这条曲线展示的是本性的或基因的差异。曲线 II 是在给定群体中事实上存在的智商分布，它反映了这样的事实，社会在某些方面会影响智商，有些人受益，而有些人受损。这条曲线更短，更平，显示更多的个体与中位数间存在着较大的差异。这两条曲线在形状上差异越大，它表明，相对于遗传，环境的影响就越大。

到目前，列万廷的观点都是有效的，但它却鲜有伤及人性这一概念。在探讨身高时我们已经注意到，环境可以改变中位数的身高，但是它很难在某个特定局限时使人长得更高，也不能使女性的平均身高胜过男性。更进一步的是，在环境、基因型与表现型间通常存在一种线性的关系，如果基因型差异呈现正态分布，那么表现型差异也将呈现出正态分布。换句话说，我们的饮食越有营养，我们可能会长得更高（在我们物种特定的范围内）；尽管受到环境的影响，但身高分布曲线仍然存在唯一的中点。大多数人类特征不会像生长在山上的植物那样，高度不同则外观完全不同。如果在寒冷的气候下长大，婴儿不会长出皮毛，即便住在海边，也不会长出鱼鳃。

那么，争论的重点就不再是环境到底是否会影响人类作为物种的典型行为与特征，而是它到底在多大程度上有影响。第 2 章已经说过，默里与赫恩斯坦在钟形曲线中断定，大约 70% 的人类智商的差异是由遗传而非环境造就的。列万廷及其同事反驳道，实际上的数字比这要低很多；在列万廷他们看来，可以一直低到遗传因素最终在决定人类智商上仅有微小的作用。[7] 这是一个关于实证的议题，好像列万廷看起来是错误的：通过对大量双胞胎进行研究，心理学科的共识是，尽管数字比默里－赫恩斯坦的估计要低，但它仍处于40%—50%之间。

到底哪一个特征或行为会遗传，这在程度上有较大差异；对音乐的嗜爱基本上完全是由环境所决定的，它对像亨廷顿氏舞蹈症这样的基因疾病几乎毫无影响。了解某一特征的可遗传度，这相当重要，特别是像智商这么重要的特征：处于曲线 I 与曲线 II 相交范围的左右两边的个人，它们的差异大概都是由于环境而非本性造成的。如果处于该范围内的人群众多，它极有可能通过饮食、教育及社会政策等方式的联合，将其推高到曲线 III 中的中位数。

如果说列万廷关于"基因型并不必然决定表现型"的观点可以广泛应用到各个物种，那么对"物种典型本性"的第三种批评则仅仅适用于人类。[8] 即，人类是文化动物，能够基于所得知识修正行为，并且通过非基因的方式将知识传承给下一代。[9] 这意味着，人类行为的差异实际上比任何其他物种都要大：人类的亲戚系统包括复杂的宗族与世系，直至同一父母的家庭，但猩猩与知更鸟的亲缘系统就与此不同。按照反对人类本性说的辩论家保罗·埃利希的说法，我们的本性就是不存在唯一的人类本性。因此，他认为，"长期在民主政体下生活的公民与那些已经习惯于独裁体制的臣民有着截然不同的人性"；但在另一节点上他又观察到，"日本人的本性由于战败与日本战争罪行的暴露发生了翻天覆地的变化"。[10] 这会让人想起弗吉尼亚·伍尔夫小说中的经典句子："大约在 1910 年 12 月，人类品质发生了改变。"

埃利希只不过是重申了人类行为的社会建构主义激进学派的观点，该观点在五十年前颇为盛行，但由于近些年研究的新进展，它已经逐渐风头不再。确实，基因决定许多事情，从乳腺癌到人的攻击性，这样的媒体报道广为流传，使人产生一种基因决定论的错误印象；此时提醒大家文化与社会建构也起到相当重要的作用，这十分有必要。但是关于智商 40%—50% 可遗传的发现已经内含了文化对智商影响的估断，它表明，即便把文化列入考虑，智商的主要成分还是由基因所决定的。

认为人性并不存在，因为人类是可以进行学习的文化动物，这样的观点本质上给人以误导；因为它针对的是假想的定论。从来没有哪位严肃的人性学者否认过人是文化存在，或者人能够通过学习、教育及制度改变生活的方式。亚里士多德说过，人的本性并不会像橡子自动长成橡树一样，自发自在地让人繁盛。人的兴旺需要依赖于美德，而美德需要人用心地学习："因此，美德既不是因为本性而存在，也不会因为损害本性而受益；本性给予了我们接受美德的能力，（正是它）通过习惯使人日臻完美。"[11] 这种个体发展的可变性正对应了正义规则的可变性：并不存在所谓的自然正义，"一切正义规则都是可变的"。[12] 正义的完善要求人建立城邦，为城邦制定适合其既定情形的法律。[13] 亚里士多德曾说，"尽管右手天生比左手要更为强大，但一个人仍可以将双手变得同样灵活"：文化可以补足甚至超越本性的不足。在亚里士多德的理论体系中，有相当大的空间适合谈论我们今天所说的文化变异与历史进化。

柏拉图与亚里士多德都认为，理性并不仅仅是自然赋予的一系列认知能力。反而，它显示的是一种对知识与智慧孜孜不倦的追求，这种追求少年时期主要通过教育的形式培育，而后则是通过经验的积累。人类理性并不会指定一套单一的制度体系，或告知康德后来标之以"先天形式"（意即以数学证明的方式）的最佳生活方式。然而，它确实使人进入了关于正义性质的哲学思考，或者找到了基于不变的本性与改变着的环境而生活的最好方式。人类追求知识孜孜不倦的开放状态完全与人性这一概念兼容——实际上，正是它构

成了古典政治哲学中至为重要的组成部分，它告诉我们先哲理解的
人性是什么。

那么，到底什么是人性？

生命科学已经在人类行为与人类本性的经验知识库中添加了许
多有用的东西；现在值得重新探寻某些经典的人性解释。据此我们
可以辨知，哪些在新的证据之下仍能站得住脚，哪些已经被否定，
哪一些需要根据我们所拥有的知识进行修正。有许多学者已经在尝
试这么做，包括罗杰·马斯特斯（Roger Masters）[14]，迈克尔·鲁
斯（Michael Ruse），爱德华·威尔逊（Edward O. Wilson）[15]，以
及拉里·阿恩哈特（Larry Arnhart）。[16] 阿恩哈特的著作《达尔文
式的自然权利》（*Darwinian Natural Right*）试图说明，达尔文并没
有损害亚里士多德的伦理体系，今天达尔文生物学的许多研究结论
都能用以支持亚里士多德关于自然道德的观点。[17] 阿恩哈特列举了
二十种标志着人类本性的普遍性自然欲望。[18]

像这样的清单极可能很有争议；它们要么太过于简短和概化，
要么就过于细致和缺乏代表性。为了我们现在的目标，比提供一个
包罗广泛的定义更为重要的是，将物种独有的特征进行归零校正，
因为这对于我们理解人的尊严这一终极问题十分关键。我们可以从
认知开始，认知是人类引以为傲的物种特征。

内植的白板

下面将看到，这些年我们所习知的人性多是与我们感知、学习
与智力发育相关的物种典型行为。人类有自己认知的模式，它与猿
猴及海豚的认知完全不同；人类认知可以逐渐累积，对知识处于开
放状态，当然，也并不是没有止境。

一个明显的例子是语言。事实上人类语言是约定俗成的，不同人类群体间横亘的最大峡谷就是不能通晓彼此的语言。另一方面，学习语言的能力又是人人拥有的，并且由大脑的某些生物特征所管理。1959 年，诺姆·乔姆斯基（Noam Chomsky）宣称："所有语言的句法之下都隐藏着深层的结构。"[19] 今天，人们已经广泛接受了这种观点：这些深层结构是天生的，是大脑在发育过程中由基因进行设定的。[20] 孩子发育的第一年的某个时段，学习语言的能力出现，随着孩子到达青春期而渐次下降，这些是由基因而不是文化决定的。

近些年，认为人类认知有其天赋的形式，这一观点既受到大量的实证支持，同时也遭遇了许多抵制。特别是在盎格鲁撒克逊世界，抵制的理由在于约翰·洛克及其英国经验主义学派根深蒂固的影响。洛克在《人类理解论》中有这样的论断，人的头脑里没有先天存在的理念，特别是没有先天存在的道德理念。这就是洛克著名的"白板论"：大脑就是一种通用的电脑，它能输入，也能操作出现在它面前以及它所感知到的数据。但它的储存库在出生那一刻是完全空白的。

洛克的"白板论"在二十世纪中叶仍然是一个强大富有吸引力的理论，那时它被约翰·沃森（John Watson）及斯金纳（B. F. Skinner）的行为主义学派所采用。沃森与斯金纳将它往前推向了一个更为激进的版本，该版本的大意是，不存在所谓的物种典型的学习模式，例如，只要给予足够多的奖励与惩罚，鸽子也能像猿猴和人类一样在镜子前面认出自己来。[21] 现代文化人类学也接受了白板理论的假设；此外，人类学家还认为，时间与颜色等概念都是社会建构的产物，并不存在于每个文化中。[22] 过去从事这一领域的研究及相关的文化研究的两代学者都试图去找出人类文化实践中不寻常、怪异与未曾预期的部分，这正是由于信奉洛克的假设，任何一次对于寻常规律的例外，都会让规律失效。

现在，白板理论已经被废弃不用。认知神经科学与心理学的研究已经取代白板理论，它们认为，人的大脑是一个充满高度适应性的认知结构的分子器官，这些中的大多数都是人类所独有的。事实上，存在着天生的理念，或者更准确地说，存在着天生的物种典型的认知形式，以及物种特有的情感性认知反应。

洛克认为"不存在天性理念"的观点，其问题的根源一部分是由于定义：洛克认为只要群体中的任何一个个体不共有这一理念，那么就不能说它是天生的或普遍存在的。使用本章开始所用的统计学语言，实际上，洛克是在说，天赋或本性的特质必须不存在变异，或者标准差为零。但正如我们所知的，自然中不存在拥有这种特征的事物：即便是拥有相同基因型的同卵双胞胎，由于在母体子宫时细微的环境差异，也会在表现型上显示出差异。

洛克认为不存在普遍性道德的理由也有着相似的缺陷，因为它同样要求标准差为零。* 他认为，黄金法则（即，互惠原则）是基督教及世界其他宗教的重要理念，但并不是所有人都遵从它，实践中也有许多人违背它。[23] 他指出，即便父母对孩子的爱护，以及孩子对父母的孝敬之情，也不会阻止如杀婴罪及蓄意杀害老人这类畸形事情的发生。[24] 洛克观察到，明格里利亚人（Mingrelians）、希腊人、罗马人等社会常常发生杀婴事件，并且毫无罪恶感。

尽管以非常清晰的语言形式来表述黄金法则并不普遍见于人类文明，但是几乎没有文明不在实践着某种类型的互惠行为，只有极

---

* 洛克陷入了另一场定义困境，他希望能够用严格的言语命题谈论天生理念，比如，"父母们，保护好你们的小孩"。他认为，如果没有法律的概念及立法者，责任的隐含层面无法被正确理解。确实，这种形式的普遍性理论不存在；真正普遍存在的，是父母尽力保护孩子及尽力为他们提供最好条件等人类情感。至于采取行动、用明确的方式有力地说出这些情感所暗含的价值观，这并不常常发生。

少数社会没能将其作为道德行为的重要组成部分。一个有力的案例
能够证明，这一切并不是简单的习得行为。生物学家罗伯特·特里
弗斯（Robert Trivers）在书中已经表明，某种形式的互惠行为，并
不仅仅显见于人类各个文明中，许多非人类的动物行为中也有，这
就说明，它有基因的原因。[25] 同样，基本的亲戚选择理论也解释了
进化过程中父母之爱出现的缘由。

　　近些年来，涌现出一大批关于杀婴罪的伦理学研究，它们表明，
在动物世界及人类文明中大量存在着这种行为。[26] 但所有这些都没
能证明洛克的观点，因为，当你越近距离观察这些杀婴案件，你就
越清晰地看到，激起它们的通常是强大的父母关爱已经完全被推翻
的例外情况。[27] 这些例外情境包括：继父或新配偶出于灭绝竞争对
手后代的欲念；母亲一方受制于绝望、疾病或极端贫困；社会文化
偏好男性；婴儿本身身患重病或天生畸形。很难发现杀婴事件主要
不是发生在社会底层；在社会底层，家庭抚养孩子所需的资源、养
育本能发挥着主要作用。与洛克观点不一致的是，即便当杀婴事件
发生，他们也很少"不伴有随之而来的遗憾"。[28] 因此，更广义地
来思考，杀婴罪类似于谋杀罪：它常常发生，但是一定会受到广泛
的谴责与限制。

　　换言之，由于原始人类日益成为交往密切物种的现实需要，随
着时间推移，在进化过程中产生了自然的人类道德感。在狭隘的意
义上说来，洛克的白板理论是正确的，我们确实并没有生而具有可
执行的抽象的道德理念。但是，存在一种天生的道德敏感，它以一
种物种范围内相对统一的方式指引道德理念形成。这反过来又成为
康德所说的"统觉的先验统一"的一部分——也就是，人类感知实
在并赋予其秩序与意义的方式。康德相信，空间与时间是人类统觉
结构中唯一必不可少的组成部分，但是我们可以在其中添加一些其
他的清单。我们能够分辨颜色，辨别气味，认知面部表情，解析语

言中欺骗的证据，避免某些危险，参与互惠行为，发起复仇行动，感到尴尬，爱护孩子，孝敬父母，对乱伦及同类相残感到厌恶，分析事情的因果联系等等，这是因为进化已经在人的大脑中预先设定了人类物种典型的行事方式。以语言为例，我们必须通过与环境沟通实践这些能力，但它的发展潜能，它们被设定的可以发展的方式，都是一出生便一直在那儿的。

人类物种特性与动物权利

当我们谈及动物权利，权利与物种典型行为之间的联系就变得显而易见。当前全球范围内掀起了非常强势的保护动物权利运动的浪潮，它们试图增进猴子、鸡、貂、猪、牛等动物的权利，这些动物被人类以屠杀、进行实验、吃掉、穿戴、变成垫衬等等属于手段而非目的的方式对待。这场运动激进的一支偶尔会发生暴力行为，炸毁医疗实验室及鸡肉加工厂。生物伦理学家彼得·辛格（Peter Singer）致力于推广动物权利，批判"人类的物种歧视"——即不公正地把人类物种的权利凌驾于其他物种之上。[29] 所有这些让我们不得不考虑第 7 章开篇詹姆斯·沃森所提出的问题：到底什么能够赋予火蜥蜴权利？

对这一问题最简单也最直接的回答是，它们能感知病痛与苦楚，这一回答不仅适用于火蜥蜴，也同样适用于神经系统发达的更为高阶的物种。[30] 这是任何一个有宠物的人都能验证的伦理现实，保护动物权利运动背后的道德动机是减少动物的痛苦。我们对这一议题的敏感，一部分源自平等原则在世界范围内的推广，一部分也由于我们对动物相关经验知识的更多累积。

近些年，动物行为学的研究进展试图消除曾经划定在人类与其他动物世界之间的鲜明界线。理所当然，达尔文为这一观念提供了理论的支撑，人类从猿猴祖先进化而来，所有其他物种也都经历了连续性的改进。许多我们曾经认为专属于人类的特征——包括语言、文化、理性、意识等等——现在也被认为是许多非人类动物的特征。[31]

举个例子，灵长类动物学家弗兰斯·德瓦尔（Frans de Waal）指出，文化——通过非基因的方式向后代传递习得行为的能力——并不是人类所独有的成就。他援引了著名的栖居在日本小岛会洗土豆的猕猴作为示例。[32] 二十世纪五十年代，一群日本灵长类动物学家观察到一只猕猴（我们就称它为猴界的阿尔伯特·爱因斯坦吧）竟养成了在当地小溪冲洗土豆的习惯。随后，这只猕猴又发现在水中浸泡可以分离沙子与谷物。所有这些行为都不是基因预先设定的，土豆与大麦也不是猕猴传统的食物，也从来没有人观察到过类似的行为发生。几年之后，冲洗土豆与分离谷物的行为都能在其他猕猴身上观察到，这事发生在那只发现了这些技艺的猕猴已经去世后，这表明，他去世前将这技艺教给了同伴们，而同伴们又将它们传给了年轻一代。

比起猕猴来，黑猩猩更接近于人类。它们以咕哝声和鸣叫声作为语言，曾经被人工圈养学习理解及使用有限的人类语言。德瓦尔的《黑猩猩的政治》（Chimpanzee Politics）一书描绘了在荷兰被圈养的领地上，一群黑猩猩试图通过阴谋诡计获取雄性领袖地位的故事。它们用与马基雅利非常相像的方式结成联盟、背叛彼此、借口托辞、乞讨恳求、哄骗勾引。德瓦尔在《猿猴与寿司大师》（The Ape and the Sushi Master）一书中又说，黑猩猩看起来似乎也有幽默感：

当客人来访问我工作所在的、位于亚特兰大附近的耶基斯国家灵长类动物研究中心实验站时，他们也会去探望我的黑猩猩。通常，我们最喜欢的麻烦制造者，一只名叫乔治娅的雌猩猩会匆匆忙忙赶在客人到来前，跑到龙头那儿含满一口水在口中……如果有必要，乔治娅会静静等待数分钟，紧紧地闭着嘴巴，直到客人临近。然后，当她突然将水喷洒出来时，客人们会尖叫、大笑、跳起来，甚至有时候会不慎滑倒。

……有一次我又同样遇上了乔治娅这样的情形。她已经在龙头那喝满了水，鬼鬼祟祟地靠近我身边。我直直地看着她的眼睛，拿手指指着她，用荷兰语警告道："我已经看见你了！"她马上退了回去，让口中的水一部分顺着嘴巴流出来，另一部分咽了下去。我当然不认为她懂荷兰语，但她一定懂得我知道她要干什么，以及我并不是一个可以让她轻易得手的目标。[33]

很显然，乔治娅不只是会开玩笑，当被捉住时也会感到尴尬。

人们频频引用类似的例子，不只是用以支持动物权利的理念，也用来指责人类认为自己独特及拥有专属地位的言论。有些科学家醉心于批判有关人的尊严的传统言论，特别是那些基于宗教之上的言论。下一章我们会了解到，关于人的尊严还有许多有待讨论的空间，但是这儿的重点是，有很多动物与人类一样共有一系列重要特征。人类总会动情地提到"共有人性"，但实际很多情况下，他们指的是"共有的动物性"。比如，大象父母会为死去的后代致哀，当看到一具死去的大象遗体时会变得异常激动。并不需要过度引申就能想象，人类会为过世的亲人哀悼，看到遗体时会感到绝望，这些行为与大象之间有着丝丝缕缕的联系（这也是为什么我们会看似自相矛盾地认为"动物保护协会"是"人道协会"）。

但是，如果动物拥有不过度承受痛苦的"权利"，那么，这个权利的性质与限度完全取决于对它所属物种的典型特性的实证观察——也就是说，需要基于对它们本性的实质性评判。以我所知，即便是最激进的动物权利活动家，也从未为人类每天花去数十亿试图击毁的艾滋病毒或大肠杆菌的权利进行过辩护。我们从未设想为这些生物匹配权利，因为它们没有神经系统，也明显不能感知痛苦或了解自己所处的境地。在这一方面，我们希望给有意识的生物匹配更高的权利，因为它们像人类一样能够预见痛苦、拥有恐惧，以及怀抱希望。这一类型的区别也许可以用来区分火蜥蜴与其他动物——比如，你的宠物狗罗弗——的权利，这也能缓解像沃森一样的积极分子的担忧。

　　但是，即便我们接受动物拥有不能过分承受痛苦的权利，仍然有很多类型的权利不能赋予动物，因为它们不是人类。比如，我们完全不会考虑授予不能理解人类语言的生物投票的权利。黑猩猩能用它们物种能懂的语言进行沟通，如果大量训练也能够掌握少量的人类词汇，但是总体说来，它们不具有人类的认知能力。那些认为有的人类也不能掌握人类语言的观点恰恰证实了政治权利的重要性：孩童不享有投票权，因为，整体说来，他们还不具有成人所有的认知能力。在所有这些案例中，以非人类动物为一边，以人类作为另一边，横亘在两者中间、物种典型特性的区别，正是导致两者道德地位有巨大差异的原因。[34]

　　在美国，曾经有一段时间，黑人与女性也被排除出享有投票权的行列，因为他们被认为没有能够正确行使权力的认知能力。黑人与女性今天已经享有投票权，但黑猩猩与孩童仍然没有，这是因为，根据经验可知，这两个群体不具有与此相关的认知与语言能力。这些群体中的成员不能够保证自己的特征最接近于群体的中位数（我知道有很多小孩会做出比父母更为明智的投票举动），但，出于实用目的，这仍然不失为个人能力的一个很好的提醒。

　　像彼特·辛格这样，赞成动物权利的人士所称的"物种歧视"并不必然是人类无知和自满的偏见，而是一个可以基于人类特性的实证根据进行辩护、有关人类尊严的一种信仰。我们已经通过探讨人类认知展开了这一话题。如果我们要试图找寻人类优越道德地位的源泉，这一道德地位赋予我们比其他动物更高的地位，并使我们作为人类能够平等与彼此相处，那么，我们需要更多地了解人性之下的一系列特征，它们不仅是我们物种的典型特征，同时也是人类独一无二的特征。只有在那时，我们才能够知道，在未来生物技术发展之时，我们需要极力捍卫的是什么。

第9章

人的尊严

试想一种新的自然哲学，它能持续地意识到"自然物质"的存在，但这种由分析或抽象而得的自然物质并非真正的现实，而只是一种不断修正着抽象的解读视角，那么，这是可能的吗？我几乎不知道我要追寻的是什么……这门重构后的科学，并不会像现代科学对人本身造成的威胁般，对矿藏或蔬果产生影响。当它试图解释时，不会过度解释；当它谈论部分时会记住整体……人之道与动物的本能，这两者的类比，经由对意识真相的深入了解而不是将意识还原到本能的范畴，又提供了探知未知事物与人类本能的新的灵感。这门科学的追随者不会随意使用"唯一的"或"仅有的"这类词汇。总之，它将征服自然，同时却不被自然征服，比起生命来，它仅以较小代价就获取了知识。

——C. S. 刘易斯《人的废除》[1]

按照欧洲委员会所颁布的有关人类克隆的法令，"通过精心创造产生基因相同的人类，这使人工具化，与人的尊严相违背，因此构成医药与生物手法的滥用"。[2]人的尊严，是政治家与参与政治生活的每个人，都爱随意抛掷出来的少有的几个概念之一，但几乎没有人能够准确定义或解释它。

大多数政治都聚焦于人的尊严或与它相关的"寻求承认的欲望"的问题。也就是说，人类总是需要他人承认自己的尊严，这种尊严或是作为个人的，或者是作为宗教、种族、人种或其他群体一员的。寻求承认的斗争并非经济性的：我们所欲望的不是金钱，而是其他人以我们认为自己值得被对待的方式尊重我们。早先，统治者希望他人能够承认其作为国王、帝王或领主存在的优越价值。今天，人们所追求的，是对他们作为曾经被忽视的或被贬低的团体一员而应有的平等的地位——比如，作为女性、作为同性恋者、作为乌克兰人、作为残障人士、作为美国原住民，等等。[3]

寻求平等承认或尊重的需要是现代性的支配性激情，一百七十年前托克维尔在《论美国的民主》中已经谈到。[4] 在自由民主国家，这个指向有些许复杂。它并不意味着，在所有重要的方面我们都得平等，或要求每个人的生活与其他人一样。大多数人都认可莫扎特、爱因斯坦、迈克尔·乔丹拥有常人不具备的特殊才华与能力，也能够接受他们因自己的才华与成就随之而来的巨大承认与经济报酬。我们接受，也许并不必然喜欢这样一个事实：资源并非平等地分配，而是基于詹姆斯·麦迪逊所说的"分殊且不均等化的获取财产的能力"。但我们同时也相信，人们值得保有自己挣得的财产，所有人的工作及赚钱能力是不一样的。我们也承认这样的事实，我们看起来不同，来自不同的人种或族群，分属不同的性别，拥有不同的文化。

X因子

对平等承认的追求喻示着，当我们去除掉人身上偶发的、突生的特质，在其下潜存着一些根本的生命品质，它值得要求最起码的尊重——我们姑且称之为 X 因子。肤色、长相、社会地位与财富、性别、文化背景，甚至一个人的自然禀赋都是生育过程中的偶发性事件，可归类于非本质性特征。基于这些次一级的特征，我们选择和谁交朋友、和谁结婚、和谁搭档做生意，或者在社交场合避免见到谁。但在政治领域，我们需要基于每个人都拥有 X 因子而平等地尊重他们。你可以烹调、吃掉、虐待、奴役或随意处置任何缺乏 X 因子的遗体，但如果你想要对人类做同样的事情，你便犯下了"反人类的罪行"。我们不止赋予拥有 X 因子的存在物人权，如果他们已经成人，则也享有政治权利——这是一项生活在民主政治共同体中的权利，每个人的言论、宗教、结社、政治参与的权利都受尊重。

在人类历史长河中，划定谁享有 X 因子，这是最富争议的议题之一。对许多社会而言，甚至包括大多数早期的民主社会，X 因子专属于人类中的某个重要群体，它排除掉了特定性别、某些经济阶层、某些人种、某些部族，以及低智商、残疾、有天生缺陷的人群。这样的社会是高度等级化的社会，某些阶层或多或少有一些 X 因子，而一些阶层却全然没有。现在，对自由民主的信徒而言，X 因子在整个人类种群的四周蚀刻了一道红线，它要求尊重所有红线内的人，红线之外的人则被赋予低一级的尊严。X 因子是人类的精髓，是人之为人的最基本的意义。如果所有人类事实上一律享有平等尊严，那么 X 因子一定是所有人共有的普遍性特征。那么，什么是 X 因子，它来自哪儿？

对基督教徒而言，答案相当简单：它来自上帝。人是按照上帝的形象被创造的，因此部分享有上帝的"神圣不可侵犯权"，它让人类比其他自然创造物享有更高级别的尊重。用教宗约翰·保罗二世的话来说，这意味着，每个人都不能被从属性地仅仅当成是种群或社会的一种手段或者工具，人本身就有价值。他是一个人。运用他的智慧和意志，他能够与同侪形成一段共享的关系、能够团结一致、自我奉献……正是借由这种精神魂灵，一个人能够拥有尊严，即使他的肉体也有尊严。[5]

假使一个人并非基督徒（或任何其他类型的宗教信仰者），也并不接受人是按照上帝形象所创造的前提，是否存在着一种世俗的根据，笃信人类被赋予了专有的道德地位或尊严？或许，为人类尊严创造哲学基石的最著名的努力来自康德，他认为 X 因子根植于人做出道德选择的能力。也就是说，人在智商、财富、种群、性别上有差异，但所有人都能够平等地遵照或不遵照道德律行事。人类拥有尊严，因为他们本身有自由意志——并不仅仅是主观臆想的自由意志，而是事实上能够超越自然决定论与常规因果律的能力。也正是因为自由意志的存在使康德得出了著名的结论，人应该总是被当成是目的，而不仅仅是手段。

相信对宇宙的唯物论解释的人——包括绝大多数的自然科学家——接受康德有关人类尊严的解释相当困难。理由是，这将迫使他们接受一种二元论——在自然领域外，存在着一个平行的人类自由领域，并且不由前者所决定。大多数自然科学家认为，我们所认为的"自由意志"事实上是一个幻象，所有的人类决定最终都可以追踪到物质根源。人们决定做某事而不做其他，原因在于这一系列的神经互相激发了而其他的没有，这些神经激发又可以追根到大脑的前期物质状态。人类的决策过程可能比其他动物要更为复杂，但在人类的道德选择与其他动物的选择间并没有泾渭分明的区隔线。康德自己也无法提供自由意志存在的证据；他认为这是纯粹实践理性关于道德本性的必然假定——这对坚定的经验主义科学家来说不可接受。

抓住权力

现代自然科学的质疑要走得更为深入。过去一个半世纪以来，认为存在"人类本质"的这一观点不断受到现代科学的攻击。其中最有冲击力的论断来自达尔文主义，它们认为物种不存在什么"本质"一说。[6] 也就是说，亚里士多德认为物种是永恒的（即，我们贴上标签，认为"此物种典型行为"是不变的），而达尔文主义则坚持认为，行为会根据器官与自然的交互而改变。对一个物种而言的典型行为，只不过是进化时段里一个特殊的瞬间所撷取的物种的快照而已。前者为何，后来者为何，完全不一致。达尔文主义认为，不存在指引着进化进程的宇宙目的论，因此，看起来像是物种本质的东西，不过仅仅是随机进化过程中的突发性产物。

以这种观点看来，我们称之为人类本性的东西只不过是大约十万年前所出现的人类典型的特征与行为而已，它诞生于生物学家所说的"进化适应期"——也就是现代人类的祖先在非洲热带草原生活与繁衍时。对许多人来说，这意味着人性并没有特别的地位，不能作为道德或价值的指引，因为它也只是历史的偶然。例如，大卫·黑尔认为：

> 我不认为，人类共性的存在是重要的。也许所有人并且只有人才有对生拇指、会使用工具、真的住在社会里，诸此等等。我认为这些特质要么是错误，要么就是空想的，但即便这些是真实且重要的，这些特有特征的分配也充其量不过是进化的偶然事件罢了。[7]

遗传学者李·西尔弗试图颠覆下面这一观点：认为存在着一个自然秩序，而基因工程有可能破坏它。他认为：

> 处于自由状态的进化从没有被提前设定（朝向某个方向），也并不必然与进步相联系——它不过是对不可预知的环境变化的一种回应。如果六千万年前撞击地球的小行星只是擦肩而过，就不会有人类的存在。不管自然秩序是什么，它并不必然是好的。天花病毒也是自然秩序的一部分，直到人类干预使它灭绝。[8]

尽管不能定义自然的本质，两位作者却丝毫未受影响。譬如，黑尔说："将诸如人权这样重要的事物的基石建造在如此临时的突发性事件上（比如人性），作为一个人，我深感不安……我看不到它意义何在。例如，我不能理解为何我们必须如此相像，才能拥有权利。"[9] 对西尔弗而言，他对担忧基因工程的宗教信仰者以及自然秩序的信徒嗤之以鼻。未来，人不再是他的基因的奴仆，转而成为基因的主人：

> 为什么不把握住这权力？为什么不试图掌控过去只是留给偶然的事件？事实上，通过强大的社会与环境影响，我们已经能够控制孩子生命与认同的所有其他方面；在意外情况下，也可以靠利他林、百忧解这样强大的药物进行管控。当我们接受自己作为父母的权利、试图用尽各种办法使孩子受益时，我们有什么理由拒绝可以对人的本质特征产生积极作用的基因影响？[10]

确实，为何不把握住这权力？

首先，如果放弃认为 X 因子或人的本质存在的理念，放弃备受珍视的人人平等因而四海一家的理念，那么，这么做所带来的后果是什么？所有反对"人的本质"理念的人都会坚定不移地赞成放弃。黑尔说得没错，我们并不需要如此相像才能拥有权利——但我们确实需要在某一个重要的方面相像才能够拥有平等的权利。他本人非常担忧，如果将人权的基石构筑在人性之上，这将会给同性恋者施加罪名，因为他们的性取向与异性恋的自然法则相违背。如果要试图为同性恋者的平等权益辩护，人们可以找到这样一个唯一的基点，不管其性取向如何，他们在其他方面都是同等的人，而这比性取向更为重要。如果无法找到这一共同点，那么人们找不到不歧视的理由，因为事实上他们就是与其他人不同的生物。

　　同样，李·西尔弗非常渴望把握住基因工程"改进"人类的权力；尽管如此，他却深深担忧它有可能被滥用、制造出一个更为优越的等级。他描绘了一幅这样的画面，有一个叫做"基因富足"（GenRich）的等级，不断地改进后代的认知能力，直到有一天，他们与其他的人类截然不同，产生了一个新的物种。

　　西尔弗并不因为科学技术会带给我们许多非自然的生育而担忧——例如，两个女同性恋者可以依靠基因技术生育后代，或者，通过从未孕母体子宫移植卵子生育事实上从未从母体孕育的小孩。他忽视了所有与未来基因工程相关的宗教、传统道德体系的忧虑，却在预知将危及"人类平等"时，清晰地划下界限。他似乎并不明白，给定他所有的前提，他已经失去了反驳"基因富足"等级的可能立场，也无法指摘"基因富足"等级赋予自己比"基因贫困"（GenPoor）等级更高的权利。既然并不存在着稳定、共同的人类本质，或者说，既然人的本质如此多元并易于受到人的操控，那么为什么不干脆制造一个背上有鞍的物种，然后再制造一个生而有马靴与马刺、能够驾驭前者的物种？为什么不干脆把握住这种权力好了？

　　由于支持在特定情况下杀死婴儿及使用安乐死，生物伦理学家彼得·辛格在任职普林斯顿大学时引起较大争议；对于放弃"人人享有平等尊严"这一理念，他比大多数人前后更为一致。辛格是一名不折不扣的功利主义者：他认为，衡量伦理学的唯一标准是，它是否从总体上减少了生物的痛楚。在他公然宣称的达尔文式世界观看来，人类不过是生命统一体的一部分，并没有什么特别的地位。这使他达成两个逻辑"完美"的结论：需要动物权，因为动物也能像人一样感知病痛与苦楚；降格婴儿与老年人的权利，他们缺少关键性的特质，比如自我感知，这影响他们感知痛楚的能力。在他看来，某些动物的权利，应当比某些人更值得尊重。

但辛格却没有足够直截了当，一路遵照这些前提直到逻辑结论，因为，他还是一个坚定的平等主义者。他没能够解释的是，为何减少痛楚成为了唯一的道德之善。一如往昔，哲学家弗里德里希·尼采比任何人都能够更为清晰地看透现代自然科技的影响，以及放弃人的尊严所带来的后果。一方面，尼采有着深远的穿透力，他能够看到，一旦圈定整体人性的红线不再存在，人们其实铺平了一条重新回归等级更为森严社会的道路。如果存在着人类与非人类的渐变等级，那么人的不同种类间也存在着相应的渐变等级。这不可避免地意味着，上帝或自然加诸强者身上那种信仰式的限制被解除了。另一方面，所有其他人类唯一企求的公共产品将变成健康与安全，因为所有其他从前所设定的更高的目标现在已经被压制。正如尼采在《查拉图斯特拉如是说》一书中所言："人们对白天毫无兴致，对黑夜也毫无兴致，但人却尊崇健康。'我们已经能够制造快乐了。'最后的人类说，然后他们眨了一下眼睛。"[11] 事实上，重新回归等级制，以及对健康、安全和减少痛楚的平等需求，也许会齐头并进，只要将来的统治者能够给大众提供足够他们所需要的"那一点点毒药"。

尼采去世一百年后，我们在走向他所预测的超人或末人的路上如此缓慢，这常常令我感到震惊。尼采曾经苛责约翰·斯图亚特·穆勒是个"傻瓜"，因为穆勒相信人即便不信仰基督教的上帝仍可以拥有类似的基督道德。但是现在，在任何一个过去两代已经世俗化的欧洲或美洲国家，我们看到了人的尊严这一信仰依然存在，现在它们已经完全被切断了宗教的根源。这信仰并不仅仅是存在：如果任何政治家提出将基于人种、性别、残疾与否或其他特质，把某些人群驱逐出应当受到人的尊严承认的"魅力疆域"，它会带来致命的耻辱。查尔斯·泰勒（Charles Taylor）曾说，"划定一条比整个人类物种要窄的范围，我们相信这是非常错误且毫无根据的"，假使一旦有人这么做，"我们要立即质疑它区分范围内外的标准是什么？"[12]人人享有平等尊严的理念，已经脱离了基督教或康德哲学的渊源，被多数唯物论的自然科学家看成是宗教教条。关于未出生人的道德地位的持续争论，是对这一普遍规则的唯一例外。

必须坚持人人享有平等尊严的理念，其原因是复杂的。部分原因是，这是一种习惯的力量，马克斯·韦伯曾说，"死去的宗教信仰的幽灵"仍然在我们身边游荡；另一部分原因在于，它是历史的偶然性产物：最近一场公然反抗人的普遍性尊严存在的重要政治运动是纳粹主义思潮，纳粹的种族与优生政策让人不寒而栗，凡有过此经历的人，都有充足的理由让往下的好几代人深刻汲取教训。

但另一个应当坚持"人人享有平等尊严"理念的原因与"人性的本质自身"（nature of nature itself）息息相关。历史上，许多部族曾经被否认享有人类尊严，这些否认的理论建立的根据不过仅仅是偏见，或是文化与环境等可变更的条件。诸如女性太过于情绪化、非理性因而不能参与政治，来自南部欧洲的移民头部较小因而智商比北欧人要差，这些观念都被实证、严谨的科学所推翻。随着传统宗教价值观共识的毁灭，所谓的道德秩序在欧洲并没有被完全打破的观点也不应该让我们感到惊讶，因为道德秩序本身根植于人性，并不是需要通过文化强加在人性身上的东西。[13]

未来，所有这一切都会在生物技术的影响下发生转变。最为明显且迫在眉睫的危险是，个体间的巨大基因差异将缩小，某些特定的社会群体会愈发集中。当前，所谓的"基因博彩"（genetic lottery）并不必然能使孩子继承导致他们父母富有、成功的辉煌成就的才华与能力。当然，会存在某种程度的基因选择：门当户对型择偶意味着成功人士总是倾向于互相婚配，这样以使他们的成功有基因的基底，并传递给后代更好的生活机遇。未来，现代生物技术将承担起优化遗传给后代的基因的全权职责。社会精英遗传给下一代的不仅仅是社会优势地位，同时也内植了他们的基因。有一天，基因遗传将不仅仅是智商与美貌这样的特质，还包括勤奋、竞争力等等的行为特征。

"基因博彩"受到许多人的谴责，因为它内在隐含着不公平，它认为某些人智商更为低下、长相更不起眼、这方面或那方面的能力有缺陷。但在另一意义上，它又极度的平等，因为每个人，不论其社会地位、人种或种族如何，都得接受。有时候最富有的人也许会生出一个一无是处的儿子，故而有这样的说法，"富不过三代"。当博彩被"有机会进行选择"所取代，我们打开了一条人类之间互相竞争的通道，它有可能让最上层与最底层之间社会等级差距扩大的危险。

基因优越等级的出现会给"人人享有平等尊严"这一理念带来何种影响，这值得人玩味。今天，许多聪颖且成功的年轻人将自己的成就归功于成长过程的偶然，如果不是，他们的生活将会完全不同。换句话说，他们认为自己不过是幸运而已，因而能够对没有他们幸运的人抱以同理心。但一旦父母能够通过基因选择决定某些特质，他们就成为"选择的产物"，而并非是幸运，如此一来，他们会渐渐觉得自己的成就是由于父母的良好选择与精心规划，一切都是应得的。比起不是通过"选择"的孩子，这些孩子们长相、思维、举止，甚至于感受都大不相同，他们也最终认为自己是不一样的物种。简言之，他们会认为自己是贵族，与旧式贵族不同，他们认为更好出身缘自天生而非惯例规约。

亚里士多德在《政治学》第一卷中对奴隶制的讨论对此颇有启发。虽然它常常被谴责为替古希腊的奴隶制辩护，但事实上，那场讨论远比这要深刻，并且它与我们所说的基因造就的等级密切相关。亚里士多德对规约型奴隶（conventional slavery）与天生型奴隶（natural slavery）做了区分。[14] 亚里士多德指出，如果存在着天生的奴性，那么奴隶的存在就被自然证明是合理的。但从他的讨论中尚不可知是否有这样人群的存在：事实上，大多数的奴隶都是规约型的——也就是，由于在战争或强力争夺中失败，或是受限于野蛮人阶层应该成为希腊人的奴隶这种谬见。[15] 出身贵族世家的人认为他们的贵气来自天生，而非得自美德，并且这种贵气能够代代相传。但是，亚里士多德也指出，自然也"并不总能够使这些发生"。[16] 既然如此，那么为什么不像李·西尔弗所说，"把握住给孩子制造基因优势的权力"，纠正"自然平等"的不足？

　　预测未来时，人们总会特别留意生物技术会带来新的基因阶层崛起的可能性，并且对此进行谴责。[17] 但截然相反的可能性也完全可能存在——会有一种动力促使一个基因上更为平等的社会诞生。在现代民主社会，人们不可能完全坐视精英群体对他们的孩子内置优势基因而无动于衷。

　　实际上，这正是未来少数几件在政治领域可能会激起人们抗争的事情。在此，我说的并不只是象征性地反抗，通过几个大头面孔在电视上空喊几句，或仅仅在国会进行辩论，而是人们真的操起刀枪与武器，彼此开战。在我们今天富有与自足的民主社会，很少有国内的政治议题能够如此强烈地引起人们的不安，但是日益加剧的"基因不平等"这个幽灵会让人们从沙发上跳起来、纷纷加入抗议的人群。

　　如果基因不平等带来了深刻的不安感，人们可能会采取两种不同的举措。第一种、也是最为显而易见的是，禁止使用生物技术改进人类特质，防止人们在这方面互相竞争。但也许"改进人类"的观念如此深入人心，以至于很难禁止；或者，立法禁止人们对自己的孩子进行基因改进很难通过；或者法庭直接裁定人们有权这么做，这时，第二个可能性就来临了——使用同样的技术使底层也能受益。[18]

这是唯一可能的场景，我们看到未来的自由民主社会重新回到政府支持的优生学时代。过去老旧、低劣的优生学曾经对残障及智力低下人士有歧视，禁止其生育。未来，将有可能生育出更高智商、更健康及更"正常"的孩子。使下层阶级受益，这只能通过政府干预的手段完成。生物改进技术有可能很昂贵，也会携带一些风险，但即使它相对便宜、健康，贫穷及缺乏教育的人也很可能难以受益。此时，那条"人人享有平等尊严"的红线就会要求政府采取强力措施，确保"一个也不能掉队"。

未来人类繁育在政治上将会极其复杂。直到现在，左翼人士全体反对克隆技术、基因工程及其他类似的生物技术，其理由繁多，比如基于传统的人道主义、出于对环境的担忧、对生物技术及其生产公司的怀疑，对优生学的恐惧等。传统说来，左翼人士在解释人类行为时，倾向于降低遗传的作用，更注重于社会因素。如果希望左翼人士转而支持对残障人士的基因工程，他们需要首先承认基因在决定智商及其他社交行为方面是第一位重要的。

比起北美来，欧洲的左翼人士更为反对生物技术。多数敌意主要来自欧洲汹涌澎湃的环保运动，例如，环保人士领衔反对转基因食品的运动。（是否激进的环保主义者都会变成人类生物技术的反对者，这仍有待观察。有些环保人士认为自己在保护自然免遭人类破坏，并且似乎更关心对非人类的东西的威胁，而不是关心对人性的威胁。）特别是德国人，到现在仍然对任何有一丝优生学气息的事物非常敏感。1999 年，哲学家彼得·斯洛特迪克（Peter Sloterdijk）曾掀起一场反抗浪潮，他说，很快，人类将无法拒绝生物技术提供的选择权力，我们再也无法忽视尼采与柏拉图所提出的繁育"超越"人类之物的问题。[19] 他受到了社会学家尤尔根·哈贝马斯（Jürgen Habermas）的谴责，而在其他时候，哈贝马斯曾与众人一起反对人类克隆。[20]

另一方面，某些左翼人士也开始为基因工程寻找辩护理由。[21]
约翰·罗尔斯在《正义论》中说，自然禀赋的不均衡分配这本身就
有内在的不公平性。因此，假定安全、花费及其他因素都可以解决
的前提下，一位罗尔斯主义者应当希望利用生物技术赋予每一个生
命均等的机会，使下层阶级往上移动。罗纳德·德沃金为父母对孩
子进行基因工程改造提供了理由，认为这在更大意义上保护了人的
自主性[22]，劳伦斯·特赖布（Laurence Tribe）则认为，对克隆颁
发禁令是错误的，它会由此造就对克隆儿的歧视。[23]

目前仍无法获知这两个极端的场景哪一个会发生，是不断增加
基因不平等的这个，还是不断增加基因平等的这个。然而，一旦生
物技术对人进行改进的可能性成为现实，不断增长的基因不平等很
难不成为二十一世纪最主要的争议之一。

人类尊严之回归

否认人的尊严这一概念——也就是，否认人类存在着一种特殊
的禀性，使人的道德地位高于自然界的其他物种——将导致我们走
向一条危险的道路。我们也许最终会被迫走上这条路，但至少我们
应当是头脑清明地在走。关于那条路，当今的生物伦理学家及漫不
经心的学院达尔文主义者很倾向于给予道德指引，但相较而言，尼
采提供了更为澄明的指示。

为了避免误入那条路，我们需要首先要再看一眼"人的尊严"
这一概念，问一下是否存在着这样一种方式，向妄言者辩明，这一
概念既能够与现代自然科学兼容，且能够公允地顾及人作为物种的
全部意义。我相信存在这样的方式。

与新教的保守派继续坚持神创造宇宙说相反，天主教在二十世
纪末已经与进化论达成妥协。1996 年，教宗约翰·保罗二世在宗座

科学院演讲时，纠正了教宗庇护十二世的《人类通谕》的说法，通谕曾认为达尔文的进化论是一个重要的假说但仍有待证实。教宗指出：“现在，在《通谕》出版了大半个世纪后，新的知识已经使我们认识到进化论不仅仅是一种假说，这一理论举世瞩目，伴随着各个领域一系列知识的重大发现，它已经逐渐被学者所接受。各个领域所独立从事的一系列工作成果的集合，这些既非刻意寻找也非人工制造，本身就是支持这一理论的重要证据。”[24]

　　然而，教宗继续认为，尽管教廷可以接受人类是从非人类的动物进化而来的观点，但在进化过程中发生了“本体性的跳跃”。[25]人类的灵魂是由上帝直接创造的，因此，“进化论与激发其灵感的相关哲学知识一致认为，思维的出现起源于生物界的自然作用力，或者仅仅是这一作用力的附带现象，这种观点与人类的真相相去甚远。”教宗继续说道，“它也不能为人的尊严提供现实的根据。”

　　换言之，教宗说的是，在 500 万年前的某个节点，在人的类似猿猴的祖先与现代人类出现之间，灵魂被神秘地注入到了我们体内。现代自然科学可以解密这一过程的时间轴，并详细解释与此相关的物质性关联，但是，这仍然不能完全解释什么是灵魂，以及它是如何诞生的。过去两个世纪，很显然，教廷从现代科学技术中汲取了许多有益的知识，并且据此调整了自己的教条。尽管许多自然科学家会对从教廷汲取知识的观点嗤之以鼻，但是教宗却一针见血地指出了现有进化理论的真实缺陷，而这值得科学家深思。现代科学在解释人之为人有何意味时有着大量的缺陷，远没有许多科学家想象的那样完善。

部分与整体

　　当代的许多达尔文主义者认为，他们已经通过现代科学经典的还原主义路径解码了人之所以成为人的难题。也就是说，任何高阶

的行为或特征，诸如语言或进攻性行为，都能够追溯到神经对大脑
基质的激发，这种激发又可以根据组成它们的更为简单的有机合成
物来理解。人类目前的大脑经历了不断累积的进化突变，这些突变
是由随机的异化所驱动的；同时大脑也经历了自然的选择进程，通
过这些选择，周遭的环境选定了特定的思维特征。所有的人类特征
都能回溯到一个先它而在的物质起因。举个例子，我们今天喜欢听
莫扎特与贝多芬的音乐，这是因为我们在进化过程中发展了听力系
统，在进化适应期的情境中，我们必须通过区分不同种类的声音，
谨防捕食者，或进行狩猎。[26]

　　这种思维的问题倒不在于它可能是错误的，而是它不足以解释
人类诸多非常杰出与独特的品质。这个问题的根源在于，这是使用
还原法去理解复杂系统，特别是生物系统。

　　当然，还原法构成了现代自然科学的基石，并且取得了许多伟
大的成就。假设，在你面前有两样截然不同的物质，铅笔里的石墨
以及你订婚时的钻戒，你也许认为两者完全不搭界。但是化学还原
法会告诉你，事实上它们都是由同一种更为简单的物质——碳——
合成的，两者间明显的差异并非是本原的不同，仅仅是碳原子组织
方式的差异。过去一个世纪，物理还原法一直在忙着将原子还原
于亚原子的微粒，也就是，将一切还原至一种更为根本的自然作
用力。

　　对诸如天体力学、流体动力学等物理研究领域合适的研究方法
并不必然适合研究复杂量表上另一端的物质，比如大多数生物系统；
因为复杂系统的行为是不能够通过简单的归纳或对构成它们的各个
部分进行放大来进行预测的。* 例如，一群小鸟或一窝蜜蜂，它们独

---

*　经典牛顿力学的决定论很大程度上基于平行四边形规则，就是说，作用于同一个物质的两
　个力的效用可以被视为分别独立作用于物体的两个力的加总。牛顿证明这条规则对行星、
　恒星等天体有用，因此假定它也能同样应用于其他物质，比如动物。

特并且能够清晰辨别的行为的形成，是单只小鸟或单只蜜蜂遵照简单的行为规则互相作用的结果（如飞行距离贴近同伴、避开障碍物等等），但没有任何一种行为能够从整体上囊括或定义鸟群或蜂群。应该说，群体型行为的出现是由于组成它们的个体的互动。在许多情形下，部分与整体之间的关系是非线性的：意即，增加输入 A 在一定程度上会增加输出 B，但它也会产生一个数量上不尽相同的、意外的输出 C。对于相对简单的水分子也是如此：在 32 华氏度时，水从液态转换成固态，但仅仅依靠化学合成的知识无法成功预测这个转换。

复杂性整体行为无法通过对个体的简单聚合进行理解，自然科学界已经知晓这一点一段时间了 [27]，这导致了一个叫"非线性"、"复杂适应系统"的研究领域的诞生与发展。这个领域试图对复杂性的出现进行建模。在某种程度上，这种方法走向了还原法的反面：它证明，虽然整体可以还原为更为简单的组成部分，但是却没一个简单的预测模型能够使我们从部分推测出整体行为的出现。正是因为非线性，初始状态的一点微小的差异也会变得非常敏感，即便行为是完全确定的，也会出现混沌状态。

这就意味着，理解复杂系统的行为比还原方法的创始人想象的要更为复杂。十八世纪的天文学家拉普拉斯（Laplace）曾说，只要已知构成宇宙的各个部分的质量及运动状态，他就能根据牛顿力学，准确预知宇宙的未来。[28] 没有科学家今天敢下这样的论断——不仅是因为量子力学告诉我们没有内在的确定性，同时也因为不存在预测复杂系行为的可靠方法。[29] 用亚瑟·皮考克（Arthur Peacocke）的话来说："研究更复杂层级的科学，其概念与理论往往并不能（但并非总是不能）从逻辑上还原成研究组成部分的科学。"[30] 科学上有一个复杂体系的层级排列，人类及人类的行为处于最为复杂的顶层。

　　了解低一层级别能够给了解高一层级别提供指引，但理解低层级别并不会让人完全理解高层级别会出现的特性。复杂适应系统领域的科学家创造了一个基于施动者的复杂系统模型，并将其应用在广泛的领域，从细胞生物学，到进行一场战争，到分配天然气。但是现在仍然需要观察，这是不是一种单一的、内在一致的、能够应用于所有复杂系统的方法论。[31] 这样的模型也许仅仅能够告诉我们，某些特定的系统内部处于混沌与不可预测状态，或者预测本身取决于掌握一些精准但实际上却无法获知的前提条件。因而，了解更高级别的复杂系统需要匹配以适合其复杂性级别的方法论。

　　通过参考人类特有的行为领域——政治，我们能够阐释复杂与整体令人困惑的关系。[32] 亚里士多德说人是天生的政治动物。如果有人试图依据人的特殊性为人的尊严提供理由，拥有参与政治的能力首要地是构成人类独特性的重要组成部分。然而，我们在此方面有独特性的观点受到了挑战。如第 8 章所述，黑猩猩及其他灵长类动物也会参与跟人类政治惊人地相似的争斗，并串通共谋直至赢得雄性领袖地位。更甚者，当它们与群体里其他成员互动，似乎能够感觉到诸如骄傲或耻辱等政治性情绪。很明显，它们的政治行为也能够通过非基因的方式传递，因此政治文化也并非是人类独有的存在。[33] 有些观察人士兴奋地援引此作为例子，用以反驳人类相对其他生物所拥有的自我重视感。

　　困扰人类政治行为与其他生物社会交往行为的正是错将局部视为整体。只有人类能够表达、辩论并修正抽象的正义规则。当亚里士多德断言人是天生的政治动物，他指涉的仅仅是，在某种意义上，参与政治的能力是随着时间推移不断开发的潜能。[34] 他指出，仅当第一位法律制定者建立了国家、颁布了法律，人类才产生了参与政治的行为。这一事件对人类功在千秋，但却是历史发展进程中的偶然性事件。这与我们目前已知的国家的出现非常符合。一万年前，由于农业的发展，埃及和巴比伦出现了国家。而在这之前的千万年间，人类住在无国家存在的狩猎采集社会，最大的团体也不超过 50 至 100 人，大多数人都有亲缘关系。[35] 因此，某种意义上，尽管人类的社交能力是天生的，但是人是否是天生的政治动物，这仍未可知。

但是，亚里士多德坚称政治对于人类是本能，尽管在早期的人类历史中它似乎不存在。他辩驳道，正是因为人类有语言，才能够形成法律条文和公正的抽象原则，这对于国家的创造与政治秩序的出现十分重要。动物行为研究学者已经发现，许多其他的生物也能够使用声音进行沟通，黑猩猩和其他动物也能够有限地学习一些人类语言。但没有任何其他物种拥有人类语言——也就是，使用抽象的行动原则进行表达与沟通的能力。当且仅当这两种自然特质——人类的社会交往能力与人类的语言功能——聚合在一起，才产生了人类的政治行为。语言的精进演化进一步促进了人类的社交能力；但并不是进化让语言成为政治的促成者。这就正好像史蒂芬·杰伊·古尔德（Stephen Jay Gould）用"拱肩"所做的比喻*，它为了某个理由进化而来，组合成人类整体后却发现了另一个重要的功能。[36] 人类的政治行为，尽管通过自然的方式出现，却不可还原成任何的动物间的社交能力或语言，尽管这些是它出现的先导。

意识

还原主义的唯物论科学没法解释的可供观察的现象，其中最为明显的，就是人类的意识问题。谈及意识，我指称的是主观的精神状态：并不仅仅是你在思考和阅读此页书籍时所浮现在脑海中的想

---

* 拱肩是一种意外出现的建筑形式，它产生于圆顶与支撑它的墙体的交汇处。

法或意象，同时也指你每天在生活中可能经历的感知、感觉和情绪。

　　过去两代人对意识进行了大量的研究与理论化努力，数量可与神经科学、计算机与人工智能（AI）比肩。特别是在计算机与人工智能领域，许多狂热人士相信，只要能够有更强大的计算机及更新颖的计算方式，比如神经网络，我们就会处于突破的边缘，机械的计算机就能够拥有意识。已经有一些会议和认真的讨论涉及此议题：如果一旦实现这一突破，关闭这样的机器是道德的吗？我们是否也需要赋予已经有意识的计算机权利？

　　然而事实却是，我们离突破差得很远。意识仍然像过去一样是一个极其神秘的领域。目前这种思维状态的困境起源于传统哲学对意识的本体地位的困惑。主观的精神状态由物质性的生物进程所产生，与其他现象相比，它似乎非常独特且处于非物质秩序的状态。对二元论的恐惧——也就是笃信两种根本类型的存在：物质与精神——在这一领域的研究者中如此强劲，以至于它导致了非常鲜明、滑稽的结论。哲学家约翰·瑟尔（John Searle）这样予以解释：

　　　　从过去五十年的视角来观察，精神哲学、认知科学及心理学的特定分支展现了一幅非常令人好奇的景观。其中最明显的特征似乎是，过去五十年，主流的精神哲学谬误得有多离谱……在精神哲学研究中，精神的最显要事实——例如，我们都真实地有着主观的精神意识状态，这些意识状态不能因为任何事物予以消除——却被这一学科中许多、也许是大部分的前沿思考者例行公事地否认。[37]

　　举个例子，对意识的理解存在着明显错误的学者，其中之一是这领域的顶尖专家——丹尼尔·丹尼特（Daniel Dennett），他的专著《意识的解释》（Consciousness Explained）最终是这样对意识下定义的：："人类的意识本身就是一个巨大的模因综合体（或更准确地说，是大脑中的模因效应综合体），我们最好将它理解成一台'冯·诺伊曼式'虚拟机器的运作，这架机器被安置在大脑的并行架构中，而这个架构本不是为此类活动所设计的。"[38] 若一个单纯的读者认为，这种论调并没有推进我们对意识的理解，这也情有可原。事实上，丹尼特是在表述："人类意识只是随一种特殊的计算机运作而来的副产品；；假使我们认为意识并不仅仅如此，那么，我们对意识是什么的观点是过时且谬误重重的。"瑟尔这样评论这一观点，只有在否认你、我及每个人所理解的意识时（也就是，意识是一种主观感受），丹尼特的理论才成立。[39]

类似地，许多人工智能领域的研究人员，通过事实上偷换主题的方式，避而不谈意识是什么这一问题。他们假定大脑只是一台高度复杂的有机计算机，它能通过外在特征进行辨认。知名的图灵实验曾断言，如果机器能够运行认知性任务，比如，用一种从外观上看与人脑进行类似活动无异的方式进行对话，那么这两者在内部也是没有差异的。为什么这一实验已经足够说明人类心智的情况，还是个谜；；因为很明显，机器对自己正在做什么没有一点主观意识，对它的任务也没有感知。*但这没有能够阻止汉斯·莫拉韦茨（Hans Moravec）[40]、雷伊·科兹韦尔（Ray Kurzweil）[41] 等作者的预测，他们认为，机器一旦达到必要的复杂程度，就会拥有人类的特性，比如意识。[42] 如果他们的预测是对的，那么这将对我们"人的尊严"的观点产生重大影响，因为它能决定性地证实，人类不过是一种由硅和晶管体合成的复杂机器，像碳和神经元一样简单。

然而这一切发生的可能性十分遥远，并不是因为机器永远无法

---

*　瑟尔对这种方法的批判体现在他设计的"中文房间"实验中，这个实验提出了这样一个问题，如果将一个不会说中文的人关在房间，并给他提示如何使用一系列的中文图形，这个人是否会比电脑更懂得中文？参见瑟尔（1997），第11页。

复制人类智力——我认为它们在这方面也许会非常接近——而是因为它们几乎不可能获得人类情感。安卓系统、机器人或计算机突然能够经历人类情感，比如，恐惧、希望、甚至性的欲望，这些都是科幻小说里的事情，从没有任何人设想过这一切如何发生，哪怕仅是有细微的靠近。就像人类的许多其他意识，这个问题并不单单是没有人知道情感本身是什么；而是没有人了解为何它会在人类的生物系统中存在。

诸如痛楚或愉悦这样的感觉，有其存在的功能性理由。如果我们得不到性满足，我们无法生育；如果我们感知不到火烧的痛苦，我们也许会立即化为灰烬。但是认知科学领域最新的见解认为，以主观形式存在的情绪，它的发生并不必然与其功能息息相关。例如，我们可以在机器人手指部位安装热感应器，当感应到火温时，执行器会自动将机器人的手弹开。尽管没有任何主观的痛苦感觉，但是机器人能够保全自己以免被烧坏；只要基于不同的电子脉冲的机械计算，机器人就可以决定对哪个物体执行任务，对哪些活动尽力避免。图灵实验也许会认为这已经是人类的行为，但事实上它却完全没有人类至关重要的品质——感情。在当前的进化生物学与认知科学领域，主观形式的情感只不过是其基础功能的副产品，在进化历史中，它们并不存在明显的、被进化选择的理由。[43]

正如罗伯特·怀特所言，这导致了一个非常奇怪的结果，对我们而言，人类存在的最重要的意义，完全不是由于物质性设计。[44]而正是人类所独有的全部情感，让人产生了生存意义、目标、方向、渴望、需求、欲望、恐惧、厌恶等意识，因此，这些才是人类价值的来源。尽管许多人将人类理性、人类的道德选择列为人类所独有的特质，它们使人产生尊严；但我认为，人所拥有的全部情感，如果不是更甚，至少也与其同等重要。

政治理论家罗伯特·麦克谢伊（Robert McShea）让人演示下面

的思想实验来显示人类情感的重要性，以丰富我们常识所理解的"人之为人"的含义。[45] 假设你在一个沙漠孤岛遇见两个生物，它们都有人类的理性，因而能够进行对话。其中一个生物，外表是狮子形象但是拥有人类情感；另一生物，有着人类的外表但是表现出狮子的情感特征。你会对上述的哪种生物感觉更亲近？你更愿意和哪个生物做朋友、建立精神联系？答案是狮子，无数的小儿书所描绘的通情达理、会说人话的狮子；因为人类情感是我们物种的特有特征，比起理性与外表来，它们对我们而言更具有人情味（humanness）。《星际迷航》系列中的斯波克先生偶尔看起来比感性的斯考特先生可爱，那仅仅是因为，我们怀疑在他理性冷峻的外表下深深地隐藏着人类情感。理所当然地，他在剧中所遇上的一系列女角色都希望能够与他擦出不只是机器人反应的火花。

另一方面，我们认为斯波克先生没有任何情感，他只是一个精神病人和怪物。当他给予好处时，我们也许会接受，但不会有感激之情，因为我们了解，这不过是他理性计算之后的产物，并非出自好心。如果欺骗了他，我们并不会感到愧疚，因为清楚他本人不会有愤怒感，也不知道背叛为何物。如果情况紧急需要杀了他以保全自己，或者在敌对情况下需要牺牲他的性命，我们不会感到多么遗憾，仅仅像失去汽车、传送器等宝贵财产般。[46] 即便我们需要与斯波克先生合作，我们也不会将其作为道德人对待，不会像对待人类般尊重他。那些人工智能实验室中，认为自己不过是复杂的电脑程序，并且希望将自己下载到电脑上的"极客"们（geeks）应当有忧患意识了，因为没有人会关心他们（作为电脑）是否会永久性关闭。

因此，意识的标题之下有大量的内容，它帮助我们界定人作为物种的特殊性，进而确立人的尊严，而这些现代自然科学尚无法全部解释清楚。辩称其他动物也有意识、也有文化、也有语言的理由是不充分的，因为它们的意识并不能与人类的理性、人类的语言、人类的道德选择及人类的情感相结合，并产生人类的政治行为、人类的艺术与人类的宗教。进化史上所有拥有人类特质的非人类先驱，以及所有使得人类特质出现的物质性起因及前提条件，它们相加也并不如人类作为整体般丰富。贾雷德·戴蒙德（Jared Diamond）在他的著作《第三种黑猩猩》（The Third Chimpanzee）里注意到，黑猩猩与人类的基因组相似度高达 98%，这意味着两个物种的差异是非常微小的。[47] 但对一个意外发生的复杂系统而言，即便微小的差异也能带来巨大的质变。这有点像是说，冰与水并没有多大区别，因为它只是相差 1 度。

因此，我们不必完全同意教宗所说的上帝在人类进化过程中注入了人类灵魂的说法，也能够与他达成共识，在人类进化过程的某个节点，确实发生了一些非常重要的本质性跳跃，如果不是本体性跳跃的话。正是由于这一从部分到整体的跳跃，最终形成了人的尊严的基石，即便不以教宗的宗教性前提为起始点，我们也能相信这一概念。

那么，这个整体到底是如何形成的，它又是如何保存至今的，用瑟尔的话来说，"这仍然是个谜"。没有任何一个谈及这一议题的现代自然科学分支能够击中要害，尽管许多科学家深信他们已经解码了整个进程。普遍说来，现在许多人工智能研究人员认为，意识是某些复杂的计算机"业已出现的特质"。但这不过是基于与其他复杂系统类比时做出的未经证实的假说。还没有人能够真实地看见实验情境下诞生意识，或甚至提出意识是如何诞生的理论。如果"突现"的进程并没有在"人之为人"的过程中发挥重要作用，我们会感到非常惊讶；但这就是事实的全部吗？还是存在着一些我们至今尚无法得知的事情？

这并不是说科学解码之事永远不会发生。瑟尔本人相信：意识就像神经激发或神经递质的产物一样，是大脑本身的生物本能；生物学也许有一天能够解释有机器官是如何生成它的。他认为当前理解意识的问题并不要求采用本体二元论，或放弃唯物因果论的科学框架。意识如何诞生的问题并不需要求助于上帝的直接干预。

另一方面，它也没有完全排除这一可能。

到底为何而战？

如果赐予我们尊严及比其他生物更高的道德地位之物，与我们是复杂的整体而不是部分的简单相加密切相关，那么很显然，到底什么是 X 因子，这个问题很难简单回答。也就是说，X 因子不能够被还原成为拥有道德选择、理性、语言、社交能力、感觉、情感、意识，或任何被提出当作人的尊严之基石的其他特质。而正是所有这些特质组合成人类整体，才有了 X 因子。作为人类的一员，每个人都有基因的禀赋，使他或她成为一个完整的人；这一天赋使他从本质上区别于其他生物。

仅需片刻反思就能意识到，所有的这些形成"人之尊严"的重要特质都不能脱离彼此而单独存在。比如，人类理性，与计算机理性完全不同；它浸润着人类情绪，其运作机理也事实上由情绪在推动。[48]道德选择不能脱离理性单独存在，更不用说，它根植于诸如骄傲、愤怒、羞耻及同情等情感。[49]人类意识并不仅仅是个人偏好或工具理性，它是别的意识及其道德评价这样的主体间作用所共同形塑的。我们是社会与政治动物并不仅仅因为我们拥有博弈理性，而是因为我们生而具有社会情感。人类感觉又与猪或马的感觉不同，因为它还伴随着记忆与理性。

这段冗长的关于人类尊严的讨论试图解答下面这一问题：我们到底试图在未来的生物技术中保护些什么？答案是，我们试图保存全部的复杂性、进化而来的禀赋，避免自我修改。我们不希望阻断人性的统一性或连续性，以及影响基于其上的人的权利。

如果 X 因子与我们的复杂性，及人类所特有的道德选择、理性及一系列情感的复杂互动息息相关，那么追问生物技术会通过什么手段及为什么会让我们变得不那么复杂，这似乎很有道理。答案是，我们一直试图避免生物医药的发展只是为了功利性目的——也就是说，这么做是为了试图避免将天赋的、人类复杂多样的生存目标与意义减少为一些简单的归类，比如仅仅是痛楚或快乐，或者自主。特别是，生物医药的发展有一种恒久性的倾向，它允许减低病痛与苦楚处于超越所有其他的人类生存目的或目标的位置。这将成为生物技术与生俱来的不变的权衡：我们能够治愈疾病，能够延长寿命，能够使孩子更易于管教，但代价却是一些无法言说的人类品质的丧失，如天分、野心或绝对的多元性。

我们复杂本性中最受威胁的是人类的全部情感。人们总是倾向于认为，自己知道什么是好的情感、坏的情感，并且人能够通过压制坏情感，使人不再那么富于攻击性，更倾向于社交、更顺从、更少抑郁，从而优化本性。功利主义减少人类痛楚的目标本身就问题重重。没有人可以指摘我们应当减少病痛及苦楚，但事实是，我们或他人身上，最高级别、最令人喜欢的品质总是与我们如何应对、对抗、克服，以及常常臣服于病痛、苦楚或死亡紧密相关。如果没有这些邪恶的存在，人也就没有同情、热情、勇气、英雄情结、团结一致及坚韧等性格品质。*一个人没有面临过痛苦或死亡，他便没有深度。我们经受这些情绪的能力让我们潜在地与所有人类相连接，不论是活着的，还是死去的。

许多科学家与研究人员认为，不论怎样定义人性，都不必担忧，

---

* “同情”（sympathy）的希腊语词源和“热情”（compassion）的拉丁语词源都涉及人能感知他人痛楚的能力。

并且将人性与生物技术区隔开来，因为在修改人性前，我们尚有一条很长的路要走，也许我们永远也不可能有这样的能力。他们也许是对的：人类的生殖细胞系工程，以及在人体上使用DNA重组技术，这比许多人想象的要更为遥远，虽然克隆技术已经近在眼前。

但是，我们操控人类行为的能力却并不取决于基因工程的发展。事实上，我们期望通过基因工程去完成的事情，都能更快地通过神经药理学达成。不论其年龄与性别，为了提升更多群体的生活质量，新的生物医药技术将应用于他们身上，带来人口统计学上的大幅变迁。

利他林及百忧解等药物的大范围传播及使用剂量的剧增，表明人类有多渴望使用技术改变自己。如果构成人类本性的关键组成部分及人类尊严理念的基石，与全体人所共享的正常情感有关，那么，我们已经试着在缩小功利主义关于健康与便利的生存目的的范畴。

这些精神治疗药物并不会像基因工程也许有天会实现的那样，更改生殖细胞系或带来可遗传性影响。但它们已经提出了关于人类尊严意义的重大议题，它们是事情发生的前兆。

我们何时成为人类？

未来一段时间，生物技术带来的最大的伦理争议，将不是对正常人类尊严的威胁，而是对那些并不完全具有定义了人作为物种而存在的所有特质的人。处于这一类别的最大的人群是，未出生（甚至也包括已出生）的婴儿、临终的病人、患有虚弱疾病的老人，以及残障人士。

由于干细胞研究与克隆技术，这一争议已经开始显现。胚胎的干细胞研究要求对胚胎进行蓄意毁坏，所谓的"治疗性克隆"则不仅限于毁坏，而是为了科学研究先精心培育胚胎然后再毁坏。（正如生物伦理学家利昂·卡斯所指出的，治疗性克隆并非是为了治疗胚胎。）这两种技术都受到了严厉的谴责，人们相信生命起始于受孕，胚胎与人类一样，有全部的道德地位。

在此，我并不想重述有关堕胎辩论的整个历史，也不想再谈及生命从何时开始的热门争议话题。我本人并不以宗教信仰作为出发点，但我承认在思考它的利弊时相当程度地加入了宗教因素。这里的问题是，以自然权利为方式思考人的尊严，它为未出生的婴儿、残障人士等的道德地位提供了什么帮助？我不太确定是否有确定的答案，但至少它能帮助我们画出一个回答问题的框架。

乍一看，自然权利学说将人的尊严基于人类作为物种所拥有的独特品质上，它允许根据任何单个成员所享有的群体特征的程度来划定权利的谱系。例如，一位患了老年痴呆症的老人，已经失去了正常成年人的推理能力，该推理能力正是使人能够通过投票及竞选参与政治的那部分尊严。理性、道德选择、拥有人类所特有的一系列情感，这些是几乎每个人都有的特质，它们是人人平等的基石，但每个人拥有这些特质的数量不一定相同：有些人更为理性，有些人更有道德感，有的人更为敏感。极端情况下，人与人之间可做出细微的区分，使人以他所拥有的基本特质的程度来不同程度地分配所享有的权利。这在历史上曾经出现过，被称作"天赋的贵族"。它所隐含的等级性，是人们质疑"自然权利"这一概念的缘由之一。

然而，人们可以给出非常审慎的理由，为什么在分配政治权利时不能太过于等级化。首先，人们并未就什么是界定个人权利的基本人类品质达成共识。更重要的是，做出某个人在多大程度上拥有这些特质的判断是十分艰难的，通常会面临质疑，因为下判断的一方很难是完全公正的一方。大多数现实世界的贵族制是基于传统而非天赋，贵族们自称天生尊贵，但它实际上是基于强力或惯例。因此，是时候提出这样的疑问，谁能够大方拥有享受权利的资格？

　　然而，事实上，当前的自由民主制正是基于个人或某个群体拥有不同的特质而享有分殊的权利。例如，孩子没有成人的权利，因为他们的推理与道德选择的能力没有发展完整；他们不能够投票，也不能拥有像父母一样的自由，比如，决定去哪定居、是否上学等等。社会会剥夺触犯法律的人某些基本权利，对那些缺乏基本道德感的人惩罚会更加严重。在美国，某些罪行甚至会被剥夺生命权。老年痴呆症患者并不会被剥夺政治权利，但会限制他们驾驶及掌管财务，实际上他们也停止了使用自己的政治权利。

　　从自然权利的角度，人们也可以认为，赋予未出生的孩子不同于婴儿或未成年人的权利，这也是合理的。刚出生数天的婴儿也许没有推理与道德选择能力，但它已经有了所有人类情感的基本要素——它会沮丧，紧紧黏住母亲，渴望关注，等等，而仅有数天大的胚胎则尚不具有。正是因为父母与孩子间的强有力的联系，杀害婴儿触犯了自然法，在多数社会里，它是罪大恶极的罪行。我们通常会替死去的婴儿举办葬礼，但不会对流产的孩子这么做，这便是区别自然存在的证明。所有这些都说明，将胚胎当成成人来对待，并赋予他们未成人享有的权利，这是不合情理的。

　　为了反驳这些观点，不从宗教而是自然权利角度也可以提出下面的一些理由。胚胎也许欠缺婴儿所拥有的一些基本人类特征，但它毕竟不只是一群细胞或组织，它有潜力成长为完整的人。在这一方面，它与婴儿的区别仅在于实现了天赋潜力的程度，因为婴儿也不具有一个正常成人所有的大多数特质。这意味着，尽管胚胎可以被赋予比婴儿更低的道德地位，但是比起科学家所研究的细胞或组织来，它应有更高的道德地位。因此，即便不站在宗教的立场上，我们也有理由质疑科学家是否能够自由培育、克隆、毁坏人类胚胎。

　　个体发生学是系统发生学的简要概括。我们已经指出，在进化过程中，从非人类的祖先进化到人类，有一个质的飞跃，这个飞跃使非人类的祖先一变而为拥有语言、推理及情感的整体的人，这个整体人无法再分化成各个简单的部件进行解析；这个飞跃的过程到底是如何的，至今仍然是个谜。从胚胎发育成为婴儿、成长为未成年人、再逐渐成年，这个过程也有相似的飞跃：最初只是一组有机的分子，它们渐渐拥有意识、理性、做出道德选择的能力及主观的情感；但这一飞跃是如何实现的，我们同样一无所知。

把所有这些事实叠加在一起——胚胎拥有介于婴儿、细胞与组织之间的道德地位；胚胎如何发育并成为拥有更高道德地位的人类，谜底仍未揭晓——所有这些表明，我们应当对从胚胎中提取干细胞的行为加上许多限制，确保它没有成为将未出生婴儿用于其他用途的先例，不进一步超越底线。在何种程度下，我们愿意为了功利目的制造并培育胚胎？假使一些神奇特效药的制成需要的不是从数天的胚胎中提取细胞，而是从一个数月大的胎儿身上提取组织？一个五个月大的女胎在子宫里已经有将来其作为女人进行生育时的所有卵子，会有人想要拿它们做实验吗？如果我们对由于医学目的进行克隆胚胎习以为常，我们知道何时该止步吗？

如果未来生物技术带来的平等议题会使左翼阵营分裂，毫不夸张地说，右翼阵营也会因为人的尊严议题而解体。在美国，右翼（以共和党为代表）已经分裂成为崇尚企业家精神、倾向于较少管制科技的经济自由主义者，及由许多信仰宗教人士所组成、关注从堕胎到家庭等一系列议题的社会保守派。在选举期间，这两股派别通常能够紧密团结，但它们只是在外表上对一些基本的分歧进行掩饰。目前我们很难判断，当未来新的技术出现，它一方面会给生物技术产业带来巨大的健康利好和赚取金钱的良机，另一方面却会触动人们所长久持有的伦理规范时，这个联盟是否依然会存在。

因此，我们被重新带回到政治与政治策略的议题。现在，人类尊严这一可行的概念已经存在，它需要被维护，不仅仅是在哲学的小册子，还需要体现在现实政治中，被政治机构切实保护。这一议题，正是本书最后一个部分所关注的。

第三部分

怎么办？

第10章

生物技术的政治管制

圣洁的残忍。——一个人抱着新生的婴儿走到神面前。"我
要怎么对待这个婴儿？"他问道，"它真是可怜，出生就是
畸形儿，还没有活够就要死去。""杀了它！"神厉声呼喝道，
"然后将它抱在你怀里三天三夜，给自己留个回忆。下一次，
时机不合宜时，再也不要这样生育小孩。"此人听完这些话，
沮丧地走开了。很多人责斥神，因为他的建议太残忍；他
竟然要人去杀害他的孩子。"但是，让它活下来不是更残忍
吗？"神反问道。

——弗里德里希·尼采《快乐的科学》第 73 节

　　有些新的技术让人不寒而栗，因而，从一开始就会让人迅速建
立共识，需要采用政治手段控制它的发展与使用。1945 年夏天，当
第一颗原子弹在新墨西哥州阿拉莫戈多引爆时，这一事件的见证者
都明白，人类创造了一个威力巨大到能够自我毁灭的潜在武器。从
那时起，核武器就被施以政治控制：任何个人不得随意开发核技术，
或者交易能够制造核武器的部件；1968 年《核不扩散条约》的签约
国一致同意限制就核技术进行国际贸易。

　　其他新技术看起来更为温和，因此没有或者仅受到很少的管制。
个人电脑与网络的发展就是例子：信息技术的这些新的形式允诺创
造新的财富，使人更加轻便地接触信息，因而更为民主地分配权力，
在使用者中间建立起社群。人们很难看到信息革命的发展预势；他
们今天能够找寻到的是称作"数字鸿沟"的议题（意即，对信息技

术的不平等接触），以及对个人隐私的侵害，这些都不能称得上挑战正义或道德的地震般的事件。除了某些更为中央集权的社会试图控制信息技术的零星努力，近些年，信息技术大为繁盛，在国家或全球层面鲜少受到监控。

生物技术处于这两个极端的中间位置。转基因农产品及人类基因工程给人们带来的不安感远远超出计算机和网络。但生物技术同样承诺给人类带来健康与福祉等重要福利。当生物技术的新进展具备能够治愈小儿囊胞性纤维症或糖尿病的能力，人们很难因为对生物技术的不安感而要阻止这项技术的发展。但一旦新技术的发展导致了失败的临床试验，或让人对基因更改的食物产生致命的过敏反应，它会立即招致人们的反对。实际上，生物技术的威胁远比这要更为微妙，因此很难用功利的计算来衡量。

当面临两难的技术挑战，利好与灾难如此紧密地纠葛，在我看来，只能采取唯一的一种应对措施：国家必须从政治层面规范这项技术的发展与使用，建立相关机构区分技术的进展，哪些能帮助推进人类福祉，哪些对人类尊严与快乐带来威胁。这些监管机构首先必须具备在国家层面落实区分措施的强力，最终必须能够在国际层面延展它们的能力。

当前，关于生物技术的论辩已经极化成两大阵营。第一大阵营是自由至上主义者，他们认为社会不应该也不能对新技术的发展施加限制。这一阵营包括研究人员与科学工作者，他们希望重新推回科学的边界；也包括生物医药行业，它们能够从被松绑的技术进步中获利；特别是在英美两国，有一大群人，他们忠诚于将自由市场、去除管制，以及在科技领域尽量少一些政治干预有机联合起来的意识形态。

另一大阵营是对生物技术有道德担忧的异质性群体，它包括宗教信徒、笃信自然神圣不可侵犯的环保主义者、新技术的反对者、担心优生学卷土重来的左翼人士。这一阵营，既有像杰里米·里夫金（Jeremy Rifkin）这样的积极分子，也有天主教会，他们提出对一系列新的技术发起禁令，从试管婴儿到干细胞研究，从转基因农产品到人类克隆技术。

有关生物技术的论辩需要超越这种极化的状态。这两条路——对生物技术的发展持完全放任自流的态度，或试图大范围禁止未来技术的发展——都具有误导性，且不现实。某些技术，比如人类克隆，无论出于内在原因还是战略原则，都必须完全禁止。但对当前涌现出的大多数生物技术来说，它们需要一个更为细致的管理方式。现在每个人都急于亮出伦理立场，支持或反对各种技术，但很少有人仔细地观察，到底需要什么样的制度（机构），允许社会对技术发展的步调与范围进行管控。

已经很长一段时间无人提出要对这个世界多一些管制。管制——特别是国际层面的管制——并非轻声呼吁就能实现。在里根—撒切尔二十世纪八十年代实施改革前，北美、欧洲、日本的许多经济部门普遍处于过度管制状态，许多行业今天仍是如此。管制会导致无效率，以及甚至大家都已经明白的社会病症。比如，研究已经显示，即使宣称为公共利益代言，但政府管理者是如何发展出自我利益，促进自身地位与权利提升的。[1]设想不周全的管理办法会大大提升做生意的成本，窒息创造力，导致资源的错误配置，因为商业总是试图逃离冗沉的规罚。过去一段时间，很多创造性的研究都在关注僵化的政府管制的替代方式——比如，商业的自我监督，以及更具弹性的产生与实施法规的模式。

任何管制都会导致欠缺效率，这是板上钉钉的事实。我们试着通过设计不同的机制使监管进程流水线化，让它能更及时地应对技术与社会需求的变化，但最后，总有一些社会问题，只能通过正式政府管制的形式予以处理。自我监管这样的计划需要最佳的运作环境:在并不产生许多社会影响的行业（用经济术语来说，负外部性），议题是纯技术且非政治的，行业有很强的自我监管的动力。这些对于国际标准设定、航班路程协调及其支付、产品测试，以及银行结算是有效的，曾经一度也适用于食品安全及医疗实验。

但它不能应用于当前的生物技术中，或未来极有可能出现的生物医疗技术中。过去，科学共同体在为自己设定政策限制上做出了相当杰出的努力，比如在人体实验及DNA重组技术安全领域，但仍然有许多吸引着大量资金的商业利益，使得自我监管在未来不能继续很好地运作。大多数医疗技术公司都没有兴趣去留意细小却需要甄别的伦理差异，这就意味着政府必须要介入，划定规制范围并强力实行。

今天，很多人认为生物技术不应该，在实践中也不能被管制。下面将说明，这两种结论都是错误的。

谁有决定权？

那么，到底谁能决定我们是否要对新的生物技术进行管制？用什么样的权威进行管制？

在2001年美国国会关于禁止人类克隆的法案辩论中，来自俄亥俄州的国会议员泰德·斯特里克兰（Ted Strickland）坚持认为，应当严格地以现有的最佳科学作为指引，而"不应当让神学、哲学或政治学干涉我们对这一问题的决定"。

很多人会同意这种观点。许多国家的民意测验显示，公众认为科学家在这方面比政治家更有发言权，更不用说神学家或哲学家。我们都知道，立法者喜欢故作姿态、夸大、为奇闻轶事争辩、拍桌子及刻意迎合。他们常常不懂装懂地进行演说或行事，有时会极大地被游说分子或根深蒂固的利益集团所影响。那么，为什么是他们，而不是公正的研究者团体，对像生物技术这样高度复杂及富有技术含量的议题拥有最后的决定权？政治家对科学家所从事的领域加以限制，这让人们想起中世纪天主教将伽利略所说的"地球围绕太阳公转"标为异端的历史。自弗朗西斯·培根以来，从事科学研究本身就拥有正当性，它是一项自动为人类更大福祉服务的事业。

很不幸，这样的观点是错误的。

科学本身并不能成为它研究的目的。科学能够发现疫苗，找到医治疾病的解药，但它也能制造感染性药剂；它能够发现半导体的物理学原理，也能够了解制造氢弹的物理学原理。科学作为科学，它本身对于收集的数据是否严格遵守人类研究主体的利益是漠不关心的。毕竟，数据只是数据，更精确的数据通常需要绕开规则或忽视规则而得到（第 11 章人类实验的部分将会清晰展示）。许多向集中营受害者注射感染性试剂，或通过冷冻、燃烧的方式使人至死的纳粹军医，事实上只是在正当收集真实的数据，这些数据可潜在地被很好地应用。

只有"神学、哲学或政治学"能够为科学及它所产生的技术设定目的，并确定哪些目的是有益而哪些目标是有害的。也许，科学家能够帮助设立规范他们行为的道德规则，但他们并不是以科学家的身份这么做，而是作为一名科学知识齐备的、更大的政治共同体的成员。从事研究的科学共同体里有许多聪颖、乐于奉献、精力充沛、富有道德感及富有思想的人士，在生物医药领域工作的医生也是。但是他们的利益并不必然与社会公众的利益相对应。科学家受到事业心的强烈驱使，通常在某一技术或医药领域有着金钱的利益。因此，我们应当如何应对生物技术的问题是一项政治议题，不能由技术官僚所决定。

到底由谁来决定科学被正当还是不正当应用，这个问题的答案事实上非常简单，并且已通过好几个世纪的政治理论与实践得以确立：那就是组成民主政治共同体的成员，主要通过他们所选举的代表执行，这就是所有这些事情的最高主宰，它拥有掌控技术发展的进度与范围的权力。尽管今天的民主制度存在着诸多矛盾，从特殊利益集团的游说到民粹主义态势，但仍没有一套明显的更高的替代制度，这制度能够以一种公正与合法的方式把握住人们的意志。我们当然期望政治家做出决定时已经包罗性地理解了科学。历史充满了基于错误的科学知识建立法规的案例，比如，二十世纪初在美国及欧洲所通过的优生学立法。但最终，科学本身只是作为实现人类生存目的的一种工具；政治共同体决定什么是适宜的目的，这最终并不是科学问题。

当转向对人类生物技术建立管理机制的疑问时，我们面对的是一个截然不同的问题。问题并不在于是否应该由科学家或政治家做出与科学研究相关的决定，而是从生育决定的角度，什么是由个体父母或政府做出的最恰当选择。詹姆斯·沃森坚持认为，这应当由个体母亲决定，而不是由一伙男性管理者：

> 在这儿，我的原则相当简单：只是让所有的妇女，而不是男人来做决定。她们是生育小孩的人，而你知道，男人，当孩子不甚健康时只会偷偷溜走。我们需要对下一代更负责任。我认为，妇女应当被允许做出决定，以我所知，尽可能让男医生主导的医生委员会失去作用。[2]

平衡男性官僚的评断和拥有关爱之心的母亲的担忧，这是一个措词高超的策略，但它与主题无关。一直以来，男性法官、办事员及社会工作者（以及许多女性工作者）都在介入女性的生活，告诉她们不能忽视或虐待孩子，应当送孩子上学而不是去为家庭挣钱，

不能给孩子毒品或使他们拥有武器。大多数妇女会有责任感地行使
自己权威的事实并不能减少对规则的需求，特别是技术使许多高度
非人工的生育方式成为可能（比如，克隆），而这些对孩子的终极
影响可能是不健康的。

正如第 6 章所指出的，自然繁殖的方式下，通常被认为在父母
与孩子之间自发存在的利益共同体，在新的人工的方式下，可能不
复存在。有人认为，我们能假定即将出生的孩子同意使其免受天生
缺陷及智力迟钝的决定。但是我们能够假定孩子愿意成为一个克隆
人？愿意成为两个女人的生理学意义上的后代？愿意出生时拥有非
人类的基因？特别是克隆技术提出了这样的前景，生育决定更符合
父母的利益与便利，而不是孩子的，那么，在这种情况下，国家有
责任介入保护孩子。[3]

技术能被管制吗？

即便我们决定，对技术进行管制是正当的，我们将面临这样的
困惑：技术是否能被管制？事实上，设想对人类生物技术进行管制，
最大的障碍之一就是已经广为传播的、技术进步无法被管制的信念，
这种信念认为，所有这样的努力都将弄巧成拙、注定失败。[4]这一
论断令特定技术的拥趸及渴望从技术进步中获利的人士欢欣鼓舞，
但对希望放缓有潜在危害的技术传播的人们来说，它令人失望。特
别是对后者而言，他们对政治有能力改变未来的观点充满失败感。

最近这些年，由于全球化时代的到来，以及信息技术的近期体
验，这一信念变得日益强大。据说，没有哪一个主权民族国家能够
管制或禁止科技发明，因为研发部门可以轻易地搬迁到另一个管辖
区域。例如，美国试图管控数据加密术，或法国希望在法语网站强
制实行法国语言政策，这样的举措只会使自己国家的技术发展步履

蹒跚，因为开发者会将商业运作转移到管理环境宽松的地方。唯一能够对技术传播进行控制的方式就是签订限制技术的国际协议，但这协商起来困难重重，执行起来更是步履维艰。在缺乏类似国际条约的情况下，任何选择管制的国家不过是在助别国一臂之力。

这种关于技术发展不可避免的悲观主义是错误的，如果它被大多数人奉为信念，将成为自我实现的预言。因为，很简单，认为技术发展的速度与范围不可控的观点，完全不是那么回事。许多危险或有伦理争议的技术事实上已经处在有效的政治管制下，包括核武器及核能、弹道导弹、生物或化学武器、人体器官移植、神经医药学药物等等，这些都不能够自由研发或在国际范围内进行交易。很多年来，国际社会已经成功地对人体实验进行了有效管制。近期，食物链中的转基因作物在欧洲被突然叫停，美国农户也对近期才接受的转基因作物敬而远之。也许有人会辩称这是基于科学根据的正确决定，但它证明生物技术的行进并不是不可阻挡的庞然大物。

其实，通常认为无法对色情文学或网上政治讨论进行管控的假定是错误的。政府部门确实无法关闭世界上每一家反对它的网站，但却能在管辖范围内提升普通民众登陆它的成本。比如，有的国家政府已成功使用政治权力，通过威胁撤回在该国经营权的方式，迫使像雅虎、MSN这样的网络公司限制在该国网站发布不讨喜的事情。

怀疑者会反驳，所有这些管制技术的努力最后并没有成功。比如，尽管西方世界在防止核不扩散上倾尽了巨大的外交努力，特别是美国，但二十世纪九十年代，印度和巴基斯坦仍然公开地测试核设备，成为第六及第七大拥核国。三里岛及切尔诺贝利事件后，尽管核能开发步调有所放缓，但由于日益高企的化石燃料价格，以及对全球变暖的担忧，它现在又重新回到讨论桌上来。弹道导弹扩散及大规模杀伤性武器的发展在伊拉克与朝鲜仍在继续（编按：本书英文版初版于 2002 年，那时伊拉克战争尚未爆发），而且在那儿，有大型的地下市场，兜售毒品、武器零部件、钚元素，及几乎所有你能叫出名字的违禁商品。

所有这些都真实无误：没有哪一套管理机制是密不透风的，如果选择了一种时间足够长的机制，最后，大多数技术都会得到发展。但这却忽视了社会管制的重点：没有法律被滴水不漏地执行。所有国家都将谋杀定为犯罪，并对杀人犯进行严厉惩罚，尽管如此，谋杀案仍然发生。但谋杀案仍然发生的事实并不能成为放弃法律规则并努力执行它的理由。

在核武器案例中，国际社会为防扩散进行了大量殷实地努力，而且成绩卓著，它们减缓了核武器的传播速度，也使核武器远离了处在不同的历史发展节点可能倾向于使用它的国家。在二十世纪四十年代末，核时代将要出现的拂晓，专家按照常规预测，接下来几年，一系列国家将陆续拥有核武器。[5] 然而事实上成功研发核武器的国家屈指可数，直到二十世纪末，核武器一直未在冲突中被引爆，这不可不谓之一项巨大的成就。有一系列国家本可以研发核武器，但由于限制而不能这么做。例如，处于军事独裁时期的巴西与阿根廷，曾经怀有核野心，然而，它们受到不扩散机制的限制，迫使其将这些项目进行秘密处理，并延缓了发展进程；二十世纪八十年代，在两国重新返回民主国家行列后，这些项目被完全关闭。[6]

比起生物技术来，核武器更易于管控，有两点理由：第一，核武器的研发非常昂贵，且需要庞大、可见的设施，这让秘密研发成为不可能。第二，这项技术如此令人恐惧地危险，以至于在全球范围内迅速达成共识，需要对其进行管控。生物技术却恰恰相反，它能够在小得多，且经费要远远低廉的实验室进行，全球也没有达成限制其风险的类似共识。

另一方面，生物技术并不会像核武器那样带来高度的强制困难。

恐怖团伙，或像伊拉克一样的流氓国家只要拥有一颗核弹，就能给世界安全带来极大的威胁。与此相反，一个能够克隆萨达姆·侯赛因的伊拉克却不会给世界带来明显的威胁，或者像核武器前景那样令人倒胃口。美国颁布禁止进行人类克隆的法律，但其他国家却允许这样做，或美国人通过到国外旅游的方式使自己在那些国家得到克隆，这并不会损害美国颁布此法的意义。

如果管制没有推广到国际范围，它很难在全球化的世界奏效，这样的观点是非常正确的；但用这一观点来反驳建立国家范围内的管制，这有点本末倒置。很少有管制是从国际层面开始的：民族国家首先需要为自己的社会设立规则，而后才能开始设想全球性的管理体系。*这对于像美国这样政治、经济、文化占支配地位的国家更是如此：世界上的其他国家会高度关注美国国内法的作为。如果某一生物技术管制的国际共识想要成型，很难想象它能够在缺乏美国国内行动的情况下诞生。

点出这些被部分成功管制的技术案例，并不意味着我会低估创建一个人类生物技术类似体系的艰难度。国际生物技术行业高度竞争化，公司永远在寻找适合其运作的最佳管制环境。德国，由于其优生学的历史创伤，设定了比许多发达国家更为严格的基因研究限制，大多数的德国制药与生物技术公司因此将其实验室搬至英国、美国，及其他更少限制的国家。2000 年，英国将克隆治疗与研究合法化，如果美国加入德国、法国及许多其他国家禁止进行克隆研究的行列，英国因此将成为这类研究的天堂。如果美国继续出于伦理担忧进行限制，新加坡、以色列及其他国家已经表达了对干细胞及

---

* 这条惯例有一些例外，比如，新建的或转型中的民主政权希望援引人权国际法来促进其国内对这些法律的遵守。然而，这样的类比用在生物技术的规则上却不太合适。有关人权的国际公约是在已经观察到这些权利的国家的鼓动之下建立的，这些国家已经将人权编纂进了法律体系。

其他医疗空白进行研究的兴趣。

然而，国际竞争的现实却并不意味着美国，或其他国家必须宿命式地加入这场科技军备竞赛。目前，我们尚不可知是否会出现禁止或严格管制某一技术的国际共识，比如，克隆及修改生殖细胞系，但是绝对没有理由在博弈的早期阶段就完全排除这种可能性。

以生殖克隆为例——也就是，克隆人类婴儿。截至本书写作时（2001 年 11 月），已有 24 个国家禁止进行生殖克隆研究，它们包括：德国、法国、印度、日本、阿根廷、巴西、南非及英国。1998 年，欧洲委员会通过了《有关生物医药的人权与尊严公约》的附加条款，禁止进行人类生殖克隆；这份文件受到委员会 43 个成员国中 24 个国家的支持。美国国会是许多对此措施深思熟虑的立法机构之一。法国与德国政府已经提议，由美国政府来颁布一个全球范围的生殖克隆禁令。考虑到多莉克隆羊只是四年前才被制造出来，需要一点时间让政治家与法律赶上科技发展的进度，这很正常。但目前，世界大部分人都倾向于达成人类生殖克隆非法化的共识。几年后，如果像雷尔教派一样疯狂的信徒想要克隆婴儿，他们得旅行去朝鲜或伊拉克。

达成对生物技术进行管制的全球共识的前景是什么样的？为时尚早，现在很难说清楚，但是对与此相关的文化与政治进行评论，则是可能的。

对某些类型的生物技术的伦理、特别是基因操控，世界范围内存在着一些连续性的观点光谱。处于最富限制性一端的是德国与欧洲大陆的其他国家，由于前面已经提到的历史性原因，它们对沿着这条路继续往下走持犹豫态度。欧洲大陆是世界最为强劲的环保运动的起源地，这使它整体上对各种形式的生物技术持反对态度。

处在光谱另一端的是一些亚洲国家，在历史或文化上并没有对生物技术的伦理层面存在担忧。比如，许多亚洲国家，并不像西方，本身缺乏信仰——也就是，一套流传自先验之神的启示信仰体系。在中国处于主导地位的伦理体系——儒家思想——没有神明概念的存在；像道教、日本神道教这样的民间信仰笃信万物有灵论，在动物或没有生命的物体上投注灵魂；佛教将人类与自然创造之物统合成为一个无间的和谐存在。亚洲的传统，如佛教、道教及神道教，倾向于不像基督教那样，在人类与其他自然生物间做出鲜明的区分。这些认为人类与非人类的自然是一种统一体的认知传统，让亚洲人能够如弗兰斯·德瓦尔所指出的那样，对非人类的动物拥有更多的同理心。[7] 但它同时也暗含着，在某种程度上，对人类生命神性的尊重更低一层。结果是，像流产或杀婴（特别是杀害女婴）这样的行为在亚洲许多地方广泛存在。

在欧洲与亚洲观点光谱中间的，是说英语的国家、拉丁美洲及世界其他地方。美国与英国从未产生像德国与法国那样的对基因研究的恐惧，并且由于自由的传统对政府管制持怀疑态度。特别是美国，对技术创新几近成瘾，并且由于一系列的制度与文化原因，非常擅长于进行科技创新。过去二十年来，信息技术革命的发展更加深了美国人对技术的浓厚兴趣，它已经使许多美国人相信，技术的发展最终会允诺带来个人的全面解放及个人价值的提升。与此形成平衡的是美国保守的宗教团体——新教徒、天主教徒，以及越来越多的穆斯林——直到现在，他们扮演着对不受控制的技术进展踩急刹车的角色。

比起德国来，在自由传统上，英国与美国更接近，但它却悖论式地成为反对转基因作物及农业生物技术最激烈的环保抗议运动的大本营。这也许没有什么深刻的文化理由；英国对转基因作物的怀疑可能需要追溯至以疯牛病为代表的大范围的管制失败，那场失败使许多英国人至今仍是疯牛病的人体表现形式——克雅氏病的受害者。当然，疯牛病与生物技术毫无关系，但它却理由充足地使人们怀疑政府宣称食品安全时的信用。十年前，基于拉夫运河事件及其他环境灾难等近期经验，美国人非常担心给环境带来威胁，并且愿意对它们进行管制。

如果全世界有哪个区域，有可能退出对生物技术进行管制的潜在共识，无疑是亚洲。许多亚洲国家既非民主政体，也缺乏基于道德立场反对某些生物技术的国内选民。像新加坡、韩国这样的亚洲国家，具备在生物医药领域进行竞争的研究设施，在以欧洲与北美为牺牲的代价下，有强烈的经济驱动力去抢占生物技术的市场份额。未来，生物技术会成为世界政治重要的断裂线。

如果没有国际社会的辛勤努力，以及领先国家的参与，对生物医药技术进行管控的国际共识不会轻易地成为现实。没有灵丹妙药能促成这样的共识诞生。它需要传统的外交工具：辞令、劝说、协商，以及施加经济或政治的影响。但就这一方面而言，它与创建其他的国际机制并无二致，不论是在航空要道、电信工程，还是在核武器或弹道导弹扩散等领域。

对人类生物技术进行国际管制并不意味着最终将创建一个新的国际组织，将联合国扩大，或建立一个不负责任的官僚机构。在最简便形式上，它可以通过民族国家努力协商其管理政策而产生。对欧盟成员国而言，这种协调可能已经在欧盟的层面上诞生。

以管理药品的国际机制为例。每一个工业国家都有一个以科学为基础的管理机构，相当于美国的食品与药物管理局，负责监控药品的安全与有效性。在英国，它被称作药品控制组织，在日本是药事委员会，在德国是德国联邦药品和医疗器械机构，在法国是法国药品管理局。欧共体自1965年开始就试图统一其成员国的药品许可程序，以避免在不同的国家辖区填写诸多申请材料时的重复及浪费。它导致1995年在伦敦设立了欧洲药品评审局，它在欧盟层面为药品许可提供一站式服务。[8] 同时，欧洲委员会组织了一个旨在欧洲范围外扩大统一标准的多边会议（会议名称为国际协调会议）。尽管有些美国人批评其为欧洲联盟官员试图将触角伸向美国的努力，但它仍是一个自发性机制，受到了医药行业的大力支持，因为它能够极大地提升效率。[9]

　　在我们探讨未来人类生物技术该如何被管制前，我们需要明白今天的管制是怎样的，当前的管制体系是如何诞生的。这幅画面异常复杂，特别是从国际层面透视时，在其间，农业的历史与人类生物技术紧紧地缠绕在一起。

第11章

当前生物技术是如何被管制的？

管制有许多种途径，它包括行业或科学共同体尽量减少政府监控的自我管制，也包括法定机构的正式管制。正式管制，或多或少有点侵入性：在某个极端，管理者与被管理者会形成亲密的关系，这会招致被行业"俘获"的罪名；两者也许会形成完全相反的关系，管理机构对目标行业施加详尽的（以及不需要的）规则，使其常常遭到起诉。许多这类管制的变体都被应用在了生物技术领域。

以基因工程作为案例。DNA 重组技术将不同的基因拼接在一起（通常将一个物种拼接到另一物种），它的潜在发展，带来了一个早期且极端的科学共同体自我监管的例子。1970 年，美国纽约冷泉港实验室的研究员珍妮特·默茨（Janet Mertz）想要从猴子病毒中提取基因融入一种常见的细菌——大肠杆菌中，以此更好地了解它们的运作功能。这让默茨的导师保罗·伯格（Paul Berg）与罗伯特·波拉克（Robert Pollack）就这场实验的安全陷入了一场争论。波拉克担心它们会导致一种新的更为危险的微生物诞生。[1]

最终结果是，于 1975 年召开阿西洛玛会议，地点位于加利福尼亚州太平洋丛林镇，这一领域的顶尖学者齐聚一堂，为基因重组领域正在萌发的类似实验设定限制措施。[2] 这一类型的研究将自动地被设定限制，直到能更好地鉴别它的风险，美国国立卫生研究院设立了 DNA 重组技术建议委员会。1976 年，国立卫生研究院为它所资助的研究出版指南，除了别的外，特别要求实验室限制基因重组技术微生物的物理存在，并严禁将其暴露于环境中。

担心基因重组技术会产生未曾发现的新的超级病菌，事实却是，几乎所有新的微生物都没有它们自然诞生的亲属那么强健。基于进一步的研究，国立卫生研究院开始放松其对实验室培育新微生物及将其暴露于环境中的限制，这一允许因而催生了当前农业生物技术产业的出现。1983 年，国立卫生研究院第一次允许进行转基因作物的实地试验，这种生物名叫防霜递减菌株，用来限制霜冻对西红柿及马铃薯等作物的影响。从一开始，基因工程就备受争议；防霜递减菌株实验在二十世纪八十年代被搁置了一段时间，因为它受到起诉，国立卫生研究院被控告没有遵守环境保护署的决定及其公众须知指南。

农业生物技术的规则

目前，在美国对农业生物技术进行管制的系统，主要基于 1986 年白宫科学技术政策办公室出版的《生物技术管制共同框架》。这是依据里根政府专门小组的评论报告而设立的，专门小组需要处理，是否应对新出现的生物医药行业设定新的监管法规及管理机制。工作小组认为，转基因作物并不代表一种新型的巨大威胁，并且当前的管理框架已经足够应付它们。基于已经存在的法定权威，监管职责被三个不同的机构所分享。食品与药物管理局负责鉴定食品及其添加物的安全；环境保护署负责监测新生物给环境带来的影响；农业部动植物健康检疫服务处负责监管肉类及农产品的喂养及种植。[3]

美国的管理环境是相对宽松的，它允许进行实地测验，并最终允许许多转基因作物的商业化，包括转基因玉米、抗草甘膦转基因大豆，及被称作莎弗西红柿的转基因西红柿。[4]总体来说，美国管理者没有采取与寻求允许新转基因作物的公司或个人相对立的态度。他们并不具有对生物技术产品的长期环境影响进行评估的较强的独立能力，反而依赖于申请者或外部专家提供的评估。[5]

欧洲对生物技术的管理环境要相对更加严格。这部分是由于对转基因作物的政治反对势力，比起北美来，它们在欧洲更为强势；同时也由于在欧洲所有法律都更为冗赘，因为它需要同时应用于国内与欧洲两个层面。涉及生物技术的模式及级别，欧盟成员国的意见有相当程度的差异。丹麦与德国通过了相对严格的国内立法，对基因更改的安全与伦理层面进行管制；与此相反的是，英国却在教育与科技部下成立了基因操控咨询小组，采取相对宽松的处理方式。尽管法国有政府干预经济的趋向，但直到 1989 年，它主要依赖于法国科学共同体进行自我管理。[6]欧盟法律规定，各个成员国可以采取比共同体整体更为严格的国内法律，尽管允许严格到什么程度仍然是一个争议的话题。比如，奥地利与卢森堡禁止种植某些基因更改的农作物，但这在其他的欧盟国家却是合法的。[7]

由于要求货物可以在内部市场自由流通，欧洲委员会成为设立法规的主体。1990 年，它发布了两道指令，第一条是限定使用基因更改的微生物（指令 9/219），第二条是审慎地将转基因作物暴露于环境中（指令 90/220）。[8]这些指令为评估新的生物技术产品提供了奠基原则——"审慎原则"，意即在实践中先将产品假定为有害的，直至证明它对环境或公共健康没有危害。[9]1997 年 97/258 管理规定对此做出补充，它要求对这些新式食品明确贴出标签。欧盟部长理事会采纳了对转基因作物的进一步指令，要求对生物技术产品实施更为严格的监控与标示措施，比起先前的法令更进一步收紧了限制。这些管制要求极大地减缓了流向欧洲的转基因食品，对上架出售的转基因作物也施加了严格的标示要求。

当然，欧洲对这些议题也不是万众一心的；除了国别之间的差异外，在强势的欧洲生物技术与医学行业，以及担忧环境与保护消费者权益的团体之间存在着实质性的观点差异。委员会本身就反映了这种分裂，工业事务与科技董事会要求更为宽松的法规，环境董事会则要求将环境忧虑置于经济利益之上。[10]

在国际层面也有食品安全管制。1962 年，联合国粮食与农业组织和世界卫生组织联合设立了食品标准委员会，它的使命就是统一现有的食品安全标准，并开发新的国际标准。是否采用标准是自愿的，但按照关税与贸易总协定（GATT）及其继任者世界贸易组织（WTO）的规定，它们被视为一国标准是否与 GATT/WTO 要求相符合的参考标准。世界贸易组织的《卫生与动植物检疫措施协定》对建立国别食品安全规则设定了一系列管理办法。[11] 如果世界贸易组织的成员国对食品安全施加了比标准更为严格的要求，并且这些要求似乎不是基于科学判断做出的，其他成员国有理由怀疑，认为这是不公平的贸易限定措施。

在转基因作物出现前，食品标准委员会一直被视为发挥实际作用的国际技术治理的榜样。它帮助资金不足的发展中国家的管理体系提供一套现成的标准，推动食品货物在更大范围内进行国际贸易。然而，随着基因技术的出现，标准委员会的工作被相当程度地批评为更政治化了：评论指控标准设定受到了国际农业与生物技术界的巨大影响，它们的工作没有接受公众的仔细检查。[12]

国际层面上，农业生物技术的环境维度曾在《卡塔赫纳生物安全议定书》（Cartagena Protocol on Biosafety）中被提及，这一协定并不是在卡塔赫纳（哥伦比亚），而是 2000 年 1 月在加拿大蒙特利尔的国际会议上所签署的。协议允许进口国对转基因作物的进口施加限制，即便对所质疑的产品是否有害仍缺乏科学的证据；协议要求希望进口转基因产品的公司需要通知进口国转基因产品的存在。欧洲人将《卡塔赫纳议定书》的采用视为审慎原则的胜利；当 50 个国家批准通过后它将正式启用。[13] 尽管作为最大的转基因产品出口国，美国却不能签署此协定，因为它不是《生物多样性》母条约的签约国（所谓的《里约协定》），但它可能被迫需要遵守协定的条款。[14]

　　农业生物技术的管理机制一直处于极大的争议之中，最大的争执在美国与欧盟间。[15] 美国不接受将审慎原则作为风险评估的标准，而坚持认为，证明的重任应当加在声称它有环境危害的人身上，而不是认为它不存在危害的人身上。[16] 美国也反对对转基因食品强制性添加标签，因为添加标签的要求会强制在转基因与非转基因食品加工链上设置价格昂贵的区分。[17] 美国尤其担心，《卡纳赫纳议定书》会损害世界贸易组织的《卫生与动植物检疫措施协定》的条款，它为进口转基因产品施加了合法的限制，但这却是不科学的。

　　之所以会造成这种观点的差异，有一系列原因。美国是世界上最大的农产品出口国，较早地采用了基因更改农作物；如果进口国能对转基因作物施加限制或要求添加上昂贵的标签，美国会损失惨重。美国农民是以出口为导向的，并且倾向于自由贸易；欧洲农民却更倾向于贸易保护主义。尽管有些食品加工商已经开始自发地在转基因食品上添加标签，但不像欧洲那样，美国几乎很少有消费者对转基因食品提出抗议。与此相反，欧洲正经历相当强劲的环保运动，对生物技术异常反感。

人类生物技术

对人类生物技术进行监管的机制没有农业生物技术那样发达，很大原因是由于对人类进行基因改造的时代还未像动植物那样已经到来。一部分现存的管理结构能够应用于刚刚冒头的新发明；管理机制的另一部分目前刚刚投入使用；但是，未来管理系统的大多数重要组成部分还没有诞生。

现今管理结构当中，与未来人类生物技术发展最为紧密相关的规则，跟两大彼此高度联系的领域有关，即人体实验及药物许可的规则。

人体实验规则的演进相当有趣，既因为它们能够应用于将来人类克隆及生殖细胞系工程之中，也因为它们代表了一个能够在国内与国际层面实际有效应用于科学研究领域的非常重要的伦理限制。这一案例推翻了已知的关于监管的共识：它显示，不受限制的科学与技术进展并非永无止境，这种相反的势头恰恰在对政府管制最为反感的国度最为强劲，即美国。

人体实验的规则随着美国医药业的监管一同演进，每一次爆发丑闻或出现暴行，它们就会向前行进一步。1937 年，未经测试的磺胺酏剂的商业发行，导致 107 人死亡，事后发现它含有毒剂二甘醇。[18] 这一丑闻很快导致了 1938 年《食品、药品及化妆品法》的通过，这部法案现在仍然是食品与药物管理局的执法依据，用于对新出食品与药品的监管。二十世纪五十年代末六十年代初的萨力多胺丑闻使 1962 年《基福弗药品修正法》得以通过，它对参与药物实验个人"知情同意权"的管制更为严格。在英国，萨力多胺被批准使用，它导致在怀孕期间服用它的孕妇生下具有令人恐惧的先天缺陷的婴儿。食品与药物管理局在临床实验阶段搁置了它的使用同意书，但药物对参与实验的母亲所怀的孩子仍然造成了先天缺陷。[19]

人类作为主体不仅被新式药物所威胁，也在更大范围上受到科学实验的威胁。美国建立了范围广泛的一系列规则，对科学实验中的人进行保护，这主要是因为国立卫生研究院（以及它的母体美国公共卫生服务署）在战后对其所资助的生物医药研究发挥了重要作用。同样，规则的建立都是由丑闻或惨剧所推动的。早期，国立卫生研究院设立了一个评估研究设计的同行评议系统，但在确立以人为研究主体项目的风险可接受度时，更倾向于遵从科学共同体的评断。相继被揭露的丑闻证明这一系统并不完备，如犹太慢性病医院丑闻（患上慢性疾病的虚弱病人被注射了活体癌细胞）、威洛布鲁克丑闻（智力迟钝的孩童感染上了肝炎）、塔斯基吉梅毒丑闻（被诊断出患有梅毒的 400 名贫困的黑人男子，在未被告知的前提下进入观测，在许多情况下，当治疗成为可能时却未进行医治）。[20] 这些事件促使 1974 年产生了一个新的保护以人为主体研究的联邦规定，以及通过了《国家研究法》，并据此创设了保护生物医学及行为研究主体的国家委员会。[21] 这些新的法令，为当前的机制评审委员会体系奠定了基础，对现在由联邦资助的研究提出了要求。即便是现在，这些保护措施的全面性仍受到攻击：国家生物伦理顾问委员会于 2001 年发布了一份报告，敦促新的联邦立法创建一个一体的、更强大的国家人类研究监管办公室。[22]

就像现在，科学家意欲从事一项有伦理争议的研究，需要以下的理由为他们的行为做出辩护：从这项工作所得到的医药发展的好处超过了对研究主体造成的伤害。他们也坚持认为，科学共同体是评判生物医药研究风险及其收益的最佳团体，反对联邦法律对他们领域的入侵。

国际层面也存在有关人体实验的规制。基本的法律是《纽伦堡宣言》，它确立了规则，在人体上进行的医学实验必须征得后者的同意。[23] 二战期间，纳粹军医在集中营收容者身上进行恐怖实验，实验曝光后，宣言得以诞生。[24] 然而，美国随后发生的滥用事件表明，它对其他国家的实践鲜有影响，并且受到许多医生的抵制，因为它对正当的研究管制太过严格。[25]

1964 年，世界医学会（代表国家医学会的国际组织）采用了《赫尔辛基宣言》，《纽伦堡宣言》宣告停用。《赫尔辛基宣言》确立了一系列在人体上进行实验的管制规则，包括事先同意等，并且受到了国际医学专家更大的欢迎，因为它是医学界的自我监管，而不是正式的国际法。[26] 尽管有国际规则的存在，发达国家的实践却千差万别；比如，日本，在二十世纪九十年代发生了一系列案例，病患并未被告知实情，或者医生并未通知其可行的治疗方法。

尽管实践中存在着差异，并且偶尔发生失效事件，但人体实验的案例，展示了国际社会事实上能够对科学研究从事的方式施加实质性限制的可能，国际社会能够想方设法地实现研究需要与对研究主体尊严予以尊重的平衡。这将是未来我们需要不断回访的议题。

第12章
未来的政策

　　生物技术的发展已经让现存人类生物医药管理机制产生巨大的空白，世界范围内的立法者与管理机构竞相在填补。比如，现在尚不明确，上一章所提到的人体实验的规则是否能够应用于子宫外的胚胎。对将来监管机制重要的提醒是，生物医学与制药共同体参与者的性质及金钱的流动都在发生着改变。

　　有一件事情却将非常清晰：政府通过任命国家委员会的形式处理生物技术问题的时代很快就将过去，即像美国国家生物伦理顾问委员会和欧洲科学与新技术伦理小组那样，将博学的神学家、历史学家、生物伦理学家与科学家聚在一起。这些委员会，在思考生物医学研究的道德与社会影响的初步研究工作时，发挥了非常有力的作用，但现在，是该从思考到行动、从建议到立法的时刻了。我们需要确实具有强制执行力的机构。

　　从许多方面来说，与生物技术行业一道成长起来的生物伦理学家共同体，是一把双刃剑。一方面，它在对某个技术发明的知识与道德提出疑惑与质疑时，发挥了极端重要的作用。另一方面，许多生物伦理学家却成了科学共同体老练的（及诡辩的）辩护者，他们精通天主教神学或康德形而上学，能够对任何来自这些派别的批判进行有力反击，不管他们的进攻有多奋力。一开始，人类基因组工程就将3%的预算用于考察基因研究的伦理、社会及法律影响。这也许可被视为对科学研究的伦理层面进行思考、值得推荐的范例，或者，也可以被视为科学必须要支付的保护费，以此让真正的伦理学者绕道而行。在有关克隆、干细胞研究、生殖细胞系工程等的讨论中，我们通常需要倚赖专业的伦理学家做出许可的表示。*但如果伦理学家并不能告诉你哪些事不能做，还有谁会这么做？

事实上，已经有许多国家超越国家委员会及研究小组的阶段，进入事实立法。立法者与之纠缠的第一个、也是最富争议的政策议题与人类胚胎的使用有关。这一议题触及整个的医疗实践与程序，无论是今天已经存在的还是未来有待发展的。它们包括堕胎、试管婴儿、胚胎着床前诊断与筛选、性别选择、干细胞研究、为生殖或研究目的进行克隆，以及生殖细胞系工程。关于胚胎，社会可采用一系列的可能规则进行排列组合。比如，可以设想在体外受精临床阶段允许流产或丢弃胚胎，但不能专门为研究目的刻意制造胚胎，或者因为性别或其他特征进行胚胎选择。这些规则的形成与落实，将是未来人类生物技术管理体系的实质组成部分。目前，已经有许多国别层面的人类胚胎管理办法。到今天（2001年11月），16个国家通过了规范人类胚胎研究的法律，包括法国、德国、奥地利、瑞士、挪威、爱尔兰、波兰、巴西及秘鲁（尽管在法国堕胎是

---

* 这一现象非常普遍，被称为管理"俘获"，本该监管行业行为的团体，却成为行业的代言人。这种情形发生有许多原因，包括监管者对被监管人金钱与信息的依赖。此外，还有大多数专业生物伦理学家所面临的职业激励。科学家通常不需要担忧是否能赢得伦理学家的尊敬，特别是当他们是分子生物学或生理学诺贝尔奖得主时。另一方面，伦理学家必须努力争取赢得他们面对的科学家的尊敬；如果他们告知科学家存在道德错误，或者与科学家视若珍宝的唯物主义世界观远远背离，那么，他们很难赢得科学家的尊敬。

合法的）。此外，匈牙利、哥斯达黎加、厄瓜多尔通过授予胚胎生命权隐晦地对研究进行限制。芬兰、瑞典以及西班牙允许进行胚胎研究，但仅适用于试管婴儿临床实验时遗留下来的多余胚胎。德国的法律在所有国家中是最严格的；自从 1990 年通过《胚胎保护法》后，对许多领域设定了管制，包括禁止人类胚胎滥用、进行性别选择、人工修改人类生殖细胞系细胞、克隆，以及制造嵌合体及混合体。

1990 年，英国通过了《受精与胚胎学法》，它建立了世界上最为明晰的、对胚胎研究与克隆进行管制的法律框架。此法案原设想在允许研究性克隆时禁止生殖性克隆，但 2001 年，英国法院的裁决事实上允许了生殖性克隆，政府赶快采取行动，试图弥补这一漏洞。[1] 由于对这一议题，欧洲大陆缺乏普遍共识，除了设立欧洲科学与新技术伦理小组外，欧盟层面未对胚胎研究设定任何管制。[2]

胚胎研究仅仅是一系列技术带来的新发展的开端，社会需要设想适用于它们的规则与管理机制。迟早其他议题会陆续出现，它们包括：

- 胚胎着床前诊断与筛选。这一组技术将对多个胚胎进行天生缺陷及其他特征检测，是"人工婴儿"的开端，它会比人类生殖细胞系工程更早出现。事实上，这样的检测已经应用于易于患某种基因疾病的父母的孩子身上。未来，我们希望允许父母基于性别、智力、相貌、头发、眼睛、肤色、性取向及其他能通过基因识别的特征，对胚胎进行筛选描并选择性植入吗？
- 生殖细胞系工程。当人类生殖细胞系工程到来的那一天，它会像胚胎着床前诊断与筛选那样带来同样的问题，但是以一种更为极端的形式。基于父母两位的基因，胚胎着床前诊断与筛选受到可供选择胚胎数量的限制。只要能够正确识别，生殖细胞系工程将可能性扩展至几乎囊括所有其他受基因决定的特性，包括来自其他物种的特性。

- 使用人类基因制造嵌合体。爱默里大学灵长类动物研究中心前主任杰弗里·伯恩（Geoffrey Bourne）曾经说："如果能够制造一个猿猴—人类交叉物种，这将是科学的重大事件。"其他研究人员建议用女性作为黑猩猩或大猩猩胚胎的"承载体"。[3] 一家叫先进细胞科技的生物技术公司发布报告说，它已经成功将人类 DNA 移植到牛的卵子中，并使它发育至囊胚才毁掉。由于惧怕不好的公众形象，科学家被劝阻在此领域从事实验，但在美国，这样的工作并非违法。我们能够允许使用人类基因的混合物种出现吗？

- 新的精神治疗药物。在美国，食品与药物管理局负责管理治疗性药物，禁毒署及州政府负责监管非法的麻醉药剂，如海洛因、可卡因及大麻。社会需要决定，未来新的神经医药制剂的合法性及其可允许使用的范围。对可增进记忆与其他认知功能的未来药品，人们需要决定使用这些增进功能的意愿程度，以及它们应当如何被管制。

红线该划在哪儿？

管制，本质上是在划定一系列的红线，将合法行为与禁止行为区分开来，这就需要能够界定某一领域让管理者可以在其中行使某种程度评判的法令。除了某些顽固的自由至上主义者，大多数阅读到上述生物技术可能带来的发明清单的人，极有可能期望划定某些红线。

有些事情应当直接完全禁止。其中之一就是生殖性克隆——也就是，以制造另一个婴儿为目的的克隆。[4] 这么做既有道德上的也有实践上的理由，它大大超越了国家生物伦理顾问委员会关于目前克隆还不能安全进行的担忧。

与克隆有关的道德理由是，它是一种高度非自然的生殖形式，会在父母与孩子间建立一种同样不自然的关系。[5] 经由克隆出生的小孩会与他或她的父母有一种不对称的关系。他／她既是给予他／她基因的母体的小孩，也是母体的孪生兄弟或姐妹，但他／她与父母的另一方没有任何关系。这位不相关的父母一方将被期望将他或她的配偶的年轻版本养育成人。当克隆的他／她到性成熟年龄时，与他／她不相关的父母一方会如何看待这个克隆儿？基于本书前几章所陈述的所有理由，本性是我们的价值观的重要参考，在评判父母—孩子关系时不能被轻易丢弃。尽管有可能提出一些富有同情心的场景，它们能为克隆提供正当理由（比如，大屠杀的幸存者没有其他方式能够延续家族血脉），但它们并不能构成足够强烈的社会关切，来为一场整体上对人类有害的实践进行辩护。[6]

除了克隆与生俱来携带的这些原因，它还引起一系列实践性担忧。克隆为一系列新技术的出现带来了契机，这些新技术最终将导致人工婴儿的诞生；比起基因工程来，克隆将更快成为可行的现实。如果不久以后，我们已经习惯于进行克隆，那么，将来要反对以改进人类为目的的生殖细胞系工程就难上加难。在早期就对此刻下一道政治的标记，表明这些技术的发展并不是不可避免的，社会能够采取措施管控这些技术进步的步调与范围，这非常重要。在任何国家都不存在偏爱克隆术的选民。与繁琐的程序相反，克隆是一个存在相当程度国际共识的领域。因此，克隆也就代表着一个重要的战略契机，借此展示对生物技术进行政治管控的可能性。

尽管在这一案例中，颁布大致的禁令是合适的，但它却不能成为未来对技术进行管控的成功模板。今天，胚胎着床前诊断与筛选已经被用于检测孩子出生前是否免于基因疾病。同样的技术也能被用于不如此光明正大的目的，比如，进行胎儿性别选择。此时我们需要做的，不是禁止这一程序，而是对它进行管制，不是在程序本身，而是为它使用的可能范围划定红线，区别什么是正当使用，什么是非正当使用。

一个明显的划定红线的方式，是对治疗与增进做出区分，指引研究往前者方向发展，而对后者做出严格限制。毕竟，医学的本来目的，就是救死扶伤，而不是将健康的人类变成神。我们不希望明星运动员因为膝盖受损或崩裂的韧带而步履蹒跚，但我们也不希望他们竞争的方式是基于谁服用了最多的类固醇。这个总体的原则，让我们能够使用生物技术治疗基因疾病，比如亨廷顿式舞蹈症或囊胞性纤维症，而不是将它用于使孩子变得更聪明更高大。

对治疗与增进做出区分，这种方式受到了人们的抨击，因为理论上并不存在区分两者的方式，因此，在实践中更难以分辨两者。有一种渊源颇深的观点，近些年法国后现代思想家米歇尔·福柯（Michel Foucault）为其进行了最有力的论辩 [7]，这一观点认为，被社会诊断为异常或疾病的，事实上不过是一种社会建构现象，它对偏离假设性规范的事物抱以偏见。以同性恋作为例子，长期以来，它被认为是一种非自然的现象，并被归入精神病行列，直到二十世纪后半叶，随着发达社会对同性恋接受程度不断的提高，它才从精神病清单中被清除出来。侏儒症也与此相似：人类身高呈正态分布，但并不清楚分布的哪一个点成为侏儒的分界点。如果给处于身高曲线底部 0.5% 的小孩增高激素是正当的，那么，谁说不能给处于 5% 的小孩同样的处方呢？为什么不给处于 50% 的小孩呢？[8] 遗传学者李·西尔弗对未来的生物工程做出过相似的论断，他说，以客观的方式在治疗与增进间划出一条红线，这是不可能的："在每个案例中，基因工程将被用于给孩子添加新的基因组，而这些基因组在他父母的任何一方身上都不存在。"[9]

　　确实，特定情况并不会在病态与正常之间做出完美的分割，但同样，健康确实存在，这也是不容置疑的现实。正如里昂·卡斯所说，所有的器官都有其自然存在的功能，这是由物种进化的历史需求所决定的，这不可能是一种简单的主观建构。[10] 对我而言，有资格断定疾病与健康之间没有原则性区分的人，是从来没有生过病的人：如果你感染过病毒，或摔断过腿，你会非常清楚地知道哪儿出了问题。

　　即便有的情况，疾病与健康、治疗与增进间的界线模糊不清，管理部门也能在实践中按常规做出判断。以利他林为例。如第 3 章所说，利他林用于治疗的"病症"——注意缺陷多动症——一点也不像一种疾病，而是我们对处于聚焦与注意力行为正态分布末端的人们所添加的标签。事实上，这正是对异常行为进行社会建构的典型例子：几十年前，医学词典里根本不存在"注意力缺陷多动症"一词。相应地，在使用利他林时，也无法在治疗与增进间划出清晰的界线。在注意力分布的一端，是每个人都认为极度活跃的小孩，其正常功能无法运作，很难拒绝对这类小孩使用利他林。在分布的另一端，是不存在注意力或互动困难的小孩，对他们而言，服用利他林也许像服用任何其他安非他明药物一样，是一种愉悦的体验。但他们是由于增进的目的服用药物，而不是为了治疗，因此，大多数人都会阻止他们这么做。使利他林处于争议之中的，是处于中间的小孩，他们部分地符合《精神疾病诊断与统计手册》对这种疾病的断定，虽然如此，他们仍然被家庭医生开具了这类药物。

　　换句话说，如果存在这样一个案例，诊断时异常与健康状态难以区分，治疗与增进手法间的差别模棱两可，这个案例就是注意力缺陷多动症与利他林。然而，管理机构一直在对此进行区分并强制执行。禁毒署将利他林列为二阶药品，只能出于治疗目的、在医生指导下使用；它取缔了利他林作为安非他明类药物的消遣性用途（也就是用作增进用途）。治疗与增进之间的界线不明确并不代表进行这种区分是无意义的。我有一种强烈的预感，在美国这种药物处方已经被过量开取，并被使用在了父母与老师原本应当采用传统方法使孩子更多参与并改变其性格的情形中。尽管存在种种不足，但当前的管理体系也比要么全面禁止利他林要么像咳嗽药一样让其在柜台出售，要好得多。

　　一直以来，人们总是呼吁管理者做出更复杂的评估，然而这些复杂的评估却经不起严谨的理论检验。土壤中重金属的含量为多少谓之"安全"？或者空气中二氧化硫的含量为多少谓之"安全"？管理者如何证明将饮用水中某一毒素的含量从百万分之五十减少至百万分之五是合理的？他／她什么时候会由于遵从成本而舍弃对健康的影响？这些决定总是充满着争议，但某种程度上，比起理论推演来，在实践中更易于做决定。因为在实践中，一个运作良好的民主政治体系允许与管理者决定相关的人们彼此讨价还价，直至最后达成妥协。

　　一旦原则上同意需要划定红线，那么，再花时间去争辩它们应该具体划定在哪儿，这就得不偿失了。像在其他领域的管制那样，做决定所需的知识与经验我们今天尚无从获得，因此，许多决定可以由管理当局以试错的方式做出。更重要的，是设想机制如何进行设计，使得法规能够制定与落实，比如，确保胚胎着床前诊断与筛选用于治疗性而非增进性目的，以及，这些规则如何能够延伸到国际层面。

　　正如本章开头所说，立法者需要采取行动，设立相关规则与机制。这说起来容易但落实起来难：生物技术是一个复杂且技术要求相当高的领域，由于形形色色的利益集团从不同的方向介入，使它更加瞬息万变。生物技术政治并不属于我们熟悉的政治类别：即使一位保守的共和党员，或一位左翼的社会民主党成员，在对所谓的治疗性克隆或干细胞研究投票时，仍不能马上分辨其明确的投票意向。出于这些原因，立法者情愿回避此议题，希望它们能够用其他的方式予以解决。

但是不在迅速的科技变迁中有所作为，事实上就是在做出认可其变迁合法性的决定。如果民主社会的立法者不去正面承担这些责任，其他的社会机构与行为主体将会替代它们做出决定。

考虑到美国政治体系的特殊性，它更是如此。以往，当立法机构无法协调各方可接受的政治规则时，法院会介入有争议的社会政策领域。像克隆这样的议题如果欠缺议会的行动，可以想象，往后的某个节点，法院会被诱使或被迫介入这个缺口，然后发现，例如，人类克隆或对克隆进行研究，在宪法上是受到保护的权利。过去，这是形成法规与社会政策的黔驴技穷式的方式，比如，像堕胎合法化这样有争议的政策，其实应当由立法机构来做出更为恰当。另一方面，如果美国人民通过其民主选举的代表明确表达了在人类克隆上的意志，那么，对通过发现新的权利的方式反对人们的意志，法院会非常迟疑。

如果立法机构确实决定对人类生物技术施加进一步的管控措施，它将面临如何设计必要的机制来落实管控的巨大困难。二十世纪八十年代，当农业生物技术问世时，美国和欧共体面临着同样的难题：我们能够用现有的管理机构对它进行管控吗？还是新技术已经如此迥异以至于我们需要一整套全新的机构？在美国，里根政府最终决定，农业生物技术并没有与过去形成极端的差异，基于管理程序而非个别产品，现行管理办法够用。因此，基于已有机构的法定权威，它决定将管理权力留给食品与药物管理局及环境保护署等现有机构。与此相反，欧洲人决定以程序为基础进行监管，因此需要创造新的管理程序来处理生物技术产品。

所有国家在人类生物技术上都面临类似的抉择。在美国，它能够将管理权力分配给食品与药物管理局、国立卫生研究院这样的现有机构，或者像基因重组技术顾问委员会这样的咨询团体。美国在创建新的管理机构及增加新的官僚管理层级时非常审慎。另一方面，有许多理由能够支持需要建立新的机构的设想，它能应对正在到来的生物技术革命。不设定新的机构，就如同民用航空行业诞生时，没有创建专门的联邦航空管理局，而是由负责监管货车的州际商务委员会来行使监管权。

让我们先来思考美国的案例。首先，现有的美国机构不足以承担未来生物技术管理能力的理由在于它们狭隘的授权。人类生物技术与农业生物技术本质上存在巨大差异，它会带来与人的尊严及权利息息相关的一系列伦理问题，而转基因作物不涉及这些问题。人们基于伦理的理由反对基因工程农作物，其中，质疑声最大的意见是它有可能给人类健康带来负面影响，及它有可能带来环境问题。而这些正是现有的管理机构——如食品与药物管理局、环境保护署及美国农业部——得以设立的理由。处理转基因食品事务时，这些机构可能被批评设定了错误的标准，或者做决定时没有足够审慎，但它们并没有在被赋予的管理使命外行事。

我们假设国会通过立法对"胚胎着床前诊断与筛选"的治疗性与增进性用途进行了区分。食品与药物管理局的设立却并不是用于做出敏感性的政治决定，这些敏感性政治决定涉及：在哪一点上对智商与身高做出选择不再是治疗型而转变成增进型，或者这些人类特征是否能够完全被确定为治疗型的？食品与药物管理局只能基于效力与安全性对某一程序进行否决，然而，许多安全与有效的程序仍然需要管理机制进一步的详细检测。食品与药物管理局授权的局限已经变得很明显：它能够对人类克隆拥有管理权，这是因为，它在"合法性受到质疑的"前提下判定，由克隆而来的小孩构成了一件医疗"产品",因此它有权进行管理。

我们总是能够修改及扩展食品与药物管理局的特许权,但过往的经验显示,很难改变一个拥有较长历史的机构的组织文化。[11] 不仅机构会拒绝承担新的使命,更改的授权也意味着机构需要减少以往所从事的工作。这喻示着,需要创建一个新的机构,在颁发与人体健康相关的新药物、新程序及新技术的许可证时进行监管。除了拥有更大的授权外,这个新的权威机构需要招聘完全不同的员工。它不仅需要包括医生、科学家等食品与药物管理局那样的职员,对新药物的临床实验进行监管,也需要其他的社会声音,能够对技术的社会与伦理影响做出有准备的评估。

未来,现存机构极有可能不足以管制生物技术的第二大原因,是由于这些年科研共同体与生物技术/医药行业整体所发生的改变。整个二十世纪九十年代早期,美国几乎所有的生物医药研究都受到国立卫生研究院或其他联邦政府机构的资助。这意味着,国立卫生研究院可以像它在人体实验案例中所做出的规则那样,通过内部的规则制定对这些研究进行管理。政府管理部门可以与熟悉科学内情的委员会紧密合作,比如,基因重组技术咨询委员会,它能够确保在美国,没有人在从事危险或存在伦理质疑的研究。

然而这些举措都不再奏效。尽管联邦政府仍然提供进行科学研究的最大资源,相当丰厚的私人投资也能够对新生物技术领域的研究工作提供资助。2000 年,美国生物技术行业本身花费了 110 亿美元用于科研,雇用了超过 15 万名工作人员,比 1993 年在规模上翻了一倍。事实上,在竞相绘制人类基因组的比赛中,政府投入资金大力支持的人类基因组工程被克雷格·文特尔(Craig Venter)私人组织的赛雷拉基因组公司抢去风头。第一例胚胎干细胞由威斯康星大学的詹姆斯·汤普森培育成功,因为需要遵从联邦资助的研究不得损害胚胎的禁令,他使用了非政府的资助。在纪念有关基因重

组技术的阿西洛玛会议召开二十五周年研讨会的小组讨论中，许多
与会人员都总结道，尽管基因重组技术咨询委员会在当时发挥了重
要作用，但它已经不能够监管或督察当前的生物技术产业。它没有
正式的强制执行权，只能够在科学共同体的精英内部施加一定的舆
论影响。随着时间推移，那个科学共同体的性质也发生了转变：今
天只有很少的研究人员是"纯粹"的研究人员，他们与生物技术行
业或特定技术的商业利益没有联系。[12]

这意味着，如果产生任何新的管制性机构，它不仅需要拥有
比效用与安全范围更广的授权，还需要对所有研究与发展拥有法定
权威，这不仅仅局限于由联邦所资助的研究。这样的机构——人类
授精与胚胎管理局，已经专门为此目的在英国设立。将管制权力统
一于单一的新机构中，这会使表面遵从联邦资助限制却私下寻求私
人支持的行为不复存在，它将有望对整个生物技术行业产生一致的
影响。

美国和其他国家设立刚刚所述的管制体系的前景是如何
的？[13] 创立新的机构将遭遇难以想象的政治困难。生物技术行业
强烈反对管制（如果可以，它希望看到食品与药物管理局法规更为
宽松），因为，它总体上是一个由从事研究的科学家组成的共同体。
大多数人都偏好远离正式法规的范畴，由其共同体内部产生规则。
他们的队伍受到倡议团体的加盟，倡议团体由代表病患、老人及其
他希望推进各种疾病治疗办法的人士组成，它们与科学家团队一起
组成了非常强大的政治联盟。

然而，出于长期的自身利益的需要，生物技术行业应当积极地
推进有关人类生物技术的正式法规的出台。为此，它仅需要近距离
观察农业生物技术行业所发生的事情，这些事情可以成为一个很好
的反面教训：如果太快发展一门新的技术，将会遭遇什么样的政治
陷阱。

二十世纪九十年代初期，处于农业生物技术行业领先地位的研发者——孟山都公司，曾考虑向老布什政府提出对基因工程产品建立更严格的正式管理法规的请求，包括贴示标签的要求。然而，公司管理层变更后便回避了这一提议，因为没有任何科学证明其有健康风险，且公司引进的一系列新的转基因作物很快为美国农户所选用。该公司没有想到的是，欧洲掀起了反对转基因作物的政治抗议，并且，欧盟于 1997 年对出口欧洲的转基因食品施加了严格的标签要求。[14]

孟山都及其他的美国公司谴责欧洲人不科学且太过于保护主义，但是欧洲拥有足够强大的市场力量对美国进口产品施加规制。美国农民，由于没有区分转基因与非转基因食品的办法，只好发现自己被关了重要的出口市场的门外。1997 年后，他们以少种植转基因作物作为回应，并且控诉自己被生物技术行业错误引导。回想起来，孟山都公司的管理层认识到，他们犯下了一个大错误，即便看起来没有科学必要，也应该早一些创造一个可以接受的管制环境，使消费者对他们产品的安全性能放心。

医药管制的历史是由像磺胺酏剂及萨力多胺这样的悲剧性故事所驱动的。也许人类克隆的管制也会这样，需要等到失败的克隆尝试制造出一个严重畸形的婴儿。生物技术行业需要考虑清楚，到底是现在预估到这些困难，建立一个于己有益、且能使人们相信其产品安全性及伦理特性的管制体系更好，还是等到惨剧及骇人的实验发生、公众愤而抗议之后。

后人类历史的开端？

1776 年，基于自然权利之上的美国政府诞生。通过限制暴政的专权武断、实行宪政与法治，能够确保人民享有本性渴望的自由。

八十七年后，亚伯拉罕·林肯指出，这是一个致力于实现人人生而平等的政府。"人人享有平等的自由"之所以存在，乃是由于人天生是平等的；或者，更正面地说，自然平等的现实要求实现政治权利的平等。

批评者指出，美国从来没有真正实现过这种平等的自由，在历史上，甚至曾将整个的族群驱逐出享有平等的群体。美国政府的辩护者，用以我看来更为正确的观点指出，平等权利的原则促使享有权利的群体不断在扩大。一旦所有人均享有自然权利的观点诞生，美国政治史上的论争就开始关注谁处于《独立宣言》所宣称的生而平等的"人"这一圈子之内。起初，这个圈子不包括女性、黑人，或没有财产的白人；然而，随着时间推移，它必然会将权利扩展至他们身上。

不论这些争辩中的人是否承认，他们至少都暗含了什么是人的"本质"的观点，并以此为依据判断彼此是否符合这一标准。表面看起来，人类从长相、表达及行为上千差万别，许多的论点都围绕着这些明显差异展开，这些差异都是由习俗导致的，还是根植于人的本性？

某种程度上，现代自然科学合力拓展了"谁配称为人类"的观点，因为它试图证实，人类大多数的显著差异更多是由于习惯而非本性造就的。人类之间确实存在本性差异，比如男女之间，但它们被证实只是影响非本质的特征，而不会对政治权利产生影响。

因此，尽管像自然权利这样由哲学家所笃持的概念声誉不佳，我们现实的政治世界大多仍立基于稳定且真实存在的人类"本质"之上，这一本质由本性所赐，而不仅仅由于我们相信它存在。

我们也许即将跨入一个后人类的未来，在那未来中，科学将逐渐赐予我们改变"人类本质"的能力。在人类自由的旗帜之下，许多人在拥抱这一权力。他们希望将父母选择生育小孩类型的自由最

大化；将科学家探寻科学研究的自由最大化；将企业家利用科技创
造财富的自由最大化。

　　但这一类型的自由与人们先前所享有的其他自由截然不同。迄
今为止，政治自由指涉的是追逐本性所赋予我们生存目的的自由。
这些目的并不是被固化地决定的；人的本性具有很大的弹性，顺从
这一本性我们能有十分充沛的选择空间。但它并不是可无限延展
的，组成它的不变的因子——特别是我们物种典型的一系列情感反
应——共同形成一道安全港，它潜在地允许我们与其他的人类相
连接。

　　也许，某种程度上，我们注定要拿起这份新型的自由，或者，
正如有人所说，进化的下一个阶段，我们已经能够审慎地负责自己
的基因修饰而不再将它留给自然选择的盲目力量。但是即便要这么
做，我们也要做得清醒。许多人假想，后人类的世界更像是我们自
己的世界——自由、平等、富有、友爱及慈悲——只是拥有更好的
健康保障，更长的寿命，也许比今天更高的智商。

　　但是后人类的世界也许更为等级森严，比现在的世界更富有竞
争性，结果社会矛盾丛生。它也许是一个任何"共享的人性"已经
消失的世界，因为我们将人类基因与如此之多其他的物种相结合，
以至于我们已经不再清楚什么是人类。它也许是一个处于中位数的
人也能活到他／她的 200 岁的世界，静坐在护士之家渴望死去而
不得。或者它也可能是一个《美丽新世界》所设想的软性的专制世
界，每个人都健康愉悦地生活，但完全忘记了希望、恐惧与挣扎的
意义。

　　我们不必要接受以上任何一个未来世界，它们打着自由的错误
旗号，不管是为了不受限制的生育的权利，还是自由的科学探索。
我们不需要将自己视作必将向前的科技进展的奴隶，如果那种进展
已经不再为人类的生存意义服务。真正的自由意味着政治共同体保

护它倍加珍视的价值观的自由，而这正是面对今天的生物技术革命时我们需要行使的自由。

注 释

题 词

1. 这段引文的上下文是：“从现在起，对支配权的更为多元包容的形式，将拥有更为有利的先决条件，而这先前从来没有过。即便如此，这还不是最重要的事情；建立一个国际种族联盟的可能性到来了，它的使命将是指引一个领导性的种族：未来‘地球的主人’；——一个新的、广泛的、基于严格的自律基础之上的、囊括哲学王意志与艺术家君主的贵族统治将会千秋万代地存在——一个更高级别的人，由于他在意志、知识、财富及影响力方面无可比拟的优越性，将民主的欧洲作为其顺从、柔软的工具，用以把握住地球的命运，并因此成为生活于‘人’之上的艺术家。”

第1章

1. Martin Heidegger, *Basic Writings* (New York: Harper and Row, 1957), p. 308. 编者按：“座架”（Gestell）一词是海德格尔对德语中 Gestell（框架、底座、骨架）一词的特定用法，以此来思考技术的本质。英译者译为 Enframing。此段中译文字参考孙周兴选编《海德格尔选集》，上海三联书店，1996 年第 1 版，第 946 页，译文有改动。

2. Peter Huber, *Orwell's Revenge: The 1984 Palimpsest* (New York: Free Press, 1994), pp. 222-228.

3. Leon Kass, *Toward a More Natural Science: Biology and Human Affairs* (New York: Free Press, 1985), p. 35.

4. Bill Joy, "Why the Future Doesn't Need Us," *Wired* 8 (2000): 238-246.

5. Tom Wolfe, "Sorry, but Your Soul Just Died," *Forbes ASAP*, December 2, 1996.

6. Letter to Roger C. Weightman, June 24, 1826, in *Life and Selected Writings of Jefferson,* Thomas Jefferson (New York: Modern Library, 1944), pp. 729-730.

7. Francis Fukuyama, The *End of History and the Last Man* (New York: Free Press, 1992).

8. Ithiel de Sola Pool, *Technologies of Freedom* (Cambridge, Mass.: Harvard/Belknap, 1983).

9. 关于这一点可参见 Leon Kass, "Introduction: The Problem of Technology," in *Technology in the Western Political Tradition,* ed. Arthur M. Melzer et al. (Ithaca, N.Y.: Cornell University Press, 1993), pp. 10-14.

10. 参见 Francis Fukuyama, "Second Thoughts: The Last Man in a Bottle," *The National Interest,* no. 56 (Summer 1999): 16-33.

第2章

1. 引用自生物医学网站主页：http://www.liebertpub.com/ebi/ defaultJ.asp.

2. 将基因组学应用于精神的研究，可参见 Anne Farmer and Michael J. Owen, "Genomics: The Next Psychiatric Revolution? ," *British Journal of Psychiatry* 169 (1996): 135-138. 也可参见：Robin Fears, Derek Roberts, et al., "Rational or Rationed Medicine? The Promise of Genetics for Improved Clinical Practice," *British Medical Journal* 320 (2000): 933-995; and C. Thomas Caskey, "DNA-Based Medicine: Prevention and Therapy," in Daniel J. Kevles and Leroy Hood, eds., *The Code of Codes: Scientific and Social Issues in the Human Genome Project* (Cambridge, Mass.: Harvard University Press, 1992).

3. 对这一辩论的综述，可参见 Frans de Waal, "The End of Nature versus Nurture," *Scientific American* 281 (1999): 56-61.

4. Madison Grant, *The Passing of the Great Race; or, the Racial Basis of European History,* 4th ed., rev. (New York: Charles Scribner's Sons, 1921).

5. Jay K. Varma, "Eugenics and Immigration Restriction: Lessons for Tomorrow," *Journal of the American Medical Association* 275 (1996): 734.

6. 比如，可参见 Ruth Hubbard, "Constructs of Genetic Difference: Race and Sex," in Robert F. Weir and Susan C. Lawrence, eds., *Genes, Hu-mans, and Self- Knowledge* (Iowa City: University of Iowa Press, 1994), pp. 195-205; and Ruth Hubbard, *The Politics of Women's Biology* (New Brunswick, N.J.: Rutgers University Press, 1990).

7. Carl C. Brigham, A *Study of American Intelligence* (Princelon, N.J.: Princeton University Press, 1923).

8. 有关生物技术与文化之间连续性的观点，可参见 Edward O. Wilson, *Consilience: Unity of Knowledge* (NewYork: Knopf, 1998), pp. 125-130.

9. Margaret Mead, *Coming of Age in Samoa: A Psyclwlogical Study of Primitive Youth for Western Civilization* (New York: William Morrow, 1928).

10. Donald Brown, *Human Universals* (Philadelphia: Temple University Press, 1991), p. 10.

11. Nicholas Wade, "Of Smart Mice and Even Smarter Men," *The New York Times,*

September 7, 1999, p. F1.

12. Matt Ridley, *Genome: The Autobiography of a Species* in 23 Chapters (New York: HarperCollins, 2000), p. 137.

13. Luigi Luca Cavalli-Sforza, *Genes, Peoples, and Languages* (New York: North Point Press, 2000), and, with Francesco Cavalli-Sforza, *Great Human Diasporas: The History of Diversity and Evolution* (Reading, Mass.: Addison-Wesley, 1995).

14. 遗传因素据说也对酗酒有其作用。参见 C. Cloninger, M. Bohman, et al., "Inheritance of Alcohol Abuse: Crossfostering Analysis of Alcoholic Men," *Archives of General Psychiatry* 38 (1981): 861-868.

15. Charles Murray and Richard J. Herrnstein, *The Bell Curve: Intelligence and Class Structure in American Life* (New York: Free Press, 1995).

16. Charles Murray, "IQ and Economic Success," *Public Interest* 128 (1997): 21-35.

17. Arthur R. Jensen, "How Much Can We Boost IQ and Scholastic Achievement?," *Harvard Educational Review* 39 (1969): 1-123.

18. 可随处参见于 Claude S. Fischer et al., *Inequality by Design: Cracking the Bell Curve Myth* (Princeton, N.J.: Princeton University Press, 1996).

19. Robert G. Newby and Diane E. Newby, "The Bell Curve: Another Chapter in the Continuing Political Economy of Racism," *American Behavioral Scientist* 39 (1995): l2-25.

20. Stephen J. Rosenthal, "The Pioneer Fund: Financier of Fascist Research," *American Behavioral Scientist* 39 (1995): 44-62.

21. 更大范围的测试，可参见 Nicholas Lemann, *Big Test: Secret History of the American Meritocracy* (New York: Farrar, Straus and Giroux, 1999).

22. Francis Galton, *Hereditary Genius: An Inquiry into Its Laws and Consequences* (New York: Appleton, 1869.

23. Karl Pearson, *National Life from the Standpoint of Science*, 2d ed. (Cambridge: Cambridge University Press, 1919), p. 21.

24. Stephen Jay Gould, *The Mismeasure of Man* (New York: W. W. Norton, 1981).

25. Leon Kamin, *The Science and Politics of IQ* (Potomac, Md.: L. Erlbaum Associates, 1974).

26. Richard C. Lewontin, Steven Rose, et al., *Not in Our Genes: Biology, Ideology, and Human Nature* (New York: Pantheon Books, 1984). 对这一辩论的讨论，可参见：Thomas J. Bouchard, Jr., "IQ Similarity in Twins Reared Apart: Findings and Responses to Critics," in Robert J. Sternberg and Elena L. Grigorenko, eds., *Intelligence, Heredity and Environment* (Cambridge: Cambridge University Press, 1997); and Thomas J. Bouchard, Jr., David T. Kykken, et al., "Sources of Human Psychological Differences: The Minnesota Study of Twins Reared Apart," *Science* 226 (1990): 223-250.

27. Robert B. Joynson, *The Burt Affair* (London: Routledge, 1989); and R. Fletcher, "Intelligence, Equality, Character, and Education," *Intelligence* 15 (1991): 139-149.

28. Robert Plomin, "Genetics and General Cognitive Ability," *Nature* 402 (1999): C25-C44.

29. 尤其参见 Howard Gardner, *Frames of Mind: The Theory of Multiple Intelligences* (New York: Basic Books, 1983); and *Multiple Intelligences: The Theory in Practice* (New York: Basic Books, 1993).

30. See Bernie Devlin et al., eds., *Intelligence, Genes, and Success: Scientists Respond to The Bell Curoe* (New York: Springer, 1997); Ulric Neisser, ed., *Rising Curoe: Long-Term Gains in IQ and Related Measures* (Washington, D.C.: American Psychological Association, 1998); David Rowe, "A Place at the Policy Table: Behavior Genetics and Estimates of Family Environmental Effects on IQ," *Intelligence* 24 (1997): 133-159; Sternberg and Grigorenko (1997), and Christopher Jencks and Meredith Phillips, *The Black—Mite Test Score Gap* (Washington, D.C.: Brookings Institution Press, 1998).

31. 根据这一研究，"横跨现代西方社会的大多数环境，智商测验的分数有很大差别，这与个体基因差别有关系……如果简单地将可得的相关性聚合在一个分析里，遗传性占到50%……然而，这个大体的数据虽具有误导性的，因为这些相关的研究都是从孩子身上得来的。我们现在已经了解智商的遗传程度随着年纪增长会发生改变：随着婴儿长大成人，遗传性会越来越高，一起养育的不相关人士的智商相似度却越来越低……分开养育的同卵双胞胎的相关性，直接验证了遗传性，包括欧洲和美国的成人在内，它在五项研究中的数值处于 0.68—0.78 之间"……Ulric Neisser and Gweneth Boodoo et al., "Intelligence: Knowns and Unknowns," *American Psychologist* 51 (1996): 77-101.

32. Michael Daniels, Bernie Devlin, and Kathryn Roeder, "Of Genes and IQ," in Devlin et al. (1997).

33. James Robert Flynn, "Massive IQ Gains in 14 Nations: What IQ Tests Really Measure," *Psychological Bulletin* 101 (1987): 171-191; and "The Mean IQ of Americans: Massive Gains 1932-1978," *Psychological Bulletin* 95 (1984): 29-51.

34. 对隆布罗索作品的解释，参见 James Q. Wilson and Richard J. Hem- stein, *Crime and Human Nature* (New York: Simon and Schuster, 1985), pp. 72-75.

35. Sarnoff Mednick and William Gabrielli, "Genetic Influences in Criminal Convictions: Evidence from an Adoption Cohort," *Science* 224 (1984): 891-894; and Sarnoff Mednick and Terrie E. Moffit, *Causes of Crime: New Biological Approaches* (New York: Cambridge University Press, 1987).

36. Wilson and Herrnstein (1985), p. 94.

37. 对此的一个评论，可参见 Troy Duster, *Backdoor to Eugenics* (New York: Routledge, 1990), pp. 96-101.

38. Travis Hirschi and Michael Gottfredson, *A General Theory of Crime* (Stanford, Calif.: Stanford University Press, 1990).

39. H. Stattin and I. Klackenberg-Larsson, "Early Language and Intelligence Development and Their Relationship to Future Criminal Behavior," *Journal of Abnormal Psychology* 102 (1993): 369-378.

40. 对这项证据的系统解释，可参见 Wilson and Herrnstein (1985), pp. 104-147.

41. Richard Wrangham and Dale Peterson, *Demonic Males: Apes and the Origins of Humam*

Violence (Boston: Houghton Mifflin, 1996).

42. 有关黑猩猩暴力的更多案例，可参见 Frans de Waal, *Chimpanzee Politics: Power and Sex among Apes* (Baltimore: Johns Hopkins University Press, 1989).

43. H. G. Brunner, "Abnormal Behavior Associated with a Point Mutation in the Structural Gene for Monoamine Oxidase A," *Science* 2.62. (1993): 578-580.

44. Lois Wingerson, *Unnatural Selection: The Promise and the Power of Human Gene Research* (New York: Bantam Books, 1998), pp. 291-294.

45. 认为犯罪行为是由于在某个关键的发育阶段学习"冲动控制"失败的理论，有时可参考犯罪行为的"生命过程"理论；它提供了一项解释，为什么构成犯罪行为的多数比例是惯犯。犯罪行为"生命过程"研究的始作俑者是 Sheldon Glueck and Eleanor Glueck, *Delinquency and Nondelinquency in Perspective* (Cambridge, Mass.: Harvard University Press, 1968). 也可参见 Gluecks 对数据的再分析，Robert J. Sampson and John H. Laub, *Crime in the Making: Pathways and Turning Points Through Life* (Cambridge, Mass.: Harvard University Press, 1993).

46. 有关 1965 年美国和其他西方国家犯罪率起伏的解释，可参见 Francis Fukuyama, *The Great Disruption: Human Nature and the Reconstitution of Social Order* (New York: Free Press, 1999), pp. 77-87.

47. Martin Daly and Margo Wilson, *Homicide* (New York: Aldine de Gruyter, 1988).

48. 对这一事件的一个有趣的解读，可参见 Tom Wolfe, *Hooking Up* (New York: Farrar, Straus and Giroux, 2.000), pp. 92-94.

49. Wingerson (1998), pp. 294-297.

50. David Wasserman, "Science and Social Harm: Genetic Research into Crime and Violence," *Report from the Institute for Philosophy and Public Policy* 15 (1995): 14-19.

51. Wade Roush, "Conflict Marks Crime Conference; Charges of Racism and Eugenics Exploded at a Controversial Meeting," *Science* 2.69 (1995): 1808-1809.

52. Alice H. Eagley, "The Science and Politics of Comparing Women and Men," *American Psychologist* 50 (1995): 145-158.

53. Donald Symons, *The Evolution of Humam Sexuality* (Oxford: Oxford University Press, 1979).

54. Eleanor E. Maccoby and Carol N. Jacklin, *Psychology of Sex Differences* (Stanford, Calif.: Stanford University Press, 1974).

55. Ibid, pp. 349-355.

56. Eleanor E. Maccoby, *Two Sexes: Growing Up Apart, Coming Together* (Cambridge, Mass.: Belknap/HalYard, 1998), pp. 32-58.

57. Ibid., pp. 89-117.

58. Matt Ridley, The *Red Queen: Sex and the Evolution of Human Nature* (New York: Macmillan, 1993), pp. 279-280. Ridley 援引 Hurst 和 Haig 的另一理论，认为"同性恋基因"也许存在于线粒体中，与在许多昆虫体内发现的"雄性杀手基因"类似。

59. Simon LeVay, "A Difference in Hypothalamic Structure Between Heterosexual and Homosexual Men," *Science* 253 (1991): 1034-1037.

60. Dean Hamer, "A Linkage Between DNA Markers on the X Chromosome and Male Sexual Orientation," *Science* 261 (1993): 321-327.

61. William Byne, "The Biological Evidence Challenged," *Scientific American* 270, no. 5 (1994): 50 -55.

62. Robert Cook-Degan, *The Gene Wars: Science, Politics, and the Human Genome* (New York: W. W. Norton, 1994), p. 253.

第3章

1. Peter D. Kramer, *Listening to Prozac* (New York: Penguin Books, 1993), p. 44; see also Tom Wolfe's account in *Hooking Up* (New York: Farrar, Straus and Giroux, pp. 100-101.

2. Roger D. Masters and Michael T. McGuire, eds., *The Neurotransmitter Revolution: Serotonin, Social Behavior, and the Law* (Carbondale, 1ll.: Southern Illinois University Press, 1994).

3. Ibid., p. 10.

4. Kramer (1993); and Elizabeth Wurtzel, *Prozac Nation: A Memoir* (New York: Riverhead Books, 1994).

5. Kramer (1993), pp. 1-9.

6. Joseph Glenmullen, *Promc Backlash: Overcoming the Dangers of Promc, Zoloft, Paxil, and Other Antidepressants with Safe, Effective Alteratives* (New York: Simon and Schuster, 2000), p. 15.

7. Irving Kirsch and Guy Sapirstein. "Listening to Prozac but Hearing Placebo: A Meta-Analysis of Antidepressant Medication," *Prevention and Treatment* 1 (1998); Larry E. Beutler, "Prozac and Placebo: There's a Pony in There Somewhere," *Prevention and Treatment* 1 (1998); and Seymour Fisher and Roger P. Greenberg, "Prescriptions for Happiness?," *Psychology Today* 28 (1995): 32-38.

8. Peter R. Breggin and Ginger Ross Breggin, *Talking Back to Promc: What Doctors Won't Tell You About Today's Most Controversial Drug* (New York: St. Martin's Press, 1994).

9. Glenmullen (2000).

10. Robert H. Frank, *Choosing the Right Pond: Human Behavior and the Quest for Status* (Oxford: Oxford University Press, 1985).

11. 对历史上认知角色的更大范围的讨论，可参见 Francis Fukuyama, *The End of History and the Last Man* (New York: Free Press, 1992), pp. 143-244.

12. Frans de Waal, *Chimpanzee Politics: Power and Sex among Apes* (Baltimore: Johns Hopkins University Press, 1989).

13. Frank (1985), pp. 21-25.

14. 相关药物包括 dextroamphetamine (Dexedrine), Adderall, Dextrostat, and pemoline (Cylert).

15. Dorothy Bonn, "Debate on ADHD Prevalence and Treatment Continues," *The Lancet* 354, issue 9196 (1999): 2139.

16. Edward M. Hallowell and John J. Ratey, *Driven to Distraction: Recognizing and Coping with Attention Deficit Disorder from Childhood Through Adulthood* (New York: Simon and Schuster, 1994).

17. Lawrence H. Diller, "The Run on Ritalin: Attention Deficit Disorder and Stimulant Treatment in the 1990s," *Hasting Center Report* 26 (1996): 12-18.

18. Lawrence H. Diller, *Running on Ritalin* (New York: Bantam Books, 1998), p. 63.

19. 有关利他林争议的一个精彩绝伦的处理方法，可参见 Mary Eberstadt, "Why Ritalin Rules," *Policy Review,* April-May 1999, 24-44.

20. Diller (1998), p. 63.

21. Doug Hanchett, "Ritalin Speeds Way to Campuses—College Kids Using Drug to Study, Party," *Boston Herald,* May 21, 2000, p. 8.

22. Elizabeth Wurtzel, "Adventures in Ritalin," *The New York Times,* April 1, 2000, p. A15.

23. Harold S. Koplewicz, *It's Nobody's Fault: New Hope and Help for Difficult Children and Their Parents* (New York: Times Books, 1997).

24. 关于利他林的政治争议，参见 Neil Munro, "Brain Politics," *National Journal* 33(2001): 335-339.

25. 欲更多了解，可参见 CHADD 网站：https://chadd.safeserver.com/about_chadd02.htm.

26. Eberstadt (1999).

27. Diller (1998), pp. 148-150.

28. Dyan Machan and Luisa Kroll, "An Agreeable Affliction," *Forbes,* August 12, 1996, 148.

29. Marsha Rappley, Patricia B. Mullan, et al., "Diagnosis of Attention- Deficit/Hyperactivity Disorder and Use of Psychotropic Medication in Very Young Children," *Archives of Pediatrics and Adolescent Medicine* 153 (1999): 1039-1045.

30. Julie Magno Zito, Daniel J. Safer, et al., "Trends in the Prescribing of Psychotropic Medications to Preschoolers," *Journal of the American Medical Association* 283 (2000): 1025-1060.

31. 我对迈克尔·麦圭尔（Michael McGuire）对本节的帮助深表感谢。

32. 这些数据取自国家药物滥用研究所网站：http://www.nida.nih.govlInfofax/ecstasyhtml.

33. Matthew Klam, "Experiencing Ecstasy," *New York Ti-mes Magazine,* January 21, 2001.

第4章

1. See http://www.demog.berkeley.edu/~andrew/i9i8/figure2.html for the 1900 figures, and http://www.cia.gov/cia/publications/factbooklgeos/us.html for 2000.

2. 对这些理论的综述，可参见 Michael R. Rose, *Evolutionary Biology of Aging* (New York: Oxford University Press, 1991), p. 160 ff; Caleb E. Finch and Rudolph E. Tanzi, "Genetics of Aging," *Science* 278 (1997): 407-411; S. Michal Jazwinski, "Longevity, Genes, and Aging," *Science* 273 (1996): 54-59; and David M. A. Mann, "Molecular Biology's Impact on Our Understanding of Aging," *British Medical Journal* 315 (1997): 1078-1082.

3. Michael R. Rose, "Finding the Fountain of Youth," *Technology Review* 95, no. 7 (October 1992.): 64-69

4. Nicholas Wade, "A Pill to Extend Life? Don't Dismiss the Notion Too Quickly," *The New York Times*, September 22, 2000, p. A20.

5. Tom Kirkwood, *Time of Our Lives: Why Ageing Is Neither Inevitable nor Necessary* (London: Phoenix, 1999), pp. 100-117.

6. Dwayne A. Banks and Michael Fossel, "Telomeres, Cancer, and Aging: Altering the Human Life Span," *Journal of the Medical Association* 278 (1997). 1345 1348.

7. Nicholas Wade, "Searching for Genes to Slow the Hands of Biological Time," *The New York Times*, September 26, 2000, p. Di; Cheol-Koo Lee and Roger G. Klopp et al., "Gene Expression Profile of Aging and Its Retardation by Caloric Restriction," *Science* 285 (1999): 1390-1393.

8. Kirkwood (1999), p. 166.

9. 对干细胞进行讨论的其中一个样本，可参见 Eric Juengst and Michael Fossel, "The Ethics of Embryonic Stem Cells—Now and Forever, Cells without End," *Journal of the American Medical Association* 2.84 (2.000): 3180-3184; Juan de Dios Vial Correa and S. E. Mons. Elio Sgreccia, *Declaration on the Production and the Scientific and Therapeutic Use of Human Embryonic Stem Cells* (Rome: Pontifical Academy for Life, 2000); and M. J. Friedrich, "Debating Pros and Cons of Stem Cell Research," *Journal of the American Medical Association* 2.84, no. 6 (2.000): 681-684.

10. Gabriel S. Gross, "Federally Funding Human Embryonic Stem Cell Research: An Administrative Analysis," *Wisconsin Law Review* 2000 (2000): 855-884.

11. 老年人治疗法的一些研究策略，可参见 Michael R. Rose, "Aging as a Target for Genetic Engineering," in Gregory Stock and John Campbell, eds., *Engineering the Hu-man Germline: An Exploration of the Science and Ethics of Altering the Genes We Pass to Our Children* (New York: Oxford University Press, 2000), pp. 53-56.

12. Jean Fourastié, "De la vie traditionelle a la vie tertiaire," *Population* 14 (1963): 417-432.

13. Kirkwood (1999), p. 6.

14. "Resident Population Characteristics—Percent Distribution and Median Age, 1850-1996, and Projections, 2000-2050," www. doi.gov/nrl/statAbst/Aidemo.pdt.

15. Nicholas Eberstadt, "World Population Implosion?," *Public Interest*, no. 129 (February 1997): 3-22.

16. 有关这一议题，参见 Francis Fukuyama, "Women and the Evolution of World Politics," *Foreign Affairs* 77 (1998): 24-40.

17. Pamela J. Conover and Virginia Sapiro, "Gender, Feminist Consciousness, and War," *American Journal of Political Science* 37 (1993): 1079-1099.

18. Edward N. Luttwak, "Toward Post-Heroic Warfare," *Foreign Affairs* 74 (1995): 109-122.

19. 对此更为细致的讨论，参见 Francis Fukuyama, *Great Disruption: Human Nature and the Reconstitution of Social Order* (New York: Free Press, 1999), pp. 212-230.

20. 这一观点由弗雷德·查尔斯·伊基尔所提出：Fred Charles Iklé, "The Deconstruction of Death," *The National Interest*, no. 62 (Winter 2000/01): 87-96.

21. 代际变化的主题，尤其参见 Arthur M. Schlesinger, Jr.s, *Cycles of American History* (Boston: Houghton Mifflin, 1986); 亦可参见 William Strauss and Neil Howe, *The Fourth Turning: An American Prophecy* (New York: Broadway Books, 1997).

22. Kirkwood (1999), pp. 131-132.

23. Michael Norman, "Living Too Long," *The New York Times Magazine*, January 14, 1996, pp. 36-38.

24. Kirkwood (1999), p. 238.

25. 关于人类性行为进化，可参见 Donald Symons, *The Evolution of Human Sexuality* (Oxford: Oxford University Press, 1979).

第5章

1. 有关人类基因组工程历史，可参见 Robert Cook-Degan, *The Gene Wars: Science, Politics, and the Human Genome* (New York: W. W. Norton, 1994); Kathryn Brown, "The Human Genome Business Today," *Scientific American* 283 (July 2000): 50-55; and Kevin Davies, *Cracking the Genome: Inside the Race to Unlock Human DNA* (New York: Free Press, 2001).

2. Carol Ezzell, "Beyond the Human Genome," *Scientific American* 283, no. 1 (July 2000): 64-69.

3. Ken Howard, "The Bioinformatics Gold Rush," *Scientific American* 283, no. 1 (July 2000): 58-63.

4. Interview with Stuart A. Kauffman, "Forget In Vitro—Now It's 'In Silico,'" *Scientific American* 283, no. 1 (July 2000): 62-63.

5. Gina Kolata, "Genetic Defects Detected in Embryos Just Days Old," *The New York Times*, September 24, 1992, p. A1.

6. Lee M. Silver, *Remaking Eden: Cloning and Beyond in a Brave New World* (New York: Avon, 1998), pp. 233-247.

7. Ezzell (2000).

8. 有关威尔穆特本人对这一成就的解释，参见 Ian Wilmut, Keith Campbell, and Colin Tudge, *The Second Creation: Dolly and the Age of Biological Control* (New York: Farrar, Straus and Giroux, 2000).

9. National Bioethics Advisory Commission, *Cloning Humain Beings* (Rockville, Md.: National

Bioethics Advisory Commission, 1997).

10. Margaret Talbot, "A Desire to Duplicate," *New York Times Magazine*, February 4, 2001, pp. 40-68; Brian Alexander, "(You)2," *Wired*, February 2001, 122-135.

11. Glenn McGee, *The Perfect Baby: A Pragmatic Approach to Genetics* (Lanham, Md.: Rowman and Littlefield, 1997).

12. 对人类生殖细胞系工程发展现状的回顾，可参见 *Engineering the Hunan Germline: An Exploration of the Science and Ethics of Altering the Genes We Pass to Our Children* (New York: Oxford University Press, 2000); Marc Lappé, "Ethical Issues in Manipulating the Human Germ Line," in Peter Singer and Helga Kuhse, eds., *Bioethics: An Anthology* (Oxford: Blackwell, 1999), p. 156; and Mark S. Frankel and Audrey R. Chapman, *Huiman Inheritable Genetic Modifications: Assessing Scientific, Ethical, Religious, and Policy Issues* (Washington, D.C.: American Association for the Advancement of Science, 2000).

13. 有关人工染色体技术，参见 John Campbell and Gregory Stock, "A Vision for Practical Human Germline Engineering," in Stock and Campbell, eds. (2000), pp. 9-16.

14. Edward O. Wilson, "Reply to Fukuyama," *National Interest*, no. 56 (Spring1999): 35-37.

15. Gina Kolata, *Clone: The Road to Dolly and the Path Ahead* (New York: William Morrow, 1998), p. 27.

16. W. French Anderson, "A New Front in the Battle against Disease," in Stock and Campbell, eds. (2000), p. 43.

17. Fred Charles Iklé, "The Deconstruction of Death," *The National Interest*, no. 62 (Winter 2000/01): 91-92.

18. Kolata (1998), pp. 120-156.

19. Nicholas Eberstadt, "Asia Tomorrow, Gray and Male," *The National Interest* 53 (1998): 56-65, Terence H. Hull, "Recent Trends in Sex Ratios at Birth in China," *Population and Development Review* 16 (1990): 63-83; Chai Bin Park, "Preference for Sons, Family Size, and Sex Ratio: An Empirical Study in Korea," *Demography* 20 (1983): 333-352; and Barbara D. Miller, *The Endangered Sex: Neglect of Female Children in Rural Northern India* (Ithaca, N.Y., and London: Cornell University Press, 1981).

20. Elisabeth Croll, *Endangered Daughters: Discrimination and Development in Asia* (London: Routledge, 2001); and Ansley J. Coale and Judith Banister, "Five Decades of Missing Females in China," *Demography* 31 (1994): 459-479.

21. Gregory S. Kavka, "Upside Risks," in Carl F. Cranor, ed., *Are Genes Us?: Social Consequences of the New Genetics* (New Brunswick, N.J.: Rutgers University Press, 1994), p. 160.

22. 这一场景由查尔斯·默里所提议。参见 "Deeper into the Brain," *National Review* 52 (2000): 46-49.

第6章

1. 里夫金有关生物技术的大量著作，包括 *Algeny: A New Word, a New World* (New York:

Viking, 1983); and, with Ted Howard, *Who Should Play God?* (New York: Dell, 1977).

2. 非常感激迈克尔·利德(Michael Lind)指出霍尔丹(Haldane)、伯纳尔(Bernal,)及肖恩(Shaw)在这方面的作用。

3. 引自 Diane B. Paul, *Controlling Human Heredity: 1865 to the Present* (Atlantic Highlands, N.J.: Humanities Press, 1995), p. 2. 另参见她的文章 "Eugenic Anxieties, Social Realities, and Political Choices," *Social Research* 59 (1992): 663-683. 还可参见 Mark H. Haller, *Eugenics: Hereditarian Attitudes in American Thought* (New Brunswick, N.J.: Rutgers University Press, 1963).

4. See Henry P. David and Jochen Fleischhacker, "Abortion and Eugenics in Nazi Germany," *Population and Development Review* 14 (1988): 81-112.

5. 对此经典的研究可参见 Robert Jay Lifton, *Nazi Doctors: Medical Killing and the Psychology of Genocide* (New York: Basic Books, 1986).

6. Gunnar Broberg and Nils Roll-Hansen, *Eugenics and the Welfare State: Sterilization Policy in Denmark, Sweden, Norway, and Finland* (East Lansing, Mich.: Michigan State University Press, 1996). See also Mark B. Adams, *The Wellborn Science: Eugenics in Germany, France, Brazil, and Russia* (New York and Oxford: Oxford University Press, 1990).

7. 对中国优生学历史的了解，可参见 Frank Dikotter, *Imperfect Conceptions: Medical Knowledge, Birth Defects and Eugenics in China* (New York: Columbia University Press, 1998). See also his article "Throw-Away Babies: The Growth of Eugenics Policies and Practices in China," *The Times Literary Supplement,* January 12, 1996, pp. 4-5; and Veronica Pearson, "Population Policy and Eugenics in China," *British Jourrnal of Psychiatry* 167 (1995): 1-4.

8. Diane B. Paul, "Is Human Genetics Disguised Eugenics?" in David L. Hull and Michael Ruse, eds., *The Philosophy of Biology* (New York: Oxford University Press, 1998), pp. 536ff.

9. Pearson (1995), p. 2.

10. Matt Ridley, *Genome: The Autobiography of a Species* in 23 Chapters (New York: HarperCollins, 2000), pp. 297-299.

11. Robert L. Sinsheimer, "The Prospect of Designed Genetic Change," in Ruth F. Chadwick, ed., *Ethics, Reproduction, and Genetic Control,* rev. ed. (London and New York: Routledge, 1992), p. 145.

12. 中国独生子女政策及其强制性堕胎，在美国许多保守团体中引起巨大争议。参见 Steven Mosher, *A Mother's Ordeal: Woman's Fight against China's One-Child Policy* (New York: Harcourt Brace Jovanovich, 1993).

13. Kate Devine, "NIH Lifts Stem Cell Funding Ban, Issues Guidelines," *Scientist* 14, no. 18 (2000): 8.

14. Charles Krauthammer, "Why Pro-Lifers Are Missing the Point: The Debate over Fetal-Tissue Research Overlooks the Big Issue," *Time,* February 12, 2001, 60.

15. Virginia 1. Postrel, *The Future and Its Enemies: The Growing Conflict aver Creativity, Enterprise, and Progress* (New York: Touchstone Books, 1999), p. 168.

16. Mark K. Sears et aI., "Impact of Bt Com Pollen on Monarch Buterflies: A Risk Assessment," *Proceedings of the National Academy of Sciences* 98 (October 9, 2000) : 11937-11942.

17. 对生物技术的负外部性深刻的探讨，可参见 Gregory S. Kavka, "Upside Risks," in Carl F. Cranor, ed., *Are Genes Us?: Social Consequences of the New Genetics* (New Brunswick, N.J.: Rutgers University Press, 1994).

18. John Colapinto, *As Nature Mtade Him: The Boy Who Was Raised As a Girl* (New York: HarperCollins, 2000), p. 58.

19. Colapinto (2000), pp. 69-70

20. Kavka, in Cranor, ed. (1994), pp. 164-165.

21. Richard D. Alexander, *Haw Did Humams Evolve? Reflections on the Uniquely Unique Species* (Ann Arbor, Mich.: Museum of Zoology, University of Michigan, 1990), p. 6.

22. Plato, *The Republic,* Book V, 457c-e.

23. Gary S. Becker, "Crime and Punishment: An Economic Approach," *Journal of Political Economy* 76 (1968): 169-217.

第7章

1. 这段引文截取自会议讨论手稿，重印于 John Stock and Gregory Campbell, eds., *Engineering the Hu-man Germline: An Exploration of the Science and Ethics of Altering the Genes We Pass to Our Children* (New York: Oxford University Press, 2000), p. 85.

2. 这一观点参见 Ronald M. Dworkin, *Life's Dominion: An Argument about Abortion, Euthanasia, and Individual Freedom* (New York: Vintage Books, 1994).

3. John A. Robertson, *Children of Choice: Freedom and the New Reproductive Technologies* (Princeton, N.J.: Princeton University Press, 1994), pp. 33-34.

4. Ronald M. Dworkin, *Sovereign Virtue: The Theory and Practice of Equality* (Cambridge, Mass.: Harvard University Press, 2000), p. 452. 一个精彩的批评，参见 Adam Wolfson, "Politics in a Brave New World," *Public Interest* no. 142 (Winter 2001): 31-43.

5. G. E. Moore 实际上杜撰了"自然主义的谬误"这一短语. 参见他的 *Principia Ethica* (Cambridge: Cambridge University Press, 1903), p. 10.

6. 此论述的最近版本，参见 Alexander Rosenberg, *Darwinism in Philosophy, Social Science, and Policy* (Cambridge: Cambridge University Press, 2000), p. 120.

7. Paul Ehrlich, *Human Natures: Genes, Cultures, and the Human Prospect* (Washington, D.C./ Covelo, Calif.: Island Press/Shearwater Books, 2000), p. 309.

8. William F. Schultz, letter to the editor, *The National Interest,* no. 63 (Spring 2001) : 124-125.

9. David Hume, A *Treatise of Human Nature,* Book III, part I, section I (London: Penguin Books, 1985), p. 521.

10. Robin Fox, "Human Nature and Human Rights," *National Interest,* no. 62 (Winter 2000/01):

77-86.

11. Ibid., p. 78.

12. Alasdair MacIntyre, "Hume on 'Is' and 'Ought,'" *Philosophical Review* 68 (1959): 451-468.

13. 此观点可参见 Robert J. McShea, "Human Nature Theory and Political Philosophy," *American Journal of Political Science* 22 (1978): 656-679. 对亚里士多德的典型的误解，参见 Allen Buchanan and Norman Daniels et al., *From Chance to Choice: Genetics and Justice* (New York and Cambridge: Cambridge University Press, 2000), p. 89.

14. Robert J. McShea, *Morality and Human Nature: A New Route to Ethical Theory* (Philadelphia: Temple University Press, 1990), pp. 68-69.

15. 对边沁的讨论，参见 Charles Taylor, *Sources of the Self: The Making of the Modern Identity* (Cambridge, Mass.: Harvard University Press, 1989), p. 332.

16. 休谟被错误地认为是康德思想的原型，但事实上，它恰恰属于权利源自人性的传统学派。

17. Immanuel Kant, *Foundations of the Metaphysics of Morals,* trans. Lewis White Beck (Indianapolis: Bobbs-Merrill, 1959), p. 9.

18. 它包括 MacIntyre (1959), pp. 467-468.

19. John Rawls, *A Theory of Justice,* rev. ed. (Cambridge, Mass.: Harvard/Belknap, 1999), p. 17.

20. Ibid., pp. 347-365.

21. William A. Galston, "Liberal Virtues," *American Political Science Review* 82, no. 4 (December 1988): 1277-1290.

22. Ackerman quoted in William A. Galston, "Defending Liberalism," *American Political Science Review* 76 (1982): 621-629.

23. 比如，参见 Allan Bloom, *Giants and Dwarfs: Essays 1960-1990* (New York: Simon and Schuster, 1990).

24. Rawls (1999), p. 433.

25. Dworkin (2000), p. 448.

26. Robertson (1994), p. 24.

27. *Casey v. Planned Parenthood* quoted in Hadley Arkes, "Liberalism and the Law," in Hilton Kramer and Roger Kimball, eds., *The Betrayal of Liberalism: Haw the Disciples of Freedom and Equality Helped Foster the Illiberal Politics of Coercion and Control* (Chicago: Ivan R. Dee, 1999), pp. 95-96. 阿克斯对这一立场做出了精彩的评论，它显示这与宪法及《权利法案》起草人的"自然权利观"不一致。对"人事实上有权利编造自己的宗教"的宗教自由解读的批判，参见 Michael J. Sandel, *Democracy's Discontent: American in Search of a Public Philosophy* (Cambridge, Mass.: Harvard University Press, 1996), pp. 55-90.

28. 现代自由观念经过尼采与海德格尔转向相对主义的变迁史，可参见 Allan Bloom, *Closing of the American Mind* (New York: Simon and Schuster, 1987).

29. Frans de Waal, *Chimpanzee Politics: Power and Sex among Apes* (Baltimore: Johns Hopkins University Press, 1989).

30. Francis Fukuyama, *The Great Disruption: Human Nature and the Reconstitution of Social Order* (New York: Free Press, 1999), pp. 174-175.

31. "防御性现代化"指的是这样一个进程：外部军事竞赛的要求驱使内部社会政治组织及创新的转变。有许多这方面的例子，比如，从明治后期日本重建的改革到互联网。

32. Francis Fukuyama, "Women and the Evolution of World Politics," *Foreign Affairs* 77 (1998): 24-40.

33. Robert Wright, *Nonzero: The Logic of Human Destiny* (New York: Pantheon, 2000).

34. 近期，有关群体选择这一议题的智识思辨景观由于生物学家大卫·斯隆·威尔逊（David Sloan Wilson）的作品而发生了某些改变，大卫将它转换为多层选择（意即，个人与群体）。参见 David Sloan Wilson and Elliott Sober, *Unto Others: The Evolution and Psychology of Unselfish Behavior* (Cambridge, Mass: Harvard University Press, 1998).

35. 对此的综述，参见 Francis Fukuyama, "The Old Age of Mankind," in *The End of History and the Last Man* (New York: Free Press, 1992).

第8章

1. Paul Ehrlich, *Human Natures: Genes, Cultures, and the Human Prospect* (Washington, D.C./Covelo, Calif.: Island Press/Shearwater Books, 2000), p. 330. See Francis Fukuyama, review of Ehrlich in *Commentary*, February 2001.

2. David L. Hull, "On Human Nature," in David L. Hull and Michael Ruse, eds., *The Philosophy of Biology* (New York: Oxford University Press, 1998), p. 387.

3. 例如，亚历山大·罗森伯格声称，不存在"本质的"物种特征，因为所有物种都展现出差异，而差异的中位数并不构成本质。这不过是简单的语义双关罢了：所有描写某一物种的"本性"或"本质"的人，事实上都涉及差异的中位数。Alexander Rosenberg, *Darwinism in Philosophy, Social Science, and Policy* (Cambridge: Cambridge University Press, 2000), p. 121. See also David L. Hull, "Species, Races, and Genders: Differences Are Not Deviations," in Robert F. Weir and Susan C. Lawrence, eds., *Genes, Humans, and Self-Knowledge* (Iowa City: University of Iowa Press, 1994), p. 207.

4. Michael Ruse, "Biological Species: Natural Kinds, Individuals, or What?," *British Journal for the Philosophy of Science* 38 (1987): 225-242.

5. 可特别参见 Richard C. Lewontin, Steven Rose, et al., *Not in Our Genes: Biology, Ideology, and Human Nature* (New York: Pantheon Books, 1984); Lewontin, *Doctrine of DNA: Biology as Ideology* (New York: HarperPerennial, 1992); and Lewontin, *Inside and Outside: Gene, Environment, and Organism* (Worcester, Mass.: Clark University Press, 1994).

6. Lewontin (1994), p. 25.

7. Lewontin, Rose, et al. (1984), pp. 69 ff.

8. 我使用"几乎专有的"一词，这是因为，在前面的章节，当代生物行为学家已经证实，某些物种，如黑猩猩，具有将文化习得性知识传递给下一代的本领，因此不同群体间也显示出了一定程度的文化差异。

9. See also Leon Eisenberg, "The Human Nature of Human Nature," *Science* 176 (1972): 123-128.

10. Ehrlich (2000), p. 273.

11. Aristotle, *Nicomachean Ethics* II.1, 1103a24-26.

12. Ibid., V.7, 1134b29-32.

13. See Aristotle, *Politics* I.2, 1253a29-32.

14. Roger D. Masters, "Evolutionary Biology and Political Theory," *American Political Science Review* 84 (1990): 195-210; *Beyond Relativism: Science and Human Values* (Hanover, N.H.: University Press of New England, 1993); and, with Margaret Gruter, *The Sense of Justice: Biological Foundations of Law* (Newbury Park, Calif.: Sage Publications, 1992).

15. Michael Ruse and Edward O. Wilson, "Moral Philosophy as Applied Science: A Darwinian Approach to the Foundations of Ethics," *Philosophy* 61 (1986): 173-192.

16. Larry Arnhart, *Darwinian Natural Right: Biological Ethics of Human Nature* (Albany, N.Y.: State University of New York Press, 1998).

17. 对 Arnhart 观点的评论与探讨，可参见 Richard F. Hassing, "Darwinian Natural Right?," *Interpretation* 27 (2000): 129-160; and Larry Arnhart, "Defending Darwinian Natural Right," *Interpretation* 27 (2000): 263-277.

18. Arnhart (1998), pp. 3i-36.

19. Donald Brown, *Human Universals* (Philadelphia: Temple University Press, 1991),p.77.

20. 比如，可参见 Steven Pinker and Paul Bloom, "Natural Language and Natural Selection," *Behavioral and Brain Sciences* 13 (1990): 707-784; and Pinker, *The Language Instinct* (New York: HarperCollins, 1994).

21. 评论可参见 Frans de Waal, *Chimpanzee Politics: Power and Sex among Apes* (Baltimore: Johns Hopkins University Press, 1989) pp. 57-60.

22. 有关时间的这一论点由本杰明·李·沃尔夫（Benjamin Lee Whorf）在涉及霍皮人时所提出，关于时间的论点在人类学教科书中随处可见。参见 Brown (1991), pp. 10-11.

23. John Locke, *An Essay Concerning Human Understanding*, Book I, chapter 3, section 7 (Amherst, N.Y.: Prometheus Books, 1995), p. 30.

24. Ibid., Book I, chapter 3, section 9, pp. 30-31.

25. Robert Trivers, "The Evolution of Reciprocal Altruism," *Quarterly Review of Biology* 46 (1971): 35-56; see also Trivers, *Social Evolution* (Menlo Park, Calif.: Benjamin/Cummings, 1985).

26. Sarah B. Hrdy and Glenn Hausfater, *Infanticide: Comparative and Evolutionary Perspectives* (New York: Aldine Publishing, 1984); R. Muthulakshmi, *Female Infanticide: Its Causes and Solutions* (New Delhi: Discovery Publishing House, 1997); Lalita Panigrahi, *British Social Policy and Female Infanticide in India* (New Delhi: Munshiram Manoharlal, 1972); and Maria W. Piers, *Infanticide* (New York: W. W. Norton, 1978).

27. 关于这一论点，参见 Arnhart (1998), pp. 119-120.

28. 如果我们细究洛克描述杀婴行为的信息源，它们来自 17、18 世纪的异域旅行作品，这些作品因为对异国风情与外域野蛮的描绘震惊了欧洲人。

29. Peter Singer and Susan Reich, *Animal Liberation* (New York: New York Review Books, 1990), p. 6; and Peter Singer and Paola Cavalieri, *Great Ape Project: Equality Beyond Humanity* (New York: St. Martin's Press, 1995).

30. 这一观点最初由杰里米·边沁所提出，由辛格与赖希重申，Singer and Reich (1990), pp. 7-8.

31. See John Tyler Bonner, *The Evolution of Culture in Animals* (Princeton, N.J.: Princeton University Press, 1980).

32. Frans de Waal, *The Ape and the Sushi Master* (New York: Basic Books, 2001), pp. 194-202.

33. Ibid., pp. 64-65.

34. 彼特·辛格（参见 Singer and Reich, 1990）发表了一个古怪的观点，他认为，平等是一种道德理念，它与所涉及的存在物事实上平等这一论断无关。他争辩说，"因应两个人事实上的能力差异，而对他们的需求与利益的满足进行差异对待，这在逻辑上是不合理也不具吸引力的……"（第 4 至 5 页）。坦白说，这种观点是不真实的：由于孩子智力尚未发育完全，人生经验不够丰富，我们并不赋予他们像大人一样的自由。辛格没能表达清楚，平等这一道德理念究竟是从何而来，为什么它比将所有自然物种分成三六九等的道德理论更有吸引力？在其他地方，辛格又说道，"最基本的权利——将物体的利益考虑在内，不管它是什么利益——必须根据平等原则延伸至所有存在物身上，不管是黑人还是白人，是男性还是女性，是人类还是非人类。"（第 5 页）。辛格没有明确地回答这一问题：我们是否应当尊重苍蝇和蚊子、更小的病毒及细菌等这种存在物的利益。他也许认为这些是微不足道的例子，但它们并不是：权利的本性取决于所涉及的物种的本性。

第9章

1. Clive Staples Lewis, *The Abolition of Man* (New York: Touchstone, 1944), p. 85.

2. Counsel of Europe, Draft Additional Protocol to the Convention on Human Rights and Biomedicine, On the Prohibiting of Cloning Human Beings, Doc. 7884, July 16, 1997.

3. 这是《历史的终结与最后的人》一书第二部分的主题，参见 Francis Fukuyama, *The End of History and the Last Man* (New York: Free Press, 1992).

4. 对托克维尔这一段的解读，参见 Francis Fukuyama, "The March of Equality," *Journal of Democracy* 11 (2000): 11-17.

5. John Paul II, "Message to the Pontifical Academy of Sciences," October 22, 1996.

6. Daniel C. Dennett, *Danvin's Dangerous Idea: Evolution and the Meanings of Life* (New York: Simon and Schuster, 1995), pp. 35-39; see also Ernst Mayr, *One Long Argument: Charles Danvin and the Genesis of Modern Evolutionary Thought* (Cambridge, Mass.: Harvard University Press, 1991), pp. 40-42.

7. Michael Ruse and David L. Hull, *The Philosophy of Biology* (New York: Oxford University

Press, 1998), p. 385.

8. Lee M. Silver, *Recking Eden: Cloning and Beyond in a Brave New World* (New York: Avon, 1998), pp. 256-257.

9. Ruse and Hull (1998), p. 385.

10. Silver (1998), p. 277.

11. Friedrich Nietzsche, *Thus Spoke Zarathustra*, First part, section 5, from *The Portable Nietzsche*, ed. Walter Kaufmann (New York: Viking, 1968), p. 130.

12. Charles Taylor, *Sources of the Self: The Making of the Modern Identity* (Cambridge, Mass.: Harvard University Press, 1989), pp. 6-7.

13. 对这一提议的更为全面的辩护，可参见 Francis Fukuyama, *The Great Disruption: Human Nature and the Reconstitution of Social Order*, part II (New York: Free Press, 1999).

14. Aristotle, *Politics* I.2.13, 1254b, 16-24.

15. Ibid., I.2.18, 1255a, 22-38.

16. Ibid., I.2.19, 1255b, 3-5.

17. 比如，可参见 Dan W. Brock, "The Human Genome Project and Human Identity," in *Genes, Humans, and Self-Knowledge*, eds. Robert F. Weir and Susan C. Lawrence et al. (Iowa City: University of Iowa Press, 1994), pp. 18-23.

18. 这种可能性早已被查尔斯·默里所指出，参见他的文章 "Deeper into the Brain," *National Review* 52 (2000): 46-49.

19. Peter Sioterdijk, "Regeln fur den Menschenpark: Ein Antwortschreiben zum Brief uber den Humanismus," *Die Zeit*, no. 38, September 16, 1999.

20. Jurgen Habermas, "Nicht die Natur verbietet das Klonen. Wir müssen selbst entscheiden. Eine Replik auf Dieter E. Zimmer," *Die Zeit*, no. 9, February 19, 1998.

21. 对这一议题的讨论。参见 Allen Buchanan and Norman Daniels et al., *From Chance to Choice: Genetics and Justice* (New York and Cambridge: Cambridge University Press, 2000), pp. 17-20. 也可参见 Robert H. Blank and Masako N. Darrough, *Biological Differences and Social Equality: Implications for Social Policy* (Westport, Conn.: Greenwood Press, 1983).

22. Ronald M. Dworkin, *Sovereign Virtue: The Theory and Practice of Equality* (Cambridge, Mass.: Harvard University Press, 2000), p. 452.

23. Laurence H. Tribe, "Second Thoughts on Cloning," *The New York Times*, December 5, 1997, p. A31.

24. John Paul II (1996).

25. 对这一"本体性跳跃"意义的解读，参见 Ernan McMullin, "Biology and the Theology of the Human," in Phillip R. Sloan, ed., *Controlling Our Desires: Historical, Philosophical, Ethical, and Theological Perspectives on the Humam Genome project* (Notre Dame, Ind.: University of Notre Dame Press, 2000), p. 367.

26. 事实上，很难从达尔文视角解释人类对音乐的喜爱。参见 Steven Pinker, *How the Mind Works* (New York: W. W. Norton, 1997), pp. 528-538.

27. 比如，可参见 Arthur Peacocke, "Relating Genetics to Theology on the Map of Scientific Knowledge," in Sloan (2000), pp. 346-350.

28. 拉普拉斯的原文更精确的表达是：："那么，我们应当将宇宙（并不仅仅指太阳系）的现状作为它前一阶段的结果，以及随之而来的下一段的起因。既然智力能够理解所有由自然施加的作用力及人所造成的各种情形——智力已经足够广阔到能够将这些数据（前提条件）进行分析——那么它也能以同样的方式理解宇宙中最强大物体的运动，以及最微小的原子的运动；对它而言，没有什么是不确定的，未来像过去一样，会展现在它的眼前……天文学所展示的彗星运动的规律毫无疑问存在于所有现象中。描绘一颗简单的水分子或水蒸气的曲线，它的规律与恒星运转的轨道是同样确定的；它们唯一的不同可能是由于我们的无知。"引自 Final Causality in Nature and Human Affairs, ed. Richard F. Hassing (Washington, D.C.: Catholic University Press, 1997), p. 224.

29. Hassing, ed. (1997), pp. 224-226.

30. Peacocke, in Sloan, ed. (2000), p. 350.

31. McMullin, in Sloan, ed. (2000), p. 374.

32. 关于这一问题，参见 Roger D. Masters, "The Biological Nature of the State," World Politics 35 (1983): 161-193.

33. Andrew Goldberg and Christophe Boesch, "The Cultures of Chimpanzees," Scientific American 284 (2001): 60-67.

34. Larry Arnhart, Darwinian Natural Right: The Biological Ethics of Humam Nature (Albany, N.Y.: State University of New York Press, 1998), pp. 61-62.

35. 对此的一个例外是美国太平洋西北岸的土著人，这个狩猎采集社会发展成了一个国家。参见 Robert Wright, Nonzero: Logic of Human Destiny (New York: Pantheon Books, 2000), pp. 31-38.

36. Stephen Jay Gould and R. C. Lewontin, "The Spandrels of San Marco and the Panglossian Paradigm: A Critique of the Adaptionist Programme," Proceedings of the Royal Society of London 205 (1979): 81-88.

37. John R. Searle, The Mystery of Consciousness (New York: New York Review Books, 1997.

38. Daniel C. Dennett, Consciousness Explained (Boston: Little, Brown, 1991), p. 210.

39. John R. Searle, The Rediscovery of the Mind (Cambridge, Mass.: MIT Press, 1992) p. 3.

40. Hans P. Moravec, Robot: Mere Machine to Transcendent Mind (New York: Oxford University Press, 1999).

41. Ray Kurzweil, The Age of Spiritual Machines: When Computers Exceed Human Intelligence (London: Penguin Books, 2000).

42. 评论参见 Colin McGinn, "Hello HAL," The New York Times Book Review, January 3, 1999.

43. 关于这一点，参见 Wright (2000), pp. 306-308.

44. Ibid., pp. 321-322.

45. Robert J. McShea, Morality and Human Nature: A New Route to Ethical Theory (Philadelphia: Temple University Press, 1990), p. 77.

46. 丹尼尔·丹尼特在《意识的解释》一书做出这样骇人的论断："但是，你也许会问，如果不是意识到欲望，生物的欲望就会受到阻碍，这有什么要紧的？我会回答：即便它们是意识到的，为什么它就更重要呢——特别是，像某些人所设想的，如果意识是一种永远逃避究的特质？为什么一个行为痴呆者的破碎的希望没有拥有知觉的人的破碎的希望重要？这是在玩镜像的把戏，应当将它们暴露和丢弃。你认为，意识是重要的，然而当你被意识的教条紧紧吸引，它们系统性地防止我们获得任何'为什么它重要'的信息。"（第 450 页）丹尼特的质疑回避了一个明显的问题：除非这位痴呆者对那人有工具性价值，世界上哪个人会在意碾碎一个行为痴呆者的希望？

47. Jared Diamond, *The Third Chimpanzee* (New York: HarperColiins, 1992), p. 23.

48. 理性与情感的二元论——即，精神是独特且可分离的存在——能够追溯至笛卡尔（参见《灵魂的激情》，第 47 章）。自那时起人们广泛接受了二分法，但是它在许多方面有误导。神经生理学家安东尼·达马西奥指出，人类理性总是包含躯体标记——在思考某一问题时系附于某一观点或选择上的情感——它帮助我们加速许多计算。参见 Antonio R. Damasio, *Descartes Error: Emotion, Reason, and the Human Brain* (New York: Putnam, 1994).

49. 也就是，康德认为道德选择只是一种凌驾或压制自然情感的纯粹理性的行为，并不是人类事实上做出道德选择的方式。更为典型的是，人类在一系列情感中做出平衡，并通过习惯不断加强做出正确道德选择的愉悦感，进而形成性格。

第10章

1. 公共官员的自利性是公共选择学派的理论前提。参见 James M. Buchanan and Gordon Tullock, *The Calculus of Consent: Logical Foundations of Constitutional Democracy* (Ann Arbor, Mich.: University of Michigan Press, 1962); and Jack High and Clayton A. Coppin, *Politics of Purity: Haroey Washington Wiley and the Origins of Federal Food Policy* (Ann Arbor, Mich.: University of Michigan Press, 1999).

2. 引自 Gregory Stock and John Campbell, eds., *Engineering the Humam Germline: An Exploration of the Science and Ethics ofAltering the Genes We Pass to Our Children* (New York: Oxford University Press, 2000), p. 78.

3. 关于国家何时能够合法地干预家庭事务的一般理论，参见 Gary S. Becker, "The Family and the State," *Journal of Law and Economics* 31 (1988): 1-18. Becker 认为，只有当孩子的利益没能被充分代表，才需要国家出手干预家庭，克隆儿的情形似乎就是这种情况。

4. 我自己常常因为这种想法而自责。参见 Francis Fukuyama, Caroline Wagner, et al., *Information and Biological Revolutions: Global Governatnce Challenges—A Summary of a Study Group* (Santa Monica, Calif.: Rand MR-1139- DARPA, 1999).

5. 比如，参见 P. M. S. Blackett, *Fear, War, and the Bomb* (New York: McGraw- Hill, 1948).

6. Etel Solingen, "The Political Economy of Nuclear Restraint," *International Security* 19 (1994): 126-169.

7. Frans de Waal, *Ape and the Sushi Master* (New York: Basic Books, 2001), p. 116.

8. 药品也能够在民族国家层面以及跨越辖区，或在一个互相认可的程序下获得许可。

9. Bryan L. Walser, "Shared Technical Decisionmaking and the Disaggregation of Sovereignty," *Tulane Law Review* 72 (1998): 1597-1697.

第11章

1. Kurt Eichenwald, "Redesigning Nature: Hard Lessons Learned; Biotechnology Food: From the Lab to a Debacle," *The New York Times*, January 25, 2001, p. A1.

2. Donald L. Uchtmann and Gerald C. Nelson, "US Regulatory Oversight of Agricultural and Food-Related Biotechnology," *American Behavioral Scientist* 44 (2000): 350-377.

3. Uchtmann and Nelson (2000), and Sarah E. Taylor, "FDA Approval Process Ensures Biotech Safety," *Journal of the American Dietetic Association* 100, no. 10 (2000): 3.

4. 然而，也有对过多的生物技术管制的批判，特别是对环境保护署的批判。参见 Henry I. Miller, "A Need to Reinvent Biotechnology Regulation at the EPA," *Science* 266 (1994): 1815-1819.

5. Alan McHughen, *Pandora's Picnic Basket: Potential and Hazards of Genetically Modified Foods* (Oxford: Oxford University Press, 2000), pp. 149-152.

6. Lee Ann Patterson, "Biotechnology Policy: Regulating Risks and Risking Regulation," in Helen Wallace and William Wallace, eds., *Policy-Making in the European Union* (Oxford and New York: Oxford University Press, 2000), pp. 321-323.

7. 技术上说来，希望在欧洲市场销售转基因食物的进口商，必须首先在销售该产品的成员国内对有关的职能部门提出申请。如果成员国一旦批准，信息的卷宗会被转发至布鲁塞尔的理事会，它们会再将信息转给其他成员国请求评价。如果其他成员国没有反对，然后产品才能够在欧盟范围内销售。1997 年，奥地利与卢森堡第一个禁止进口及培育具有防虫害功能的玉米，欧盟要求它们撤销禁令。参见 Ruth MacKenzie and Silvia Francescon, "The Regulation of Genetically Modified Foods in the European Union: An Overview," *N.Y.U. Environmental Journail* 8 (2000): 530-554.

8. Margaret R. Grossman and A. Bryan, "Regulation of Genetically Modified Organisms in the European Union," *American Behavioral Scientist* 44 (2000): 378-434; and Marsha Echols, "Food Safety Regulation in the EU and the US: Different Cultures, Different Laws," *Columbia Journal of European* 23 (1998): 525-543.

9. 1990 年的指令没有再提及审慎原则，但它们二者的遣词并非不一致。首次明确地提出审慎原则是在 1992 年的《马斯特里赫特条约》。参见 MacKenzie and Francescon (2000). 另可参见 Jonathan H. Adler, "More Sorry Than Safe: Assessing the Precautionary Principle and the Proposed International Biosafety Protocol," *Texaas Internaitional Journal* 35, no. 2 (2000): 173-206.

10. Patterson, in Wallace and Wallace (2000), pp. 324-328.

11. World Trade Organization, *Trading into the Future*, 2d ed., rev. (Lausanne: World Trade Organization, 1999), p. 19.

12. Lewis Rosman, "Public Participation in International Pesticide Regulation: When the Codex Commission Decides," *Virginia Environmental Journal* 12 (1993): 329.

13. Aarti Gupta, "Governing Trade in Genetically Modified Organisms: The Cartagena Protocol on Biosafety," *Environment* 42 (2000): 22-27.

14. Kal Raustiala and David Victor, "Biodiversity since Rio: The Future of the Convention on Biological Diversity," *Environment* 38 (1996): 16-30.

15. Robert Paarlberg, "The Global Food Fight," *Foreign Affairs* 79 (2000): 24-38; and Nuffield Council on Bioethics, *Genetically Modified Crops: Ethical and Social Issues* (London: Nuffield Council on Bioethics, 1999).

16. Henry I. Miller and Gregory Conko, "The Science of Biotechnology Meets the Politics of Global Regulation," *Issues in Science and Technology* 17 (2000): 47-54.

17. Henry I. Miller, "A Rational Approach to Labeling Biotech-Derived Foods," *Science* 284 (1999): 1471-1472; and Alexander G. Haslberger, "Monitoring and Labeling for Genetically Modified Products," *Science* 287 (2000): 431-432.

18. Michelle D. Miller, "The Informed-Consent Policy of the International Conference on Harmonization of Technical Requirements for Registration of Pharmaceuticals for Human Use: Knowledge Is the Best Medicine," *Cornell International Law Journal* 30 (1997): 203-244.

19. Paul M. McNeill, *Ethics and Politics of Humain Experimentation* (Cambridge: Cambridge University Press, 1993), pp. 54-55.

20. Ibid., pp. 57, 61.

21. Ibid., pp. 62-63.

22. National Bioethics Advisory Commission, *Ethical and Policy Issues in Research Involving Humain Participants, Final Recommendations* (Rockville, Md.: 2001). See http://bioethics. gov/press/finalrecomm5-18.html.

23. Michele D. Miller (1997); McNeill (1993), pp. 42-43.

24. 适用于这一主题的标准可参见 Robert Jay Lifton, *Nazi Doctors: Medical Killing and the Psychology of Genocide* (New York: Basic Books, 1986).

25. 《纽伦堡宣言》是国际法驱动国内实践的一个实例，而不是由相反的方式，这并不常见。举个例子，美国医学会直到《纽伦堡宣言》被采用后，才制定有关人体医学实验的规则。参见 Michele D. Miller (1997), p. 211.

26. McNeill (1993), pp. 44-46.

第12章

1. David Firn, "Biotech Industry Plays Down UK Cloning Ruling," *Financial Times*, November 15, 2001.

2. Noelle Lenoir, "Europe Confronts the Embryonic Stem Cell Research Challenge," *Science*

287 (2000): 1425-1426; and Rory Watson, "EU Institutions Divided on Therapeutic Cloning," *British Medical Journal* 321 (2000): 658.

3. Sheiylynn Fiandaca, "In Vitro Fertilization and Embryos: The Need for International Guidelines," *Albany Law Journal of Science and Technology* 8 (1998): 337-404.

4. Dorothy Nelkin and Emily Marden, "Cloning: A Business without Regulation," *Hofstra Law Review* 27 (1999): 569-578.

5. 这一案例更全面的解释，可参见 Leon Kass, "Preventing a Brave New World: Why We Should Ban Cloning Now," *The New Republic*, May 21, 2001, pp.30-39; 也可参见 Sophia Kolehmainen, "Human Cloning: Brave New Mistake," *Hofstra Law Review* 27 (1999): 557-568; and Vernon J. Ehlers, "The Case Against Human Cloning," *Hofstra Law Review* 27 (1999): 523-532; Dena S. Davis, "Religious Attitudes towards Cloning: A Tale of Two Creatures," *Hofstra Law Review* 27 (1999): 569 578; Leon Eisenberg, "Would Cloned Human Beings Really Be Like Sheep?," *New England Journal of Medicine* 340 (1999): 471-475; Eric A. Posner and Richard A. Posner, "The Demand for Human Cloning," *Hofstra Law Review* 27 (1999): 579-608; and Harold T. Shapiro, "Ethical and Policy Issues of Human Cloning," *Science* 277 (1997): 195-197. 还可参见其他不同视角的讨论，Glenn McGee, The *Human Cloning Debate* (Berkeley, Calif.: Berkeley Hills Books, 1998).

6. Francis Fukuyama, "Testimony Before the Subcommittee on Health, Committee on Energy and Commerce, Regarding H.R. 1644, 'The Human Cloning Prohibition Act of 2001,' and H.R. 2172, 'The Cloning Prohibition Act of 2001," June 20, 2001.

7. Michel Foucault, *Madness and Civilization: A History of Insanity in the Age of Reason* (New York: Pantheon Books, 1965).

8. 事实上，基因泰克生物技术公司试图将增高激素用于矮小但不是荷尔蒙缺陷的孩童身上，由于这一挑战极限的行为，该公司被起诉。参见 Tom Wilke, *Perilous Knowledge: Humam Genome Project and Its Implications* (Berkeley and Los Angeles: University of California Press, 1993), pp. 136-139.

9. Lee M. Silver, *Remaking Eden: Cloning and Beyond in a Brave New World* (New York: Avon, 1998), p. 268.

10. Leon Kass, *Toward a More Natural Science: Biology and Huiman Affairs* (New York: Free Press, 1985), p. 173.

11. 关于这一综合性话题，参见 James Q. Wilson, *Bureaucracy: What Government Agencies Do and Why They Do It* (New York: Basic Books, 1989).

12. Eugene Russo, "Reconsidering Asilomar," *Scientist* 14 (April 3, 2000): 15-21; and Marcia Barinaga, "Asilomar Revisited: Lessons for Today?," *Science* 287 (March 3, 2000): 1584-1585.

13. Stuart Auchincloss, "Does Genetic Engineering Need Genetic Engineers?," *Boston College Environmental Affairs Law Review* 20 (1993): 37-64.

14. Kurt Eichenwald, "Redesigning Nature: Hard Lessons Learned; Biotechnology Food: From the Lab to a Debacle," *The New York Times*, January 25, 2001, p. A1.

参考文献

Ackerman, Bruce. *Social Justice in the Liberal State*. New Haven, Conn.: Yale University Press, 1980.

Adams, Mark B. *The Wellborn Science: Eugenics in Germany, France, Brazil, and Russia*. New York and Oxford: Oxford University Press, 1990.

Adler, Jonathan H. "More Sorry Than Safe: Assessing the Precautionary Principle and the Proposed International Biosafety Protocol." *Texas International Law Journal* 35, no. 2 (2000): 173–206.

Alexander, Brian. "(You)2." *Wired*, February 2001: 122–135.

Alexander, Richard D. *How Did Humans Evolve? Reflections on the Uniquely Unique Species*. Ann Arbor, Mich.: Museum of Zoology, University of Michigan, 1990.

Aristotle. *Nicomachean Ethics*.

———. *Politics*.

Arnhart, Larry. *Darwinian Natural Right: The Biological Ethics of Human Nature*. Albany, N.Y.: State University of New York Press, 1998.

————. "Defending Darwinian Natural Right." *Interpretation* 27 (2000): 263–277.

Auchincloss, Stuart. "Does Genetic Engineering Need Genetic Engineers?" *Boston College Environmental Affairs Law Review* 20 (1993): 37–64.

Bacon, Sir Francis. *The Great Instauration and the Novum Organum*. Kila, Mont.: Kessinger Publishing LLC, 1997.

Banks, Dwayne A., and Michael Fossel. "Telomeres, Cancer, and Aging: Altering the Human Life Span." *Journal of the American Medical Association* 278 (1997): 1345–1348.

Barinaga, Marcia. "Asilomar Revisited: Lessons for Today?" *Science* 287 (March 3, 2000): 1584–1585.

Becker, Gary S. "Crime and Punishment: An Economic Approach." *Journal of Political Economy* 76 (1968): 169–217.

Beutler, Larry E. "Prozac and Placebo: There's a Pony in There Somewhere." *Prevention and Treatment* 1 (1998).

Blackett, P.M.S. *Fear, War, and the Bomb*. New York: McGraw-Hill, 1948.

Blank, Robert H., and Masako N. Darrough. *Biological Differences and Social Equality: Implications for Social Policy*. Westport, Conn.: Greenwood Press, 1983.

Bloom, Allan. *The Closing of the American Mind*. New York: Simon and Schuster, 1990.

————. *Giants and Dwarfs: Essays 1960–1990*. New York: Simon and Schuster, 1987.

Bonn, Dorothy. "Debate on ADHD Prevalence and Treatment Continues." *The Lancet* 354, issue 9196 (1999): 2139.

Bonner, John Tyler. *The Evolution of Culture in Animals*. Princeton, N.J.: Princeton University Press, 1980.

Bouchard, Thomas J., Jr., David T. Kykken, et al. "Sources of Human Psychological Differences: The Minnesota Study of Twins Reared Apart." *Science* 226 (1990): 223–250.

Breggin, Peter R., and Ginger Ross Breggin. *Talking Back to Prozac: What Doctors Won't Tell You About Today's Most Controversial Drug*. New York: St. Martin's Press, 1994.

Brigham, Carl C. *A Study of American Intelligence*. Princeton, N.J.: Princeton University Press, 1923.

Broberg, Gunnar, and Nils Roll-Hansen. *Eugenics and the Welfare State: Sterilization Policy in Denmark, Sweden, Norway, and Finland*. East Lansing, Mich.: Michigan State University Press, 1996.

Brown, Donald. *Human Universals*. Philadelphia: Temple University Press, 1991.

Brown, Kathryn. "The Human Genome Business Today." *Scientific American* 283, no. 1 (July 2000): 50–55.

Brunner, H. G. "Abnormal Behavior Associated with a Point Mutation in the Structural Gene for Monoamine Oxidase A." *Science* 262 (1993): 578–580.

Buchanan, Allen, Norman Daniels, et al. *From Chance to Choice: Genetics and Justice*. New York and Cambridge: Cambridge University Press, 2000.

Buchanan, James M., and Gordon Tullock. *The Calculus of Consent: Logical Founda-*

tions of Constitutional Democracy. Ann Arbor, Mich.: University of Michigan Press, 1962.

Byne, William. "The Biological Evidence Challenged." *Scientific American* 270, no. 5 (1994): 50–55.

Cavalli-Sforza, Luigi Luca. *Genes, Peoples, and Languages.* New York: North Point Press, 2000.

Cavalli-Sforza, Luigi Luca, and Francesco Cavalli-Sforza. *The Great Human Diasporas: The History of Diversity and Evolution.* Reading, Mass.: Addison-Wesley, 1995.

Chadwick, Ruth F., ed. *Ethics, Reproduction, and Genetic Control.* Rev. ed. London and New York: Routledge, 1992.

Cloninger, C., and M. Bohman, et al. "Inheritance of Alcohol Abuse: Crossfostering Analysis of Alcoholic Men." *Archives of General Psychiatry* 38 (1981): 861–868.

Coale, Ansley J., and Judith Banister. "Five Decades of Missing Females in China." *Demography* 31 (1994): 459–479.

Colapinto, John. *As Nature Made Him: The Boy Who Was Raised As a Girl.* New York: HarperCollins, 2000.

Conover, Pamela J., and Virginia Sapiro. "Gender, Feminist Consciousness, and War." *American Journal of Political Science* 37 (1993): 1079–1099.

Cook-Degan, Robert. *The Gene Wars: Science, Politics, and the Human Genome.* New York: W. W. Norton, 1994.

Correa, Juan de Dios Vial, and S. E. Mons. Elio Sgreccia. *Declaration on the Production and the Scientific and Therapeutic Use of Human Embryonic Stem Cells.* Rome: Pontifical Academy for Life, 2000.

Council of Europe. *Medically Assisted Procreation and the Protection of the Human Embryo: Comparative Study of 39 States.* Strasbourg: Council of Europe, 1997.

———. "On the Prohibiting of Cloning Human Beings." Draft Additional Protocol to the Convention on Human Rights and Biomedicine, Doc. 7884 (July 16, 1997).

Cranor, Carl F., ed. *Are Genes Us?: Social Consequences of the New Genetics.* New Brunswick, N.J.: Rutgers University Press, 1994.

Croll, Elisabeth. *Endangered Daughters: Discrimination and Development in Asia.* London: Routledge, 2001.

Daly, Martin, and Margo Wilson. *Homicide.* New York: Aldine de Gruyter, 1988.

Damasio, Antonio R. *Descartes' Error: Emotion, Reason, and the Human Brain.* New York: Putnam, 1994.

David, Henry P., Jochen Fleischhacker, et al. "Abortion and Eugenics in Nazi Germany." *Population and Development Review* 14 (1988): 81–112.

Davies, Kevin. *Cracking the Genome: Inside the Race to Unlock Human DNA.* New York: Free Press, 2001.

Davis, Dena S. "Religious Attitudes towards Cloning: A Tale of Two Creatures." *Hofstra Law Review* 27 (1999): 569–578.

Dennett, Daniel C. *Consciousness Explained.* Boston: Little, Brown, 1991.

———. *Darwin's Dangerous Idea: Evolution and the Meanings of Life.* New York: Simon and Schuster, 1995.

Devine, Kate. "NIH Lifts Stem Cell Funding Ban, Issues Guidelines." *The Scientist* 14, no. 18 (2000): 8.

Devlin, Bernie, et al., eds. *Intelligence, Genes, and Success: Scientists Respond to the Bell Curve*. New York: Springer, 1997.

de Waal, Frans. *The Ape and the Sushi Master*. New York: Basic Books, 2001.

————. *Chimpanzee Politics: Power and Sex among Apes*. Baltimore: Johns Hopkins University Press, 1989.

————. "The End of Nature versus Nurture." *Scientific American* 281 (1999): 56–61.

Diamond, Jared. *The Third Chimpanzee*. New York: HarperCollins, 1992.

Dikötter, Frank. *Imperfect Conceptions: Medical Knowledge, Birth Defects and Eugenics in China*. New York: Columbia University Press, 1998.

————. "Throw-Away Babies: The Growth of Eugenics Policies and Practices in China." *The Times Literary Supplement*, January 12, 1996, pp. 4–5.

Diller, Lawrence H. *Running on Ritalin*. New York: Bantam Books, 1998.

————. "The Run on Ritalin: Attention Deficit Disorder and Stimulant Treatment in the 1990s." *Hasting Center Report* 26 (1996): 12–18.

Duster, Troy. *Backdoor to Eugenics*. New York: Routledge, 1990.

Dworkin, Ronald M. *Life's Dominion: An Argument about Abortion, Euthanasia, and Individual Freedom*. New York: Vintage Books, 1994.

————. *Sovereign Virtue: The Theory and Practice of Equality*. Cambridge, Mass.: Harvard University Press, 2000.

Eagley, Alice H. "The Science and Politics of Comparing Women and Men." *American Psychologist* 50 (1995): 145–158.

Eberstadt, Mary. "Why Ritalin Rules." *Policy Review*, April–May 1999, 24–44.

Eberstadt, Nicholas. "Asia Tomorrow, Gray and Male." *The National Interest* 53 (1998): 56–65.

————. "World Population Implosion?" *Public Interest*, no. 126 (February 1997): 3–22.

Echols, Marsha. "Food Safety Regulation in the EU and the US: Different Cultures, Different Laws." *Columbia Journal of European Law* 23 (1998): 525–543.

Ehlers, Vernon J. "The Case Against Human Cloning." *Hofstra Law Review* 27 (1999): 523–532.

Ehrlich, Paul. *Human Natures: Genes, Cultures, and the Human Prospect*. Washington, D.C./Covelo, Calif.: Island Press/Shearwater Books, 2000.

Eichenwald, Kurt. "Redesigning Nature: Hard Lessons Learned; Biotechnology Food: From the Lab to a Debacle." *The New York Times*, January 25, 2001, p. A1.

Eisenberg, Leon. "The Human Nature of Human Nature." *Science* 176 (1972): 123–128.

————. "Would Cloned Human Beings Really Be Like Sheep?" *New England Journal of Medicine* 340 (1999): 471–475.

Ezzell, Carol. "Beyond the Human Genome." *Scientific American* 283, no. 1 (July 2000): 64–69.

Farmer, Anne, and Michael J. Owen. "Genomics: The Next Psychiatric Revolution?" *British Journal of Psychiatry* 169 (1996): 135–138.

Fears, Robin, Derek Roberts, et al. "Rational or Rationed Medicine? The Promise of Genetics for Improved Clinical Practice." *British Medical Journal* 320 (2000): 933–935.

Fiandaca, Sherylynn. "In Vitro Fertilization and Embryos: The Need for International Guidelines." *Albany Law Journal of Science and Technology* 8 (1998): 337–404.

Finch, Caleb E., and Rudolph E. Tanzi. "Genetics of Aging." *Science* 278 (1997): 407–411.

Fischer, Claude S., et al. *Inequality by Design: Cracking the Bell Curve Myth*. Princeton, N.J.: Princeton University Press, 1996.

Fisher, Seymour, and Roger P. Greenberg. "Prescriptions for Happiness?" *Psychology Today* 28 (1995): 32–38.

Fletcher, R. "Intelligence, Equality, Character, and Education." *Intelligence* 15 (1991): 139–149.

Flynn, James Robert. "Massive IQ Gains in 14 Nations: What IQ Tests Really Measure." *Psychological Bulletin* 101 (1987): 171–191.

———. "The Mean IQ of Americans: Massive Gains 1932–1978." *Psychological Bulletin* 95 (1984): 29–51.

Foucault, Michel. *Madness and Civilization: A History of Insanity in the Age of Reason*. New York: Pantheon Books, 1965.

Fourastié, Jean. "De la vie traditionelle à la vie tertiaire." *Population* 14 (1963): 417–432.

Fox, Robin. "Human Nature and Human Rights." *The National Interest*, no. 62 (Winter 2000/01): 77–86.

Frank, Robert H. *Choosing the Right Pond: Human Behavior and the Quest for Status*. Oxford: Oxford University Press, 1985.

Frankel, Mark S., and Audrey R. Chapman. *Human Inheritable Genetic Modifications: Assessing Scientific, Ethical, Religious, and Policy Issues*. Washington, D.C.: American Association for the Advancement of Science, 2000.

Friedrich, M. J. "Debating Pros and Cons of Stem Cell Research." *Journal of the American Medical Association* 284, no. 6 (2000): 681–684.

Fukuyama, Francis. *The End of History and the Last Man*. New York: Free Press, 1992.

———. *The Great Disruption: Human Nature and the Reconstitution of Social Order*. New York: Free Press, 1999.

———. "Is It All in the Genes?" *Commentary* 104 (September 1997): 30–35.

———. "The March of Equality." *Journal of Democracy* 11 (2000): 11–17.

———. "Second Thoughts: The Last Man in a Bottle." *The National Interest*, no. 56 (Summer 1999): 16–33.

———. "Testimony Before the Subcommittee on Health, Committee on Energy and Commerce, Regarding H.R. 1644, 'The Human Cloning Prohibition Act of 2001,' and H.R. 2172, 'The Cloning Prohibition Act of 2001.'" June 20, 2001.

———. "Women and the Evolution of World Politics." *Foreign Affairs* 77 (1998): 24–40.

Fukuyama, Francis, Caroline Wagner, et al. *Information and Biological Revolutions: Global Governance Challenges—A Summary of a Study Group*. Santa Monica, Calif.: Rand MR-1139-DARPA, 1999.

Galston, William A. "Defending Liberalism." *American Political Science Review* 76 (1982): 621–629.

———. "Liberal Virtues." *American Political Science Review* 82, no. 4 (December 1988): 1277–1290.

Galton, Francis. *Hereditary Genius: An Inquiry into Its Laws and Consequences.* New York: Appleton, 1869.

Gardner, Howard. *Frames of Mind: The Theory of Multiple Intelligences.* New York: Basic Books, 1983.

———. *Multiple Intelligences: The Theory in Practice.* New York: Basic Books, 1993.

Glenmullen, Joseph. *Prozac Backlash: Overcoming the Dangers of Prozac, Zoloft, Paxil, and Other Antidepressants with Safe, Effective Alternatives.* New York: Simon and Schuster, 2000.

Glueck, Sheldon, and Eleanor Glueck. *Delinquency and Nondelinquency in Perspective.* Cambridge, Mass.: Harvard University Press, 1968.

Goldberg, Andrew, and Christophe Boesch. "The Cultures of Chimpanzees." *Scientific American* 284 (2001): 60–67.

Gould, Stephen Jay. *The Mismeasure of Man.* New York: W. W. Norton, 1981.

Gould, Stephen Jay, and R. C. Lewontin. "The Spandrels of San Marco and the Panglossian Paradigm: A Critique of the Adaptionist Programme." *Proceedings of the Royal Society of London* 205 (1979): 81–98.

Grant, Madison. *The Passing of the Great Race; or, the Racial Basis of European History.* 4th ed., rev. New York: Charles Scribner's Sons, 1921.

Gross, Gabriel S. "Federally Funding Human Embryonic Stem Cell Research: An Administrative Analysis." *Wisconsin Law Review* 2000, no. 4 (2000): 855–884.

Grossman, Margaret R., and A. Bryan. "Regulation of Genetically Modified Organisms in the European Union." *American Behavioral Scientist* 44 (2000): 378–434.

Gupta, Aarti. "Governing Trade in Genetically Modified Organisms: The Cartagena Protocol on Biosafety." *Environment* 42 (2000): 22–27.

Guttentag, Marcia, and Paul F. Secord. *Too Many Women? The Sex Ratio Question.* Newbury Park, Calif.: Sage Publications, 1983.

Habermas, Jürgen. "Nicht die Natur verbietet das Klonen. Wir müssen selbst entscheiden. Eine Replik auf Dieter E. Zimmer." *Die Zeit,* no. 9, February 19, 1998.

Haller, Mark H. *Eugenics: Hereditarian Attitudes in American Thought.* New Brunswick, N.J.: Rutgers University Press, 1963.

Hallowell, Edward M., and John J. Ratey. *Driven to Distraction: Recognizing and Coping with Attention Deficit Disorder from Childhood Through Adulthood.* New York: Simon and Schuster, 1994.

Hamer, Dean. "A Linkage Between DNA Markers on the X Chromosome and Male Sexual Orientation." *Science* 261 (1993): 321–327.

Hanchett, Doug. "Ritalin Speeds Way to Campuses—College Kids Using Drug to Study, Party." *Boston Herald,* May 21, 2000, p. 8.

Haslberger, Alexander G. "Monitoring and Labeling for Genetically Modified Products." *Science* 287 (2000): 431–432.

Hassing, Richard F. "Darwinian Natural Right?" *Interpretation* 27 (2000): 129–160.

———, ed. *Final Causality in Nature and Human Affairs.* Washington, D.C.: Catholic University Press, 1997.

Heidegger, Martin. *Basic Writings.* New York: Harper and Row, 1957.

High, Jack, and Clayton A. Coppin. *The Politics of Purity: Harvey Washington Wiley and the Origins of Federal Food Policy.* Ann Arbor, Mich.: University of Michigan Press, 1999.

Hirschi, Travis, and Michael Gottfredson. *A General Theory of Crime.* Stanford, Calif.: Stanford University Press, 1990.

Howard, Ken. "The Bioinformatics Gold Rush." *Scientific American* 283, no. 1 (July 2000): 58–63.

Hrdy, Sarah B., and Glenn Hausfater. *Infanticide: Comparative and Evolutionary Perspectives.* New York: Aldine Publishing, 1984.

Hubbard, Ruth. *The Politics of Women's Biology.* New Brunswick, N.J.: Rutgers University Press, 1990.

Huber, Peter. *Orwell's Revenge: The 1984 Palimpsest.* New York: Free Press, 1994.

Hull, Terence H. "Recent Trends in Sex Ratios at Birth in China." *Population and Development Review* 16 (1990): 63–83.

Hume, David. *A Treatise of Human Nature.* London: Penguin Books, 1985.

Huxley, Aldous. *Brave New World.* New York: Perennial Classics, 1998.

Iklé, Fred Charles. "The Deconstruction of Death." *The National Interest,* no. 62 (Winter 2000/01): 87–96.

Jazwinski, S. Michal. "Longevity, Genes, and Aging." *Science* 273 (1996): 54–59.

Jefferson, Thomas. *The Life and Selected Writings of Thomas Jefferson.* New York: Modern Library, 1944.

Jencks, Christopher, and Meredith Phillips. *The Black–White Test Score Gap.* Washington, D.C.: Brookings Institution Press, 1998.

Jensen, Arthur R. "How Much Can We Boost IQ and Scholastic Achievement?" *Harvard Educational Review* 39 (1969): 1–123.

John Paul II. "Message to the Pontifical Academy of Sciences." October 22, 1996.

Joy, Bill. "Why the Future Doesn't Need Us." *Wired* 8 (2000): 238–246.

Joynson, Robert B. *The Burt Affair.* London: Routledge, 1989.

Juengst, Eric, and Michael Fossel. "The Ethics of Embryonic Stem Cells—Now and Forever, Cells Without End." *Journal of the American Medical Association* 284 (2000): 3180–3184.

Kamin, Leon. *The Science and Politics of IQ.* Potomac, Md.: L. Erlbaum Associates, 1974.

Kant, Immanuel. *Foundations of the Metaphysics of Morals.* Trans. Lewis White Beck. Indianapolis: Bobbs-Merrill, 1959.

Kass, Leon. "The Moral Meaning of Genetic Technology," *Commentary* 108 (1999): 32–38.

———. "Preventing a Brave New World: Why We Should Ban Cloning Now." *The New Republic,* May 21, 2001, pp. 30–39.

————. *Toward a More Natural Science: Biology and Human Affairs.* New York: Free Press, 1985.

Kevles, Daniel T., and Leroy Hood, eds. *The Code of Codes: Scientific and Social Issues in the Human Genome Project.* Cambridge, Mass.: Harvard University Press, 1992.

Kirkwood, Tom. *Time of Our Lives: Why Ageing Is Neither Inevitable nor Necessary.* London: Phoenix, 1999.

Kirsch, Irving, and Guy Sapirstein. "Listening to Prozac but Hearing Placebo: A Meta-Analysis of Antidepressant Medication." *Prevention and Treatment* 1 (1998).

Klam, Matthew. "Experiencing Ecstasy." *The New York Times Magazine*, January 21, 2001.

Kolata, Gina. *Clone: The Road to Dolly and the Path Ahead.* New York: William Morrow, 1998.

————. "Genetic Defects Detected In Embryos Just Days Old." *The New York Times*, September 24, 1992, p. A1.

Kolehmainen, Sophia. "Human Cloning: Brave New Mistake." *Hofstra Law Review* 27 (1999): 557–568.

Koplewicz, Harold S. *It's Nobody's Fault: New Hope and Help for Difficult Children and Their Parents.* New York: Times Books, 1997.

Kramer, Hilton, and Roger Kimball, eds. *The Betrayal of Liberalism: How the Disciples of Freedom and Equality Helped Foster the Illiberal Politics of Coercion and Control.* Chicago: Ivan R. Dee, 1999.

Kramer, Peter D. *Listening to Prozac.* New York: Penguin Books, 1993.

Krauthammer, Charles. "Why Pro-Lifers Are Missing the Point: The Debate over Fetal-Tissue Research Overlooks the Big Issue." *Time*, February 12, 2001, p. 60.

Kurzweil, Ray. *The Age of Spiritual Machines: When Computers Exceed Human Intelligence.* London: Penguin Books, 2000.

Lee, Cheol-Koo, Roger G. Klopp, et al. "Gene Expression Profile of Aging and Its Retardation by Caloric Restriction." *Science* 285 (1999): 1390–1393.

Lemann, Nicholas. *The Big Test: The Secret History of the American Meritocracy.* New York: Farrar, Straus and Giroux, 1999.

Lenoir, Noelle. "Europe Confronts the Embryonic Stem Cell Research Challenge." *Science* 287 (2000): 1425–1426.

LeVay, Simon. "A Difference in Hypothalamic Structure Between Heterosexual and Homosexual Men." *Science* 253 (1991): 1034–1037.

Lewis, Clive Staples. *The Abolition of Man.* New York: Touchstone, 1944.

Lewontin, Richard C. *The Doctrine of DNA: Biology as Ideology.* New York: Harper-Perennial, 1992.

————. *Inside and Outside: Gene, Environment, and Organism.* Worcester, Mass.: Clark University Press, 1994.

Lewontin, Richard C., Steven Rose, et al. *Not in Our Genes: Biology, Ideology, and Human Nature.* New York: Pantheon Books, 1984.

Lifton, Robert Jay. *The Nazi Doctors: Medical Killing and the Psychology of Genocide.* New York: Basic Books, 1986.

Locke, John. *An Essay Concerning Human Understanding*. Amherst, N.Y.: Prometheus Books, 1995.

Luttwak, Edward N. "Toward Post-Heroic Warfare." *Foreign Affairs* 74 (1995): 109–122.

Maccoby, Eleanor E. *The Two Sexes: Growing Up Apart, Coming Together*. Cambridge, Mass.: Belknap/Harvard, 1998.

Maccoby, Eleanor E., and Carol N. Jacklin. *Psychology of Sex Differences*. Stanford, Calif.: Stanford University Press, 1974.

Machan, Dyan, and Luisa Kroll. "An Agreeable Affliction." *Forbes*, August 12, 1996, 148.

MacIntyre, Alasdair. "Hume on 'Is' and 'Ought.'" *Philosophical Review* 68 (1959): 451–468.

MacKenzie, Ruth, and Silvia Francescon. "The Regulation of Genetically Modified Foods in the European Union: An Overview." *N.Y.U. Environmental Law Journal* 8 (2000): 530–554.

Mann, David M.A. "Molecular Biology's Impact on Our Understanding of Aging." *British Medical Journal* 315 (1997): 1078–1082.

Masters, Roger D. *Beyond Relativism: Science and Human Values*. Hanover, N.H.: University Press of New England, 1993.

———. "The Biological Nature of the State." *World Politics* 35 (1983): 161–193.

———. "Evolutionary Biology and Political Theory." *American Political Science Review* 84 (1990): 195–210.

Masters, Roger D., and Margaret Gruter, eds. *The Sense of Justice: Biological Foundations of Law*. Newbury Park, Calif.: Sage Publications, 1992.

Masters, Roger D., and Michael T. McGuire, eds. *The Neurotransmitter Revolution: Serotonin, Social Behavior, and the Law*. Carbondale, Ill.: Southern Illinois University Press, 1994.

Mayr, Ernst. *One Long Argument: Charles Darwin and the Genesis of Modern Evolutionary Thought*. Cambridge, Mass.: Harvard University Press, 1991.

McGee, Glenn. *The Human Cloning Debate*. Berkeley, Calif.: Berkeley Hills Books, 1998.

———. *The Perfect Baby: A Pragmatic Approach to Genetics*. Lanham, Md.: Rowman and Littlefield, 1997.

McGinn, Colin. "Hello HAL." *The New York Times Book Review*, January 3, 1999.

McHughen, Alan. *Pandora's Picnic Basket: The Potential and Hazards of Genetically Modified Foods*. Oxford: Oxford University Press, 2000.

McNeill, Paul M. *The Ethics and Politics of Human Experimentation*. Cambridge: Cambridge University Press, 1993.

McShea, Robert J. "Human Nature Theory and Political Philosophy." *American Journal of Political Science* 22 (1978): 656–679.

———. *Morality and Human Nature: A New Route to Ethical Theory*. Philadelphia: Temple University Press, 1990.

Mead, Margaret. *Coming of Age in Samoa: A Psychological Study of Primitive Youth for Western Civilization*. New York: William Morrow, 1928.

Mednick, Sarnoff, and William Gabrielli. "Genetic Influences in Criminal Convictions: Evidence from an Adoption Cohort." *Science* 224 (1984): 891–894.

Mednick, Sarnoff, and Terrie E. Moffit. *The Causes of Crime: New Biological Approaches.* New York: Cambridge University Press, 1987.

Melzer, Arthur M., et al., eds. *Technology in the Western Political Tradition.* Ithaca, N.Y.: Cornell University Press, 1993.

Miller, Barbara D. *The Endangered Sex: Neglect of Female Children in Rural Northern India.* Ithaca and London: Cornell University Press, 1981.

Miller, Henry I. "A Need to Reinvent Biotechnology Regulation at the EPA." *Science* 266 (1994): 1815–1819.

———. "A Rational Approach to Labeling Biotech-Derived Foods." *Science* 284 (1999): 1471–1472.

Miller, Henry I., and Gregory Conko. "The Science of Biotechnology Meets the Politics of Global Regulation." *Issues in Science and Technology* 17 (2000): 47–54.

Miller, Michelle D. "The Informed-Consent Policy of the International Conference on Harmonization of Technical Requirements for Registration of Pharmaceuticals for Human Use: Knowledge Is the Best Medicine." *Cornell International Law Journal* 30 (1997): 203–244.

Moore, G. E. *Principia Ethica.* Cambridge: Cambridge University Press, 1903.

Moravec, Hans P. *Robot: Mere Machine to Transcendent Mind.* New York: Oxford University Press, 1999.

Mosher, Steven. *A Mother's Ordeal: One Woman's Fight against China's One-Child Policy.* New York: Harcourt Brace Jovanovich, 1993.

Munro, Neil. "Brain Politics." *National Journal* 33 (2001): 335–339.

Murray, Charles. "Deeper into the Brain." *National Review* 52 (2000): 46–49.

———. "IQ and Economic Success." *Public Interest* 128 (1997): 21–35.

Murray, Charles, and Richard J. Herrnstein. *The Bell Curve: Intelligence and Class Structure in American Life.* New York: Free Press, 1995.

Muthulakshmi, R. *Female Infanticide: Its Causes and Solutions.* New Delhi: Discovery Publishing House, 1997.

National Bioethics Advisory Commission. *Cloning Human Beings.* Rockville, Md.: National Bioethics Advisory Commission, 1997.

———. *Ethical and Policy Issues in Research Involving Human Participants, Final Recommendations.* Rockville, Md.: National Bioethics Advisory Commission, 2001.

Neisser, Ulric, ed. *The Rising Curve: Long-Term Gains in IQ and Related Measures.* Washington, D.C.: American Psychological Association, 1998.

Neisser, Ulric, Gweneth Boodoo, et al. "Intelligence: Knowns and Unknowns." *American Psychologist* 51 (1996): 77–101.

Nelkin, Dorothy, and Emily Marden. "Cloning: A Business without Regulation." *Hofstra Law Review* 27 (1999): 569–578.

Newby, Robert G., and Diane E. Newby. "The Bell Curve: Another Chapter in the Continuing Political Economy of Racism." *American Behavioral Scientist* 39 (1995): 12–25.

Nietzsche, Friedrich. *The Portable Nietzsche*, edited by Walter Kaufmann. New York: Viking, 1968.

Norman, Michael. "Living Too Long." *The New York Times Magazine*, January 14, 1996, pp. 36–38.

Nuffield Council on Bioethics. *Genetically Modified Crops: The Ethical and Social Issues*. London, England: Nuffield Council on Bioethics, 1999.

Orwell, George. *1984*. New York: Knopf, 1999.

Paarlberg, Robert. "The Global Food Fight." *Foreign Affairs* 79 (2000): 24–38.

Panigrahi, Lalita. *British Social Policy and Female Infanticide in India*. New Delhi: Munshiram Manoharlal, 1972.

Park, Chai Bin. "Preference for Sons, Family Size, and Sex Ratio: An Empirical Study in Korea." *Demography* 20 (1983): 333–352.

Paul, Diane B. *Controlling Human Heredity: 1865 to the Present*. Atlantic Highlands, N.J.: Humanities Press, 1995.

———. "Eugenic Anxieties, Social Realities, and Political Choices." *Social Research* 59 (1992): 663–683.

Pearson, Karl. *National Life from the Standpoint of Science*. 2d ed. Cambridge: Cambridge University Press, 1919.

Pearson, Veronica. "Population Policy and Eugenics in China." *British Journal of Psychiatry* 167 (1995): 1–4.

Piers, Maria W. *Infanticide*. New York: W. W. Norton, 1978.

Pinker, Steven. *How the Mind Works*. New York: W. W. Norton, 1997.

———. *The Language Instinct*. New York: HarperCollins, 1994.

Pinker, Steven, and Paul Bloom. "Natural Language and Natural Selection." *Behavioral and Brain Sciences* 13 (1990): 707–784.

Plato, *The Republic*.

Plomin, Robert. "Genetics and General Cognitive Ability." *Nature* 402 (1999): C25–C44.

Pool, Ithiel de Sola. *Technologies of Freedom*. Cambridge, Mass.: Harvard/Belknap, 1983.

Posner, Eric A., and Richard A. Posner. "The Demand for Human Cloning." *Hofstra Law Review* 27 (1999): 579–608.

Postrel, Virginia I. *The Future and Its Enemies: The Growing Conflict over Creativity, Enterprise, and Progress*. New York: Touchstone Books, 1999.

Rappley, Marsha, Patricia B. Mullan, et al. "Diagnosis of Attention-Deficit/Hyperactivity Disorder and Use of Psychotropic Medication in Very Young Children." *Archives of Pediatrics and Adolescent Medicine* 153 (1999): 1039–1045.

Raustiala, Kal, and David Victor. "Biodiversity since Rio: The Future of the Convention on Biological Diversity." *Environment* 38 (1996): 16–30.

Rawls, John. *A Theory of Justice*. Rev. ed. Cambridge, Mass.: Harvard/Belknap, 1999.

Ridley, Matt. *Genome: The Autobiography of a Species in 23 Chapters*. New York: HarperCollins, 2000.

————. *The Red Queen: Sex and the Evolution of Human Nature.* New York: Macmillan, 1993.

Rifkin, Jeremy. *Algeny: A New Word, a New World.* New York: Viking, 1983.

Rifkin, Jeremy, and Ted Howard. *Who Should Play God?* New York: Dell, 1977.

Robertson, John A. *Children of Choice: Freedom and the New Reproductive Technologies.* Princeton, N.J.: Princeton University Press, 1994.

Rose, Michael R. *Evolutionary Biology of Aging.* New York: Oxford University Press, 1991.

————. "Finding the Fountain of Youth." *Technology Review* 95, no. 7 (October 1992): 64–69.

Rosenberg, Alexander. *Darwinism in Philosophy, Social Science, and Policy.* Cambridge: Cambridge University Press, 2000.

Rosenthal, Stephen J. "The Pioneer Fund: Financier of Fascist Research." *American Behavioral Scientist* 39 (1995): 44–62.

Rosman, Lewis. "Public Participation in International Pesticide Regulation: When the Codex Commission Decides." *Virginia Environmental Law Journal* 12 (1993): 329.

Roush, Wade. "Conflict Marks Crime Conference; Charges of Racism and Eugenics Exploded at a Controversial Meeting." *Science* 269 (1995): 1808–1809.

Rowe, David. "A Place at the Policy Table: Behavior Genetics and Estimates of Family Environmental Effects on IQ." *Intelligence* 24 (1997): 133–159.

Runge, C. Ford, and Benjamin Senauer. "A Removable Feast." *Foreign Affairs* 79 (2000): 39–51.

Ruse, Michael. "Biological Species: Natural Kinds, Individuals, or What?" *British Journal for the Philosophy of Science* 38 (1987): 225–242.

Ruse, Michael, and David L. Hull, eds. *The Philosophy of Biology.* New York: Oxford University Press, 1998.

Ruse, Michael, and Edward O. Wilson. "Moral Philosophy as Applied Science: A Darwinian Approach to the Foundations of Ethics." *Philosophy* 61 (1986): 173–192.

Russo, Eugene. "Reconsidering Asilomar." *The Scientist* 14 (April 3, 2000): 15–21.

Sampson, Robert J., and John H. Laub. *Crime in the Making: Pathways and Turning Points Through Life.* Cambridge, Mass.: Harvard University Press, 1993.

Sandel, Michael J. *Democracy's Discontent: America in Search of a Public Philosophy.* Cambridge, Mass.: Harvard University Press, 1996.

Schlesinger, Arthur M., Jr. *The Cycles of American History.* Boston: Houghton Mifflin, 1986.

Schultz, William F. "Comment on Robin Fox." *The National Interest*, no. 63 (Spring 2001): 124–125.

Searle, John R. *The Mystery of Consciousness.* New York: New York Review Books, 1997.

————. *The Rediscovery of Mind* (Cambridge, Mass.: MIT Press, 1992).

Shapiro, Harold T. "Ethical and Policy Issues of Human Cloning." *Science* 277 (1997): 195–197.

Silver, Lee M. *Remaking Eden: Cloning and Beyond in a Brave New World.* New York: Avon, 1998.

Singer, Peter, and Paola Cavalieri. *The Great Ape Project: Equality Beyond Humanity.* New York: St. Martin's Press, 1995.

Singer, Peter, and Helga Kuhse, eds. *Bioethics: An Anthology.* Oxford: Blackwell, 1999.

Singer, Peter, and Susan Reich. *Animal Liberation.* New York: New York Review of Books Press, 1990.

Sloan, Phillip R., eds. *Controlling Our Desires: Historical, Philosophical, Ethical, and Theological Perspectives on the Human Genome Project.* Notre Dame, Ind.: University of Notre Dame Press, 2000.

Sloterdijk, Peter. "Regeln für den Menschenpark: Ein Antwortschreiben zum Brief über den Humanismus." *Die Zeit,* no. 38, September 16, 1999.

Solingen, Etel. "The Political Economy of Nuclear Restraint." *International Security* 19 (1994): 126–169.

Spearman, Charles. *The Abilities of Man: Their Nature and Their Measurement.* New York: Macmillan, 1927.

Stattin, H., and I. Klackenberg-Larsson. "Early Language and Intelligence Development and Their Relationship to Future Criminal Behavior." *Journal of Abnormal Psychology* 102 (1993): 369–378.

Sternberg, Robert J., and Elena L. Grigorenko, eds. *Intelligence, Heredity, and Environment.* Cambridge: Cambridge University Press, 1997.

Stock, Gregory, and John Campbell, eds. *Engineering the Human Germline: An Exploration of the Science and Ethics of Altering the Genes We Pass to Our Children.* New York: Oxford University Press, 2000.

Strauss, William, and Neil Howe. *The Fourth Turning: An American Prophecy.* New York: Broadway Books, 1997.

Symons, Donald. *The Evolution of Human Sexuality.* Oxford: Oxford University Press, 1979.

Talbot, Margaret. "A Desire to Duplicate." *The New York Times Magazine,* February 4, 2001, pp. 40–68.

Taylor, Charles. *Sources of the Self: The Making of the Modern Identity.* Cambridge, Mass.: Harvard University Press, 1989.

Taylor, Sarah E. "FDA Approval Process Ensures Biotech Safety." *Journal of the American Dietetic Association* 100, no. 10 (2000): 3.

Tribe, Laurence H. "Second Thoughts on Cloning." *The New York Times,* December 5, 1997.

Trivers, Robert. "The Evolution of Reciprocal Altruism." *Quarterly Review of Biology* 46 (1971): 35–56.

———. *Social Evolution.* Menlo Park, Calif.: Benjamin/Cummings, 1985.

Uchtmann, Donald L., and Gerald C. Nelson. "US Regulatory Oversight of Agricultural and Food-Related Biotechnology." *American Behavioral Scientist* 44 (2000): 350–377.

Varma, Jay K. "Eugenics and Immigration Restriction: Lessons for Tomorrow." *Journal of the American Medical Association* 275 (1996): 734.

Venter, J. Craig, et al. "The Sequence of the Genome." *Science* 291 (2001): 1304–1351.

Wade, Nicholas. "Of Smart Mice and Even Smarter Men." *The New York Times,* September 7, 1999, p. F1.

——. "A Pill to Extend Life? Don't Dismiss the Notion Too Quickly." *The New York Times*, September 22, 2000, p. A20.

——. "Searching for Genes to Slow the Hands of Biological Time." *The New York Times*, September 26, 2000, p. D1.

Wallace, Helen, and William Wallace. *Policy-Making in the European Union*. Oxford and New York: Oxford University Press, 2000.

Walser, Bryan L. "Shared Technical Decisionmaking and the Disaggregation of Sovereignty." *Tulane Law Review* 72 (1998): 1597–1697.

Wasserman, David. "Science and Social Harm: Genetic Research into Crime and Violence." *Report from the Institute for Philosophy and Public Policy* 15 (1995): 14–19.

Watson, Rory. "EU Institutions Divided on Therapeutic Cloning." *British Medical Journal* 321 (2000): 658.

Weir, Robert F., Susan C. Lawrence, et al., eds. *Genes, Humans, and Self-Knowledge*. Iowa City: University of Iowa Press, 1994.

Wilke, Tom. *Perilous Knowledge: The Human Genome Project and Its Implications*. Berkeley and Los Angeles: University of California Press, 1993.

Wilmut, Ian, Keith Campbell, and Colin Tudge. *The Second Creation: Dolly and the Age of Biological Control*. New York: Farrar, Straus and Giroux, 2000.

Wilson, David Sloan, and Elliott Sober. "Reviving the Superorganism." *Journal of Theoretical Biology* 136 (1989): 337–356.

Wilson, Edward O. *Consilience: The Unity of Knowledge*. New York: Knopf, 1998.

——. *On Human Nature*. Cambridge, Mass.: Harvard University Press, 1978.

——. "Reply to Fukuyama." *The National Interest*, no. 56 (Spring 1999): 35–37.

Wilson, James Q. *Bureaucracy: What Government Agencies Do and Why They Do It*. New York: Basic Books, 1989.

Wilson, James Q. and Richard J. Herrnstein. *Crime and Human Nature*. New York: Simon and Schuster, 1985.

Wingerson, Lois. *Unnatural Selection: The Promise and the Power of Human Gene Research*. New York: Bantam Books, 1998.

Wolfe, Tom. *Hooking Up*. New York: Farrar, Straus and Giroux, 2000.

——. "Sorry, but Your Soul Just Died." *Forbes ASAP*, December 2, 1996.

Wolfson, Adam. "Politics in a Brave New World." *Public Interest* no. 142 (Winter 2001): 31–43.

World Trade Organization. *Trading into the Future*. 2d ed., rev. Lausanne: World Trade Organization, 1999.

Wrangham, Richard, and Dale Peterson. *Demonic Males: Apes and the Origins of Human Violence*. Boston: Houghton Mifflin, 1996.

Wright, Robert. *Nonzero: The Logic of Human Destiny*. New York: Pantheon, 2000.

Wurtzel, Elizabeth. "Adventures in Ritalin." *The New York Times*, April 1, 2000, p. A15.

——. *Prozac Nation: A Memoir*. New York: Riverhead Books, 1994.

Zito, Julie Magno, Daniel J. Safer, et al. "Trends in the Prescribing of Psychotropic Medications to Preschoolers." *Journal of the American Medical Association* 283 (2000): 1025–1060.

理想国译丛

imaginist [MIRROR]